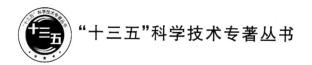

"十三五"科学技术专著丛书

跨尺度运动图像的
插值、增强与重建

杜军平　梁美玉　訾玲玲　著

U0291078

北京邮电大学出版社
www.buptpress.com

内 容 简 介

本书主要研究了跨尺度运动图像的插值、增强与重建的相关技术，以进一步提升运动图像的细节清晰度和视觉分辨率质量等为目的，并将研究成果应用于运动图像的噪声分类、去噪处理和增强处理等实际问题中。本书提出了基于高斯过程回归与视觉显著性检测的图像插值方法，基于一致性敏感哈希与区域导向的运动图像序列插值方法等，基于时空显著性、基于视觉感知的运动图像跨尺度自适应增强方法，适应于复杂运动模式的基于模糊配准机制和深度卷积神经网络的跨尺度超分辨率重建方法等，并实现了跨尺度运动图像的插值、增强与重建系统。

本书体系结构完整，注重理论联系实际，可作为电子信息工程、计算机科学与技术、软件工程、通信信息处理等相关专业的工程技术人员、科研人员、研究生和高年级本科生的参考用书。

图书在版编目(CIP)数据

跨尺度运动图像的插值、增强与重建 / 杜军平，梁美玉，訾玲玲著. -- 北京 ：北京邮电大学出版社，2019.4（2022.4 重印）

ISBN 978-7-5635-4924-5

Ⅰ．①跨… Ⅱ．①杜… ②梁… ③訾… Ⅲ．①图像处理－研究 Ⅳ．①TN911.73

中国版本图书馆 CIP 数据核字（2016）第 210891 号

书　　名：跨尺度运动图像的插值、增强与重建
著　　者：杜军平　梁美玉　訾玲玲
责任编辑：张珊珊
出版发行：北京邮电大学出版社
社　　址：北京市海淀区西土城路 10 号（邮编：100876）
发 行 部：电话：010-62282185　传真：010-62283578
E-mail：publish@bupt.edu.cn
经　　销：各地新华书店
印　　刷：北京九州迅驰传媒文化有限公司
开　　本：787 mm×1 092 mm　1/16
印　　张：14.75
字　　数：381 千字
版　　次：2019 年 4 月第 1 版　2022 年 4 月第 2 次印刷

ISBN 978-7-5635-4924-5　　　　　　　　　　　　　　　　定　价：45.00 元

· 如有印装质量问题，请与北京邮电大学出版社发行部联系 ·

前　　言

　　运动图像的插值、增强与重建是提升运动图像的视觉分辨率质量和运动目标细节清晰度的重要技术,对于精确获取运动目标的位姿信息,并对运动目标进行精确地识别和跟踪起着重要作用。由于复杂环境中存在光照亮度变化、光学或运动模糊、欠采样以及噪声干扰等问题,所拍摄的运动图像视觉质量较差。相比普通图像,运动图像具有时间特性和空间特性,往往存在一些复杂运动场景,因而有必要结合运动图像的特点,综合利用其不同时空尺度的跨尺度相关信息,实现更为有效的跨尺度运动图像插值、增强和重建,从而获取视觉分辨率更高、目标细节更为丰富的运动图像。

　　依据运动图像的跨尺度相关性,可以实现对噪声和图像细节的更有效区分,使得在滤除噪声的同时提高边缘细节信息的保持能力,并且在增强细节特征的同时降低噪声带来的影响。超分辨率重建是运动图像处理领域中的一项重要技术,结合深度学习、模糊配准机制可以进一步提出高效、健壮且不依赖于精确亚像素运动估计的超分辨率重建算法,从而更好地适用于复杂运动场景中的跨尺度运动图像处理。

　　本书共分 11 章:第 1 章是绪论;第 2 章是运动图像跨尺度描述方法研究;第 3 章是基于高斯过程回归与视觉显著性检测的图像插值方法研究;第 4 章是基于一致性敏感哈希与区域导向的运动图像序列插值方法研究;第 5 章是基于分区插值的感知驱动运动图像缩放方法研究;第 6 章是跨尺度自适应运动图像去噪研究;第 7 章是跨尺度自适应运动图像增强研究;第 8 章是基于非局部相似性和显著性检测的跨尺度超分辨率重建研究;第 9 章是基于光流估计和模糊配准机制的时空超分辨率重建研究;第 10 章是基于时空特征和神经网络的视频超分辨率算法研究;第 11 章是跨尺度运动图像的插值、增强和重建系统。

　　本书由杜军平、梁美玉、訾玲玲共同完成。参与写作的还有李玲慧、刘红刚、曹守鑫、汪谦、尹劲草等。本书得到国家重点基础研究发展计划(973 计划)项目"空间合作目标运动再现中跨尺度控制的前沿数学问题(2012CB821200)"中的课题"空间多源数据分析与跨尺度融合(2012CB821206)"的资助。因作者水平有限,书中错误在所难免,请读者多批评指正。

北京邮电大学　杜军平

目　　录

第1章 绪　　论

1.1　研究背景与意义

1.1.1　运动图像插值研究背景与意义

空间对接技术要求在各个子系统之间传输大量的图像信息,需要采用更为有效的方法进行图像处理,为坐标解算、目标定位和目标追踪等提供准确的运动信息,从而更好地测量航天器之间的相对位置、相对速度和相对姿态。运动图像的跨尺度是描述上述运动信息的重要特征,主要表现在时间与空间上的跨尺度、图像多率采样的跨尺度、图像描述的跨尺度等。通过运动图像插值获取高质量、高分辨率的图像序列,减少计算量,加快处理速度,实现高质量的空间运动再现。

将图像描述与插值技术应用于航天器的空间交会对接,能够准确获取空间目标的运动与属性参数,掌握航天器的速度姿态变化。通过对应用需求进行分析,运动图像插值和描述技术在空间导航信息处理系统中的应用主要存在两个问题。

一是如何监测运动目标,从而获得运动目标的细节描述,为目标状态监测、运动跟踪和航天器故障告警等提供技术支持。解决的途径是采用运动图像描述技术对特定运动目标进行持续关注,加强目标的运动细节,获得高质量的观测效果。

二是如何解决现有空间信息处理系统对运动目标监视能力不够、显示质量不高、数据更新较慢等问题。解决的途径是采用运动图像的插值技术实现流畅的空间图像运动再现,从而精确描述运动轨迹,并且有效地显示在不同尺寸与分辨率的显示器上。

为了更好地解决上述问题,跨尺度方法应运而生[1],为图像处理技术指明了一种新的方向,其面临的挑战主要体现在以下几方面。

改变关注尺度。已有的图像描述方法仅仅使用图像序列的内在特征,缺乏从观察者的角度关注运动图像序列,这需要将原运动序列的描述转换为对运动目标区域的描述,从而实现优先分配图像分析与合成所需的计算资源。

改变帧率尺度。由于图像序列具有不同的帧率,低帧率的运动图像需要转换成高帧率的运动图像,从而增强图像序列的运动平滑性。但已有的帧插值方法存在插值图像细节不清晰的问题,需要提出新的方法用以捕获高质量的插值帧,从而更加准确地再现图像序列的运动画面。

改变分辨率尺度。在航天器导航控制系统中,存在不同尺寸和宽高比的显示屏幕。这就需要改变空间图像的分辨率,使其适应不同类型的显示屏幕。目前已有的方法缺乏对运动目标的重点关注,因此需要设计新的方法,在确保全局缩放视觉效果的基础上加强运动细节显示,进而高质量地展示不同分辨率的空间运动图像序列。

1.1.2 运动图像增强与重建研究背景与意义

视觉传感器拍摄的运动图像的分辨率质量和运动目标的细节清晰度对于精确获取运动目标的位姿信息,以及实现运动目标的精确跟踪起着重要的作用。然而,由于环境中的光照亮度变化、光学或运动模糊、欠采样以及噪声干扰等因素,往往使得所拍摄的运动图像视觉质量较差,严重影响到了运动目标位姿信息的精确估计以及运动目标的精确识别和跟踪。此外,相比普通图像,运动图像具有自身的特殊性:如严格的时间特性和空间特性,同时存在一些复杂的运动模式,如角度旋转和局部运动等。因此有必要结合运动图像的特点,综合利用运动图像不同时空尺度的跨尺度相关信息,研究更为有效且能够适应于复杂运动模式下的运动图像增强和重建方法,以进一步提升运动图像的细节清晰度和视觉分辨率质量。

虽然现有的增强和重建技术在图像处理和计算机视觉领域取得了一定进展,但在运动图像的跨尺度增强和重建处理方面仍然面临一些挑战:如何结合运动图像的时空特性,实现高效的运动图像跨尺度自适应增强;如何构建高效、健壮且能够适用于复杂运动模式的运动图像序列时空域快速自适应模糊配准机制;如何构建不依赖于精确亚像素运动估计的运动图像跨尺度时空超分辨率重建算法等。

噪声干扰以及运动目标细节信息模糊会对运动目标识别与跟踪的精度造成重要影响。因此,如何充分利用运动图像的跨尺度信息,进行噪声滤除和细节增强是提升运动图像视觉效果的首要问题。充分利用运动图像的跨尺度信息可以更好地突出运动图像的边缘轮廓,使模糊的细节清晰度更高。然而,目前已有的去噪和细节增强方法没能充分利用图像信息的跨尺度相关性对噪声和图像细节进行更有效的区分,因而导致在噪声滤除的同时,对于边缘细节信息的保持能力不够。在细节增强的过程中,也会出现噪声随之放大的问题。已有方法对于运动图像的处理实效性不高。为此,我们结合运动图像的时空特性及人眼的视觉注意机制,同时兼顾算法精度和时间效率两个方面,研究更为高效的基于视觉感知的运动图像跨尺度自适应增强方法。

分辨率是运动图像质量表征的重要指标之一,分辨率越高,从图像中获取到的关于运动目标的信息就越丰富,也就更有利于实现运动目标的精确定位和跟踪。基于多帧融合的超分辨率重建技术可以充分利用运动图像序列在时空域的不同时空尺度的相似而又细节不完全相同的关联信息,实现从多帧低分辨率的运动图像序列中融合重建出细节更加丰富的高分辨率、高质量运动图像序列。近年来,超分辨率重建技术一直是图像处理及计算机视觉领域的研究热点和难点,获得了国内外学者的广泛关注和深入研究,并已取得了一些成效。

传统的基于多帧融合的超分辨率重建方法需要利用光流、块匹配等技术实现精确的亚像素运动估计,然后再进行融合、重建。传统方法对帧间运动估计和配准的精度十分敏感,往往依赖于精确的亚像素运动估计,因而不适应于一些复杂的摄像机/场景运动模式(如角度旋转、局部运动等)。虽然近年来已有学者针对该问题进行了复杂运动模式下的多帧超分辨率重建问题研究,然而在处理运动图像时仍然不能很好地兼顾亮度、噪声及角度旋转健壮性,且算法的时间复杂度较高。因此,研究高效、健壮、不依赖于精确的亚像素运动估计,且能够适应于复杂运动模式的跨尺度超分辨率重建方法是一个研究热点,这对于运动目标的精确位姿估计以及运动目标的精确识别与跟踪具有重要的研究意义和实际应用价值。

1.2 国内外研究现状

1.2.1 运动图像描述研究现状

图像描述是图像处理的前提条件和关键环节,描述的特征能否有效地刻画运动目标对于图像处理任务是非常重要的。基于跨尺度的运动图像描述涉及多尺度几何空间分析、特征检测和特征描述等技术。

多尺度几何空间分析是当前图像处理领域的研究热点,是从数学分析、计算机视觉、统计学等领域发展出来的新的信号分析方法,能够有效地捕获和描述运动图像的边缘和纹理等几何特征,可应用于运动图像的跨尺度描述,使运动图像满足多尺度、局部性和方向性三个特性。多尺度实现了图像从粗糙到精细的连续逼近;局部性保证了图像在空域和频域上都有良好的局部性质,并且能随尺度变化而变化;方向性是指设计的基函数具有灵活的选择指向特性。

为了实现上述目标,许多学者进行了大量的研究工作并取得了一定的进展。主要包括:Ridgelet 变换使在高维空间中的直线状和超平面状的奇异性得到很好的逼近[2];Curvelet 变换能够有效地描述具有曲线或超平面奇异性的高维信号[3];Contourlet 变换继承了 Curvelet 变换的优点,能以接近最优的方式描述运动空间图像边缘[4];小波变换从根本上克服了傅立叶(Fourier)分析只能以单个变量描述信号的缺点,并且通过尺度变化,有效地检测瞬变信号[5]。然而,多尺度几何空间分析技术仍处于发展初期,尚待开发和完善,需要提出更好的方法来进行图像的跨尺度描述。

特征检测技术是在尺度空间内构造特征检测函数,生成对应尺度下的特征空间并检测其中的特征区域作为特征描述的目标区域,从而表征运动对象或者局部区域特征。目标区域一般具有显著性、生存性、不变性、健壮性和代表性的特征。显著性指目标区域具有一定的视觉信息,如边缘、纹理、运动和颜色等;生存性指目标区域具有一定的稳定性;不变性指表征相同结构信息的特征,在不同样本集合中与样本本身的某些参数无关或者只存在线性关系;健壮性指由特征检测算法自身因素形成的误差不会对最终提取出的特征造成很大的影响;代表性指特征检测具有高度的概括性,用局部区域特征就可以表征全局图像内容。这些目标区域及其包含的信息形成了对应图像结构信息的表示。

为了获取这些用于特征描述的目标区域,研究者提出了很多特征检测方法。例如,非负局部坐标因子特征检测方法[6](Non-Negative Local Coordinate Factorization)、紧密局部区域探测器[7](Dense Local Region Detector)以及自动边缘尺度检测方法[8]等。基于视觉感知的显著性检测方法逐渐受到人们的重视,这种方法根据图像的颜色、梯度、边缘、边界等属性,结合视觉的独特性、不可预测性、稀缺性以及奇异性,综合地描述运动图像特征,自动检测人们感兴趣的图像区域[9]。

特征描述技术将从尺度空间表示的数据形式转化为特征描述向量,通过特征描述符来描述运动图像的特征区域,并用尽可能相互独立和完备的特征描述向量来表征运动物体,从而完整地描述运动图像内容。描述符主要分为三类。第一类是基于微分的描述符,它利用大量的局部微分,创建差分不变量以获得选择不变性。典型的算子包括局部微分算子、微分不变量、方向可调滤波器。第二类是基于变换的描述符,它是对不变特征点邻域或不变特征区域的图像块进行某种变换后得到的特征矢量。例如,加伯滤波器、小波变换和复数滤波器等变换后的特征。第三类是基于分布的描述符,主要采用直方图来表达图像的特性。

最流行的描述算子是尺度不变特征变换算子(Scale-Invariant Feature Transform, SIFT),它具有各种优秀性质,在计算机视觉领域得到了广泛应用。然而,它也存在一些缺点。许多算法对其进行了改进,例如,PCA-SIFT 算子利用主成分分析法(Principle Component Analysis,PCA)提取出 SIFT 算子能量较集中的维数,从而降低特征维度[10]。稳健特征加速算子[11](Speeded Up Robust Features,SURF)根据海森(Hessian)矩阵计算图像局部极值,使得运算与滤波模板的尺寸无关。梯度定位与方向直方图算子(Gradient Location and Orientation Histogram,GLOH)改变了生成特征描述算子时建立的位置方格的尺寸,将圆形区域划分成放射状的同心圆,使特征具有健壮性和独特性。缺点是生成描述算子的计算量比较大。有更多更快的描述算子被提出,例如,二元健壮独立基本特征算子[12](Binary Robust Independent Elementary Features,BRIEF)、描述符网络[13](Descriptor-Nets,D-nets)、小尺度 SIFT[14](Scale-Less SIFT,SLS),以及为了克服动态纹理的旋转不变性,提出的局部二元模式特征描述法[15](Local Binary Pattern,LBP)等,这些算子具有更强的特征辨别能力和更小的存储空间。

此外,还有许多其他领域的方法被结合到图像描述任务中。本章参考文献[16]使用狄利克雷分布(Dirichlet Allocation)词袋模型的分析框架 Flobjects 来计算连续视频帧的流向量和具体图像的概率分布,从而输出图像的描述向量;本章参考文献[17]从统计学角度提出视频的不可追踪特性(Intrackability),即后验概率的熵,通过它来刻画视频的统计特征,并探求最优化的视频表示。当视频出现密度变化和尺度变化时该方法尤其有效;本章参考文献[18]综合语义空间和视觉空间上的所有特征,提出了一种新的运动表示方法"行为组"(Action Bank),用于描述视频中的运动语义信息。

针对运动图像描述问题,研究者提出了一些有效的方法。例如,本章参考文献[19]利用多尺度相对显著特征(MsRS)描述图像。MsRS 的构建方法如下:首先采用递归高斯滤波卷积获取多尺度观察值,然后将多尺度观察值和初始值进行比较,以计算相对显著特征,最后根据相对显著特征得到 MsRS。这种描述方法可用于多种应用的预处理。本章参考文献[20]设计了视角尺度不变特征转换描述工具(PSIFT),其采用同态转换算法描述空间对象的形变特征。本章参考文献[21]提出多层自上而下方法,对相同内容但不同分辨率的空间图像进行特征提取,这种方法用于对空间图像进行分类,能取得很好的效果。本章参考文献[22]提出基于形状的全局极小主动轮廓模型描述高分辨率图像。本章参考文献[23]提出自适应的模糊遗传算法,通过降低参数的收敛性提高图像目标的探测能力。本章参考文献[24]提出基于配准的局部描述算子来提升图像的描述能力。本章参考文献[25]提出基于小波变换的形状描述算法,对空间图像中的小目标形状进行准确的描述。

但是,如何进行运动图像跨尺度描述,进而刻画尺度转换时的运动图像特征目前正处于研究的起步阶段。亟待设计出新的运动图像描述方法对跨尺度信息进行分析处理,从而有效地描述运动目标区域,捕获运动细节,提高运动目标的检测能力。

1.2.2　运动图像插值研究现状

图像插值是图像处理的核心技术之一,基本思想是用低分辨率图像的已知像素集合来产生未知像素集合[26],其本质是对未知像素进行预测。随着计算机的处理能力不断提高,更多复杂的运动图像插值方法被不断提出。

线性插值方法假设每个像素点灰度值是由采样点位置唯一确定的,可采用不同函数进行插值计算。优点是实现简单,计算复杂度较低,缺点是会丢失图像的细节,有时产生块效应[27]。典型算法包括最近邻插值、双线性插值、三次插值、B样条插值等。例如,Sarrut提出了一种快速和低存储的B样条图像插值算法[28],采用预定义B样条权重进行近似计算,得到了很好的插值精确性。

基于统计理论的插值方法从图像统计的角度挖掘图像信息,并采用学习的方式进行未知像素预测。本章参考文献[29]基于训练集中的高低分辨率之间的对应关系,提出一种简单而快速的插值方法。本章参考文献[30]提出了一种基于自适应马尔科夫随机场模型的插值算法,算法使用贝叶斯最大后验概率来插值高分辨率图像。本章参考文献[31]提出了一种基于学习的非线性K最近邻算法(K-Nearest Neighbor,KNN),但是K值是个经验值,其大小直接影响插值图像的效果;本章参考文献[32]采用统计内核回归方法,使用Nadaraya-Watson核回归估计器来完成插值计算。

本章参考文献[33]构建功能系数局部多项式回归模型(Functional Coefficient Local Polynomial Regression,FCLPR)来预测插值像素值。本章参考文献[34]使用一阶谐函数来推导马尔科夫随机场(Markov Random Field,MRF)局部特征,该方法在有噪声的情况下也能取得很好的效果。由于图像的先验模型[35]在图像插值过程中起到了非常重要的作用,所以插值效果对于训练数据具有依赖性,造成算法的复杂度比较高。

基于边缘导向的插值方法通过对图像的边缘进行特殊处理,改善了插值图像质量。本章参考文献[36]提出了一种新边缘导向插值算法(New Edge-Directed Interpolation,NEDI),根据低分辨率图像估计局部方差系数,并使用基于几何双重性的稀疏估计来实现高分辨插值。本章参考文献[37]提出了基于多尺度张量投票框架的插值算法,结合边缘导向技术和重构技术,同时将三个颜色频道数据统一到这个框架下,产生多尺度的边缘表示方法用于指导高分辨率的插值过程。本章参考文献[38]提出了等光强线(Isophotes)自适应的插值方法,有效地减轻了锯齿现象。本章参考文献[39]采用径向基函数(Radical Basis Function,RBF)实现边缘导向插值,减轻了边缘模糊和块效应现象。

本章参考文献[40]改进RBF,提出各向异性径向基函数进行边缘驱动插值,得到更好的边缘插值效果。本章参考文献[41]在基于边缘插值方法的基础上,提出了基于学习的超分辨率算法,在比较大的放大倍数上得到高质量的插值效果。本章参考文献[42]使用临时插值像素集构造定向边缘核。本章参考文献[43]采用定向逆距离加权方法快速进行边缘插值。本章参考文献[44]提出了边缘自适应各向异性高斯核方法对图像进行了有效的插值。本章参考文献[45]提出了使用加权最小二乘技术的软决策插值算法。本章参考文献[46]设计了一个无向的边缘强度滤波器解决马赛克问题,得到高质量的彩色插值效果。总之,这类方法能很好地保持图像的边缘等细节部分,减轻边缘模糊和锯齿现象,保持边缘的光滑性,却未对非边缘处的插值细节做任何的考虑。

基于变换域的插值方法在离散余弦变换域(Discrete Cosine Transform,DCT)和小波域等频域进行插值操作,通过低分辨率图像的高频特征来预测高分辨率图像的高频特征,从而保持图像的边缘、纹理等细节信息,改善图像的视觉效果[47]。但是这类方法常常会引入噪声,而且计算量非常大。例如,本章参考文献[48]使用DCT系数的空间关系实现图像的任意倍数缩放;本章参考文献[49]使用小波变换估计高分辨率信号的滤波系数,得到更加清晰的 2 的整数倍的放大图像;本章参考文献[50]采用新的频域变换,即 Contourlet 变换来提高插值图像边界的规则性。但是这种方法运算复杂度高,收敛次数多;本章参考文献[51]提出使用离散小波变换(Discrete Wavelet Transform,DWT)将图像分解成不同子带图像,然后结合低分辨率图像和高频子带图像进行插值。

基于光流的插值方法的主要思想是采用像素密度数据时间变化和关联来决定每个像素位置[52]。它首先分析运动图像序列的灰度变化从而计算出速度场,然后利用约束条件方程从速度场中推测出目标的运动参数,最后进行插值帧的重构[53]。例如,本章参考文献[54]在粒子轨迹基础上使用两步优化算法用于估计准确的速度信息;本章参考文献[55]提出了基于路径选择的低复杂度插值方法。这种方法使用光流来确定路径方向,并采用像素交叉模型得到更加精确的光流,从而提高路径选择的精度;本章参考文献[56]提出了基于离散优化技术的由粗到细的光流估计方法,得到比较精确的运动估计值。

另外,一些新思想和技术被运用到运动信息的预测中。例如,本章参考文献[57]引入最优化控制技术;本章参考文献[58]将分割技术、最优化技术与光流技术三者相结合;本章参考文献[59]使用能量最小化的方法将视频重构为一系列超分辨率的运动层,从而得到清晰的高分辨率图像。但是这类方法也有两方面缺点:一方面迭代计算求解光流模型造成了巨大的计算量,很难实现实时性;另一方面由于多光源、噪声等因素的存在,亮度一致性和空间平滑性假设不一定总是成立,这影响了光流的计算。

基于块匹配的插值方法将运动图像的每一帧划分成许多大小相同的子图像块,然后在相邻帧中寻找与当前帧各块的最佳匹配块,计算运动矢量,从而重构插值帧。传统的块匹配方法有三步搜索法(Three Step Search,TSS)、四步搜索法(Four Step Search,FSS)、菱形搜索法(Diamond Search,DS)等。研究者又提出了许多运动图像插值算法。本章参考文献[60]使用双向重叠的块匹配方法对低分辨率视频序列进行插值进而得到高分辨率的中间帧。本章参考文献[61]提出非定向运动轨迹帧插值方法,核心是无规则网格扩展块权重的运动补偿和逐块定向孔插值,这种方法降低了块与块之间的瑕疵,并且很好地解决了块重叠的问题。

本章参考文献[62]首先将目标高分辨率图像进行自适应地分块,然后为这些块自动选择最适合的超分辨率重构算法,最后应用去块过程来降低块边缘间的瑕疵。本章参考文献[63]提出将图像/视频重构问题归纳为双向相似度的优化问题,并展示了视觉相似性的量化标准。本章参考文献[64]提出了一种快速的模拟退火自适应搜索(Simulated Annealing Adaptive Search,SAAS)块匹配运动估计算法,从而降低运动冗余和运算复杂度。本章参考文献[65]提出自由传播机制用于快速的块匹配,本章参考文献[66]对本章参考文献[65]进行改进,引入了局部敏感哈希技术,实现任意两张图像中的相似块匹配,在映射一致性和图像的重构方面都取得了很好的效果。综上所述,以上这类算法最大的特点是它具有简单性、易施性和实时性,缺点在于进行块匹配过程中,容易陷入局部最优。

1.2.3 运动图像增强研究现状

1. 运动图像去噪研究现状

去噪技术[67]是运动图像增强领域的一个经典问题。按照其技术原理的不同,主要分为空间域方法和基于多尺度分析的变换域方法两大类[68-70]。

（1）空间域去噪方法

空间域方法主要根据图像像素间的空间相关性进行去噪处理,根据处理性质的不同分为线性滤波和非线性滤波。其中线性滤波方法相对比较成熟,但仍存在一些缺陷——需要噪声的先验知识,并且对图像的边缘和细节信息的保持能力较差。而非线性滤波方法则具有一定的自适应性,由此引发了很多改进算法。这类方法主要包括均值滤波、中值滤波、自适应中值滤波、维纳滤波和基于全变分的滤波等。

针对空间域的图像去噪,近年来兴起了一些新的去噪机制。例如基于非局部均值(NLM)的去噪方法[71,72],在双边滤波的基础上引入了"非局部"的思想,利用图像内容的自相似特性,并基于图像块之间的欧式距离计算相似度权重,之后通过加权平均实现去噪。许多学者基于NLM滤波提出了一些改进的去噪算法[73,74]。例如,Dabov 等[75,76]提出了基于三维块匹配的图像去噪方法(BM3D),该方法是一种空域和频域相结合的去噪机制,通过组合相似的图像块形成三维数据,然后进行滤波,再通过逆变换实现去噪。Maggioni M 等[77,78]对 BM3D 去噪思想扩展得到视频去噪方法,提出了时空域的 BM4D 去噪算法。然而 BM3D 对高斯白噪声的处理效果较好,在高斯噪声和脉冲噪声混合噪声类别下往往无法取得理想的效果。

（2）基于多尺度分析的变换域去噪方法

随着多尺度分析的兴起,变换域去噪方法取得了较好的发展。目前发展起来的变换域方法有很多,如傅立叶变换、离散余弦变换、小波变换以及近些年发展起来的多尺度几何分析方法。将图像由空间域变换到频率域,由于频域内的特征分布更为明显,可以对图像的特征信息和噪声成分有效地区分,因而处理效果相比空域法往往更有效,滤除噪声的同时保持了更多的边缘细节信息。

基于小波分析的图像去噪方法相关研究大体分为以下几类:基于模极大值图像去噪法、小波域图像阈值去噪法、小波相关性去噪法、二代小波去噪法以及上述各种方法的组合[79-81]。其中阈值去噪法备受很多研究者的青睐[82-86]。其经典的代表作是 Donoho 和 John stone 提出的小波阈值收缩方法。包括硬阈值和软阈值函数去噪方法,其代表性的算法有 VisuShrink 和 SureShrink。然而该方法仍存在小波系数的过度扼杀或者图像过平滑问题。很多学者对阈值的选取进行了改进,如 Graee 等提出了基于贝叶斯模型的小波 Bayes 收缩阈值的图像降噪方法[87],本章参考文献[88]提出了自适应小波域阈值去噪方法。Blu 等[89]提出了基于 SURE-LET 方法来实现小波域图像去噪的思想,该方法将去噪的过程描述为求解基元阈值函数的最佳线性组合。Florian Luisier 等[90,91]又在 SURE-LET 思想的基础上,针对泊松噪声以及泊松-高斯混合噪声在小波域进行图像去噪处理。

鉴于小波变换存在一些方向选择性、非稀疏性等技术缺陷,基于多尺度几何分析的去噪方法成为目前去噪领域的研究热点。多尺度几何分析方法近几年发展十分迅速,理论方法和应用研究不断深入。目前的方法主要有脊波(Ridgelet)[92]、曲波(Curvelet)[93]、Bandelet、轮廓波(Contourlet)[94,95]、Contourlet 变换的改进版、非下采样 Contourlet[96]等,并且这些方法在图像去噪和增强领域均已经崭露头角[97,98]。朱为等[99]以第 2 代 Curvelet 变换为基础,提出了一种利用尺度相关性进行自适应阈值收缩的去噪方法。王发牛等[100]提出了新的非下采样Contourlet 域图像去噪方法,通过对非下采样 Contourlet 变换系数进行相应处理,实现图像去噪。Li 等[101]提出了一种基于非下采样 Contourlet 变换和 SURE-LET 的图像去噪方法,然而该方法没有考虑到不同尺度间的跨尺度相关性。变换域方法虽然在一定程度上将图像边缘细节和噪声区分了开来,然而图像的细节信息和噪声这些高频信息在频带上仍然存在着一些混叠,导致在去噪的同时细节信息的保持不够理想,因而尚需进一步的改进。

　　针对上述问题,亟待研究出边缘细节保持能力更强的自适应去噪算法,以期在实现有效滤除噪声的同时,保持更多的边缘细节信息。鉴于以上分析中基于多尺度几何分析的描述方法可以很好地刻画运动图像边缘轮廓及细节信息,同时考虑到不同尺度间存在着一定的相关性使得细节信息和噪声可实现更好的区分,因此需要在基于多尺度几何分析的去噪思想基础上,研究结合尺度间的跨尺度相关性的运动图像去噪处理方法,实现在去噪的同时更有效地保持运动细节信息。

2. 运动图像细节增强研究现状

　　通过细节增强[102-104]能够进一步提升运动图像的视觉效果,可增强被模糊了的运动细节信息。常用的细节增强技术可以分为空间域和频率域两种[105-107]。前者直接对像素点进行运算,如基于点运算的灰度直方图调整和空域数字滤波器。后者首先将图像从空域变换到频率域,通过修正频域内的变换系数达到增强的目的。如非线性滤波法、基于多尺度分析的增强方法、形态学滤波法和基于微分方程扩散的增强方法等。

　　图像的边缘轮廓及细节信息是增强的重点。在增强图像的细节和边缘方面,Xu 等[108]提出了一种基于局部分形分析的图像增强方法。将图像的像素点视为分形集合,并将图像的梯度信息视为分形集合的度量。A. Choudhury 等[109]基于字典学习技术提出了一种细节增强的新方法。在边缘分析的基础上给出了待增强细节块的自适应增强函数,并采用自适应正则化术语实现细节增强的同时抑制了噪声。K. Panetta 等[110]提出了一种非线性反锐化掩膜机制(NLUM)实现图像的细节增强,可在无任何图像内容先验知识的情况下实现细节信息的有效增强。Wang 等[111]提出了一种非均匀亮度图像的增强算法,在增强细节信息的同时有效地保护非均匀亮度图像的自然性。

　　A. Choudhury 和 G. Medioni[112]基于改进后的边缘保护非局部均值滤波,提出了一种感知驱动自动锐化增强方法。然而,目前已有的图像增强方法不具有较好的自适应性。不同的图像需要设置不同的参数才能获取较好的增强效果,且在处理含噪图像时效果不太理想,无法有效地平衡抑制噪声和边缘细节增强这一对矛盾,增强的同时噪声也随之放大。

　　以上这些增强方法均是对图像全局进行处理,没有充分考虑到人眼的视觉注意机制。近年来,基于显著性的视觉注意模型的研究获得了国内外学者的广泛关注[113]。这些模型的构建有的基于图像的底层信息[114],有的则基于图像的高层目标检测或情境知识[115]。然而,大多数的研究只针对单帧图像的视觉特征进行显著性检测[116,117],而在运动图像序列或视频方面的显著性检测研究工作还相对较少[118]。Guo 等[119]提出了一种有效的基于频谱分析的视频显著性检测方法,Kim 等[120]通过引入时间维度将图像的中央-周边显著性检测算子扩展到视频检测。

　　Mahadevan[121]提出了一种类似的方法,将视频块建模为动态纹理来处理复杂的背景和运动的摄像机场景。Seo[122]提出采用自相似性实现静态和时空显著性检测。Cui 等[123]通过进行时域的频谱分析,提出了另一种不同策略,只关注运动显著性信息。Hou[124]提出度量特征稀疏性的方法,并在此基础上实现图像和视频的显著性检测。

　　上述研究方法在处理运动图像时,在增强细节信息的同时很容易引入新的噪声干扰。因而这就需要研究高效的增强算子,实现对运动图像的细节特征增强的同时有效地抑制噪声。考虑到基于多尺度几何分析的运动图像描述方法具有高精度的细节刻画能力,以及尺度内和尺度间的跨尺度相关性统计,因此基于这些技术可以构建自适应能力更强的增强算子,实现运动图像的细节特征增强。另外,考虑到人眼所重点关注的是显著性较强的运动目标区域,因此,结合运动图像的时空特性以及最新发展的显著性检测技术,构建新的时空显著性检测算法,并在此基础上研究基于时空显著性的运动图像跨尺度自适应增强算法,可进一步提升增强效率,同时使得增强后的运动图像具有更好的视觉感知能力。

1.2.4 运动图像超分辨率重建研究现状

超分辨率重建(Super-resolution,SR)是指通过融合多帧相互间存在全局或局部位移、信息互补的低分辨率图像序列,以获取分辨率更高、质量更佳的图像、图像序列或视频的过程。超分辨率重建概念最早在 Tsai 和 Huang 的文章"*Multi-frame image restoration and registration*"中提出,并从此引起了人们的关注和深入研究,近十年一直是热门的研究方向。

目前超分辨率重建研究主要分为频率域方法和空间域方法两大类。频率域方法通过在频域内消除频谱混叠来提升图像分辨率。Tsai 和 Huang[125]最早提出的基于傅立叶变换的卫星图像超分辨率重建方法是一种频率域方法,采用频率域逼近的策略对全局平移的多幅低分辨率图像进行超分辨率重建。然而,该方法的退化模型没有考虑模糊和噪声等因素,随后 Kim 等[126]对该方法进行了改进,针对模糊、噪声干扰和全局平移等问题提出了图像序列的频率域递推重构算法。虽然频率域方法机理简单,但由于没有充分利用图像的先验信息,且仅适用于全局平移运动模式,因而具有一定的局限性。相对于频率域方法,空间域方法[127]具有较强的灵活性。空间域的超分辨率重建主要分为单帧处理和多帧处理两种。

1. 基于单帧的超分辨率重建方法

单帧超分辨率重建方法主要分为基于插值的重建方法和基于学习的重建方法。基于插值的重建方法首先采用插值算法,将低分辨率图像像素点映射入高分辨率图像栅格中,然后进行去模糊和去噪处理,获得最终的重建图像。由于基于插值的方法没有充分利用多帧图像间的互补冗余信息为低分辨率图像提供新的图像信息,丢失的细节信息也不能被恢复,所以插值重建后的图像视觉效果不够理想。

基于稀疏表示和学习机制的超分辨率重建算法是近些年发展起来的。Dong 等[128,129]通过综合利用局部和非局部稀疏性约束,提出了一种更为精确的集中化稀疏表示模型,并将其应用于图像的重建领域,获取了较好的效果。Yang 等[130]提出了一种基于学习的超分辨率重建框架,利用图像的稀疏表示和支持向量回归模型进行自学习实现重建。Zhou 等[131]通过字典学习提出了一种基于稀疏表示的超分辨率重建方法。Gao 等[132]提出了一种基于稀疏邻域嵌入的超分辨率重建方法。Chang 等[133]提出了基于流形学习的超分辨率重建算法,分别将高分辨率图像和低分辨率图像视为高维空间流形和低维空间流形,根据流形邻域在低维和高维空间的一致性,由低维空间结构重建高维空间结构。

近年来,随着压缩感知理论[134]的兴起,在学习类的方法中还衍生出了一种基于压缩感知的超分辨率重建方法[135,136]。这类方法首先需要学习和训练样本图像集合,然后利用该样本集合重建图像。为了取得较好的重建效果,需要构建一个足够大的样本数据集,因而基于学习的超分辨率重建方法往往因训练时间较长而导致重建实效性不高。基于学习的超分辨率重建方法在训练图像的内容与待重建图像的内容相似时往往能取得较好的重建效果,如文字处理、人脸识别等。

2. 基于多帧的超分辨率重建方法

基于单帧的超分辨率重建方法没有充分利用序列图像间的互补信息进行有效的信息融合来进一步提升重建质量，因而重建图像的细节信息不如基于多帧的方法细节信息丰富。基于多帧的超分辨率重建方法引起了学术界和工业界的广泛关注，是目前的研究热点和难点。

（1）基于精确运动估计的超分辨率重建思想

基于精确运动估计的超分辨率重建思想采用块匹配、光流等运动估计方法进行帧间的亚像素运动估计[137, 138]，并基于运动估计所获取的运动向量实现时空配准，然后再通过帧间信息融合来获取重建后的高分辨率图像序列。该类方法目前主要集中在图像序列的配准以及超分辨率重建算法两个方面。图像序列的配准是确保重建效果的一个关键问题，其精度直接影响重建的质量。许多学者针对这一问题展开研究，试图提升图像序列间的配准算法精度。图像序列间的配准方法主要有基于像素区域的方法[139]和基于特征匹配的方法[140, 141]。

在重建算法方面，目前已有的研究方法主要包括最大后验概率（MAP）方法、凸集投影法（POCS）、迭代反向投影法（IBP）、极大似然估计法（ML）、非均匀插值方法、正则化方法以及以上几种方法的组合等。其中 MAP 方法和 POCS 方法相对研究较多。MAP 方法采用目标高分辨率图像的先验概率在贝叶斯框架下实现超分辨率重建。Liu 等[142]提出了一种基于贝叶斯框架的自适应视频超分辨率重建方法，将高分辨率图像重建、光流估计、噪声估计和模糊核估计集成在一个统一的框架下。Chen 等[143]提出了一种基于广义高斯马尔科夫随机场（GGMRF）的超分辨率重建方法，获得了较好的重建质量和边缘保持效果。POCS 方法[144]是一种基于集合论的方法，这类方法原理简单且容易引入先验知识，但存在解不唯一以及收敛速度较慢的问题。

（2）基于模糊配准机制的超分辨率重建思想

超分辨率重建算法对帧间运动估计和配准的精度十分敏感，依赖于精确的亚像素运动估计，因而不适用于一些复杂的摄像机/场景运动模式。为解决这一问题，兴起和发展了一种基于模糊配准机制的超分辨率重建方法，为基于多帧的超分辨率重建问题提供了一种崭新的思路，该方法目前已被证实是基于多帧的超分辨率重建算法中的一种优秀算法。基于这一思想的超分辨率重建最早始于 Protter[145]提出的一种基于 3-D 非局部均值滤波的超分辨率重建方法。非局部均值滤波（NLM）最早是在单帧图像去噪领域提出[146]，随后 Buades A[147]将 NLM 扩展到 3-D 域，并在此基础上提出了一种基于 3-D NLM 的视频序列去噪方法。受这一思想的启发，Protter 将 3-D NLM 拓展至超分辨率重建领域，这是一种基于概率运动估计的模糊配准机制下的超分辨率重建策略，图像配准和重建的过程通过非局部邻域像素的相似性匹配和相似像素的加权平均来同步完成。这种基于非局部相似性的超分辨率重建机制充分利用相邻帧的高分辨率信息对目标帧图像进行修正，利用图像非局部相似性引入图像先验知识和相邻帧的细节信息，在无须进行帧间运动估计的情况下，可以将相邻帧信息运用到目标帧图像超分辨率重建中，并取得较好的效果。

然而，当低分辨率序列图像中存在或缺失一些对象，或者存在不同的角度旋转的情况下，帧间信息的关联性就很微弱，此时该机制无法充分利用低分辨率图像之间的相似信息实现有效的重建。为解决这一问题，Gao 等[148]提出了一种基于 Zernike 矩的超分辨率重建方法，通过引入具有较好旋转、平移和尺度不变特性的 Zernike 矩特征，充分利用序列图像中的细节信息，获取高质量的重建效果。然而，基于 Zernike 矩的模糊配准机制的时间复杂度是相当高的，其时间代价主要表现在相似性权重的计算过程中，尤其是随着参与超分辨率重建的低分辨率运动图像数目和大小的增多,以及重建运动图像放大倍率的增大,这种时间代价的累积是十分严重的。

基于模糊配准机制下的重建策略引发了超分辨率重建领域一大新的研究流派,成为国内外一大研究焦点。Takeda 等[149]提出一种局部自适应 3-D 迭代核回归机制,挖掘图像序列内的时空邻域关系,实现超分辨率重建,从而有效避免了精确的亚像素运动估计。Zhang 等[150]提出了一种非局部核回归(NL-KR)超分辨率重建方法,充分利用了图像局部结构信息和非局部相似性进行帧间信息融合重建,后来又将该方法由单一尺度扩展至多尺度框架下[151],进一步提升了重建效果。

（3）时空超分辨率重建方法

时空超分辨率重建技术可以在提升空间分辨率的同时提升视频序列的时间分辨率。在时空超分辨率重建方面,Oded Shahar[152]提出了一种基于时空块相似性的视频序列时空超分辨率重建方法,能够有效地恢复视频序列中丢失的细节信息并且有效解决了序列中的运动失真和运动模糊问题。Jordi[153]提出了一种基于块的时空超分辨率重建方法,充分利用视频序列的跨尺度相似性[154]实现了时空分辨率的提升。在本章参考文献[155]中,基于精确的光流估计实现了多曝光视频序列的高动态范围和超分辨率集成重建。Uma[156]基于最大后验-马尔科夫随机场(MAP-MRF)和 Graph-cut 机制来求解时空超分辨率重建问题,可同时获取时间和空间维度的分辨率提升。然而上述方法对噪声和亮度变化仍不具有较好的健壮性。

国内目前对该领域展开研究的研究机构主要有西安电子科技大学[157,158]、北京邮电大学[159]、山东大学[160]、中国科学技术大学[161]、南京邮电大学[162-164]、重庆大学[165]、大连理工大学[166]、中国科学院[167]等。研究主要集中在超分辨率重建中的帧间配准[168]、基于 POCS 和 MAP 的超分辨率重建及其改进算法以及基于学习的超分辨率重建等。张义轮[169]提出了一种基于相似性约束的视频超分辨率重建算法,采用光流场进行初始运动估计,并进行精细的块匹配,在视频序列中进行相似性搜索,然后利用相似性信息来不断修正迭代反投影中的重建误差。杨欣[170]在传统的 MAP 算法中引入了图像自适应加权系数矩阵,并在此基础上提出了一种基于自适应双边全变差的超分辨率重建算法。针对不同焦距下拍摄的多分辨率尺度的图像序列,李展等[171]提出了一种基于尺度不变特征转换和图像配准的图像盲超分辨率重建算法。

视觉传感器拍摄的运动图像往往呈现出不同的时空尺度和亮度尺度的特点。因此,综合利用这些不同尺度间的相似性以及细节信息,通过跨尺度信息融合可以获取更高视觉分辨率质量的运动图像序列。而拍摄的运动图像序列中存在着一些复杂的运动模式,如角度旋转、局部运动,同时伴随着一些光照亮度的变化和噪声干扰等,因而极大地影响着不同时空尺度间信息的有效配准与融合,这为超分辨率重建提出了新的挑战。基于模糊配准机制的超分辨率重建方法能够不依赖于精确的亚像素运动估计,这为复杂运动场景下运动图像的超分辨率重建提供了一种新颖的思路。然而,现有方法仍然在健壮性和实效性方面存在一些缺陷,不能完全满足所需。为此,需要研究构建健壮性更强的高效模糊配准机制,并在此基础上通过跨尺度帧间信息融合实现运动图像的超分辨率重建,使提出的算法能够具有更好的旋转不变性以及对噪声和光照的健壮性。

参 考 文 献

[1]　Peyré G. A Review of Adaptive Image Representations [J]. IEEE Journal of Selected

Topics in Signal Processing，2011，5(5)：896-911.

[2]　Gupta D，Anand R S，Tyagi B. Despeckling of Ultrasound Images of Bone Fracture Using M-Band Ridgelet Transform[J]. Optik-International Journal for Light and Electron Optics，2014，125(3)：1417-1422.

[3]　Sampo J. Some Remarks on Convergence of Curvelet Transform of Piecewise Smooth Functions[J]. Applied and Computational Harmonic Analysis，2013，34(2)：324-326.

[4]　Rodriguez-Sánchez R，GarcíA J A，Fdez-Valdivia J. Image Inpainting with Nonsubsampled Contourlet Transform[J]. Pattern Recognition Letters，2013，34(13)：1508-1518.

[5]　Hsia C H，Guo J M. Efficient Modified Directional Lifting-Based Discrete Wavelet Transform for Moving Object Detection[J]. Signal Processing，2014，96(Part B)：138-152.

[6]　Chen Y，Bao H，He X. Non-Negative Local Coordinate Factorization for Image Representation[C]. Proceedings of 2011 IEEE Conference on Computer Vision and Pattern Recognition (CVPR)，Colorado，Springs，USA. 2011：569-574.

[7]　Kim J，Grauman K. Boundary Preserving Dense Local Regions[C]. Proceedings of 2011 IEEE Conference on Computer Vision and Pattern Recognition (CVPR)，Colorado Springs，USA. 2011：1553-1560.

[8]　Liu X，Wang C，Yao H，et al. The Scale of Edges [C]. Proceedings of 2012 IEEE Conference on Computer Vision and Pattern Recognition (CVPR)，Rhode Island，USA. 2012：462-469.

[9]　Jing H，He X，Han Q，et al. Background Contrast Based Salient Region Detection[J]. Neurocomputing，2014，124：57-62.

[10]　王鹤. 基于 PCA-SIFT 算法的车牌识别技术研究[D]. 太原理工大学，2013.

[11]　Bay H，Ess A，Tuytelaars T，et al. Speed-Up Robust Features (SURF)[J]. Computer Vision and Image Understanding，2008，110(3)：346-359.

[12]　Calonder M，Lepetit V，Ozuysal M，et al. BRIEF：Computing a Local Binary Descriptor Very Fast[J]. IEEE Transactions on Pattern Analysis and Machine Intelligence，2012，34(7)：1281-1298.

[13]　Von Hundelshausen F，Sukthankar R. D-Nets：Beyond Patch-Based Image Descriptors[C]. Proceedings of 2012 IEEE Conference on Computer Vision and Pattern Recognition (CVPR)，Rhode Island，USA. 2012：2941-2948.

[14]　Hassner T，Mayzels V，Zelnik-Manor L. On SIFTs and Their Scales[C]. Proceedings of 2012 IEEE Conference on Computer Vision and Pattern Recognition (CVPR)，Rhode Island，USA. 2012：1522-1528.

[15]　Zhao G，Ahonen T，Matas J，et al. Rotation-Invariant Image and Video Description With Local Binary Pattern Features[J]. IEEE Transactions on Image Processing，2012，21(4)：1465-1477.

[16]　Li P，Givoni I，Frey B. Learning Better Image Representations Using 'Flobject Analysis' [C]. Proceedings of 2011 IEEE Conference on Computer Vision and Pattern Recognition (CVPR)，Colorado，Springs，USA. 2011：2721-2728.

[17] Gong H，Zhu S. Intrackability：Characterizing Video Statistics and Pursuing Video Representations[J]. International Journal of Computer Vision，2012，97（3）：255-275.

[18] Sadanand S，Corso J. Action Bank：A High-Level Representation of Activity in Video [C]. Proceedings of 2012 IEEE Conference on Computer Vision and Pattern Recognition（CVPR），Rhode Island，USA. 2012：1234-1241.

[19] Huang Z，Zhang J，Xu F. A Novel Multi-Scale Relative Salience Feature for Remote Sensing Image Analysis [J]. Optik-International Journal for Light and Electron Optics，2014，125(1)：516-520.

[20] Cai G，Jodoin P M，Li S，et al. Perspective-SIFT：An Efficient Tool for Low-Altitude Remote Sensing Image Registration [J]. Signal Processing，2013，93(11)：3088-3110.

[21] Kurtz C，Passat N，Gancarski P，et al. Extraction of Complex Patterns from Multiresolution Remote Sensing Images：A Hierarchical Top-Down Methodology[J]. Pattern Recognition，2012，45(2)：685-706.

[22] Liu G，Sun X，Fu K，et al. Interactive Geospatial Object Extraction in High Resolution Remote Sensing Images Using Shape-Based Global Minimization Active Contour Model[J]. Pattern Recognition Letters，2013，34(10)：1186-1195.

[23] Sumer E，Turker M. An Adaptive Fuzzy-Genetic Algorithm Approach for Building Detection Using High-Resolution Satellite Images[J]. Computers，Environment and Urban Systems，2013，39：48-62.

[24] Ye Y，Shan J. A Local Descriptor Based Registration Method for Multispectral Remote Sensing Images with Non-Linear Intensity Differences[J]. ISPRS Journal of Photogrammetry and Remote Sensing，2014，90：83-95.

[25] 张守娟,周诠.卫星遥感图像中的小目标形状描述算法[J].计算机工程,2011,37(24)：213-215,218.

[26] Thévenaz P，Blu T，Unser M. Interpolation Revisited[J]. IEEE Transactions on Medical Imaging，2000，19(7)：739-758.

[27] Mastyło M. Bilinear Interpolation Theorems and Applications [J]. Journal of Functional Analysis，2013，265(2)：185-207.

[28] Sarrut D，Vandemeulebroucke J. B-LUT：Fast and Low Memory B-Spline Image Interpolation[J]. Computer Methods and Programs in Biomedicine，2010，99：172-178.

[29] Freeman W T，Jones T R，Pasztor E C. Example-Based Super-Resolution[J]. IEEE Computer Graphics and Applications，2002，22(2)：56-65.

[30] Zhang X，Lam K M，Shen L. Image Magnification Based on a Blockwise Adaptive Markov Random Field Model[J]. Image and Vision Computing，2008，26（9）：1277-1284.

[31] Ni K，Nguyen T. An Adaptable K-Nearest Neighbors Algorithm for MMSE Image Interpolation [J]. IEEE Transactions on Image Processing，2009，18(9)：1976-1987.

[32] Thomas M, Sonja K. Kernel Interpolation[J]. Computational Statistics & Data Analysis, 2011, 55(11): 2962-2974.

[33] Su L, Yang Q. Image Interpolation with Functional Coefficient Local Polynomial Regression[J]. International Journal of Applied Mathematics and Statistics™, 2013, 50(20): 136-145.

[34] Colonnese S, Rinauro S, Scarano G. Bayesian Image Interpolation Using Markov Random Fields Driven by Visually Relevant Image Features[J]. Signal Processing: Image Communication, 2013, 28(8): 967-983.

[35] Tian J, Chen L. Simultaneous Image Interpolation for Stereo Images [J]. Signal Processing, 2013, 93(7): 1933-1944.

[36] Li X, Orchard M T. New Edge-Directed Interpolation[J]. IEEE Transactions on Image Processing, 2001, 10(10): 1521-1527.

[37] Tai Y, Tong W, Tang C K. Perceptually-Inspired and Edge-Directed Color Image Super-Resolution[C]. Proceedings of 2006 IEEE Conference on Computer Vision and Pattern Recognition (CVPR), New York, USA. 2006: 1948-1955.

[38] Wang Q, Ward R. A New Orientation-Adaptive Interpolation Method[J]. IEEE Transactions on Image Processing, 2007, 16(4): 889-900.

[39] Lee Y, Yoon J. Nonlinear Image Upsampling Method Based on Radial Basis Function Interpolation[J]. IEEE Transactions on Image Processing, 2010, 19(10): 2682-2692.

[40] Casciola G, Montefusco L, Morigi S. Edge-Driven Image Interpolation Using Adaptive Anisotropic Radial Basis Functions [J]. Journal of Mathematical Imaging and Vision, 2010, 36(2): 125-139.

[41] Tai Y, Liu S, Brown M, et al. Super Resolution Using Edge Prior and Single Image Detail Synthesis [C]. Proceedings of 2006 IEEE Conference on Computer Vision and Pattern Recognition (CVPR), San Francisco, USA. 2006: 2400-2407.

[42] Chang J, Yoo D, Park J, et al. Edge Directional Interpolation for Image Upscaling with Temporarily Interpolated Pixels [J]. Electronics Letters, 2011, 47(21): 1176-1178.

[43] Jing M, Wu J. Fast Image Interpolation Using Directional Inverse Distance Weighting for Real-Time Applications [J]. Optics Communications, 2013, 286: 111-116.

[44] Han J, Kim J, Sull S, et al. New Edge-Adaptive Image Interpolation Using Anisotropic Gaussian Filters [J]. Digital Signal Processing, 2013, 23(1): 110-117.

[45] Hung K, Siu W. Robust Soft-Decision Interpolation Using Weighted Least Squares [J]. IEEE Transactions on Image Processing, 2012, 21(3): 1061-1069.

[46] Pekkucuksen I, Altunbasak Y. Edge Strength Filter Based Color Filter Array Interpolation [J]. IEEE Transactions on Image Processing, 2012, 21(1):393-397.

[47] Pilafkan R, Folkow P, Darvizeh M, et al. Three Dimensional Frequency Analysis of Bidirectional Functionally Graded Thick Cylindrical Shells Using a Radial Point Interpolation Method (RPIM) [J]. European Journal of Mechanics-A/Solids, 2013,

39:26-34.

[48] Mukherjee J, Mitra S. Arbitrary Resizing of Images in DCT Space[J]. 2005, Vision, Image and Signal Processing, 2005, 152(2): 155-164.

[49] Chang S, Cvetkovic Z, Vetterli M. Locally Adaptive Wavelet-Based Image Interpolation [J]. IEEE Transactions on Image Processing, 2006, 15(6):1471- 1485.

[50] Mueller N, Lu Y, Do M. Image Interpolation Using Multiscale Geometric Representations [C]. Proceedings of the SPIE Conference on Electronic Imaging, San Jose, USA, 2007: 64980A.

[51] Anbarjafari G, Demirel H. Image Super Resolution Based on Interpolation of Wavelet Domain High Frequency Subbands and the Spatial Domain Input Image[J]. ETRI Journal, 2010, 32(3):390-394.

[52] Sun D, Roth S, Black M. Secrets of Optical Flow Estimation and Their Principles [C]. In: Proceedings of 2010 IEEE Conference on Computer Vision and Pattern Recognition (CVPR) , San Francisco, USA. 2010: 2432-2439.

[53] Brox T, Malik J. Large Displacement Optical Flow: Descriptor Matching in Variational Motion Estimation[J]. IEEE Transactions on Pattern Analysis and Machine Intelligence, 2011, 33(3): 500-513.

[54] Sakaino H. A Semitransparency-Based Optical-Flow Method With a Point Trajectory Model for Particle-Like Video[J]. IEEE Transactions on Image Processing, 2012, 21 (2):441-450.

[55] Yan B, Chen Y. Low Complexity Image Interpolation Method Based on Path Selection[J]. Journal of Visual Communication and Image Representation, 2013, 24(6): 661-668.

[56] Lei C, Yang Y H. Optical Flow Estimation on Coarse-to-Fine Region-Trees Using Discrete Optimization [C]. Proceedings of IEEE 12th International Conference on Computer Vision (ICCV), Kyoto, Japan, 2009: 1562-1569.

[57] Chen K, Lorenz D A. Image Sequence Interpolation Using Optimal Control[J]. Journal of Mathematical Imaging and Vision, 2011, 41(3):222-238.

[58] Chen K, Lorenz D A. Image Sequence Interpolation Based on Optical Flow, Segmentation, and Optimal Control[J]. IEEE Transactions on Image Processing, 2012, 21(3):1020-1030.

[59] Schoenemann T, Cremers D. A Coding-Cost Framework for Super-Resolution Motion Layer Decomposition[J]. IEEE Transactions on Image Processing, 2012, 21(3): 1097-1110.

[60] Song B C, Jeong S C, Choi Y. Video Super-Resolution Algorithm Using Bi-Directional Overlapped Block Motion Compensation and On-the-Fly Dictionary Training [J]. IEEE Transactions on Circuits and Systems for Video Technology, 2011, 21(3):274-285.

[61] Wang D, Vincent A, Blanchfield P, et al. Motion-Compensated Frame Rate Up-Conversion-Part Ⅱ: New Algorithms for Frame Interpolation[J]. IEEE Transactions on Broadcasting, 2010, 56(2): 142-149.

[62] Su H, Tang L, Wu Y, et al. Spatially Adaptive Block-Based Super-Resolution[J]. IEEE Transactions on Image Processing, 2012, 21(3): 1031-1045.

［63］ Simakov D, Caspi Y, Shechtman E, et al. Summarizing Visual Data Using Bidirectional Similarity [C]. In: Proceedings of 2008 IEEE Conference on Computer Vision and Pattern Recognition (CVPR), Anchorage Alaska, USA. 2008: 1-8.

［64］ Shi Z, Fernando W A C, Kondoz A. Adaptive Direction Search Algorithms Based on Motion Correlation for Block Motion Estimation[J]. IEEE Transactions on Consumer Electronics, 2011, 57(3): 1354-1361.

［65］ Barnes C, Shechtman E, Finkelstein A, et al. PatchMatch: A Randomized Correspondence Algorithm for Structural Image Editing[J]. ACM Transactions on Graph, 2009, 28(3): 341-352.

［66］ Korman S, Avidan S. Coherency Sensitive Hashing [C]. Proceedings of the 13th IEEE Conference on Computer Vision (ICCV), Barcelona, Spain. 2011: 1607-1614.

［67］ ZuoW, Zhang L, Song C, et al. Texture Enhanced Image Denoising via Gradient Histogram Preservation [C]. Proceedings of the IEEE International Conference on Computer Vision and Pattern Recognition (CVPR), 2013: 1203-1210.

［68］ Chatterjee P, Milanfar P. Patch-based Locally Optimal Denoising [C]. Proceedings of the IEEE International Conference on Image Processing. 2011: 2553-2556.

［69］ Katkovnik V, Foi A, et al. From Local Kernel to Nonlocal Multiple-model Image Denoising [J]. International Journal of Computer Vision, 2010, 86(1): 1-32.

［70］ Milanfar P. A Tour of Modern Image Processing [J]. IEEE Signal Process Magazine, 2011.

［71］ Buades A, Coll B, Morel J. A Nonlocal Algorithm for Image Denoising [C]. Proceedings of the IEEE International Conference on Computer Vision and Pattern Recognition (CVPR), 2005: 60-65.

［72］ ZhangX, Feng X, Weiwei Wang. Two-Direction Nonlocal Model for Image Denoising [J]. IEEE Transactions on Image Processing, 2013, 22(1): 408-412.

［73］ 丁炜. 基于非局部模型与字典学习的自然图像去噪方法研究 [D]. 西安电子科技大学, 2013.

［74］ 韩超. 基于小波域相似性度量的图像非局部均值去噪 [D]. 西安电子科技大学, 2012.

［75］ Dabov K, Foi A, Katkovnik V, et al. Image Denoising with Block-Matching and 3D Filtering [C]. Electronic Imaging 2006. International Society for Optics and Photonics, 2006: 606414-606414-12.

［76］ DabovK, Foi A, Katkovnik V, et al. Image Denoising by Sparse 3-D Transform-domain Collaborative Filtering [J]. IEEE Transactions on Image Processing, 2007, 16(8): 2080-2095.

［77］ Maggioni M, Boracchi G, Foi A, et al. Video Denoising Using Separable 4D Nonlocal Spatiotemporal Transforms [C]. Proceedings of the IS&T/SPIE Electronic Imaging. International Society for Optics and Photonics, 2011: 787003-787003-11.

［78］ Maggioni M, Boracchi G, Foi A, et al. Video Denoising, Deblocking, and Enhancement Through Separable 4-D Nonlocal Spatiotemporal Transforms [J]. IEEE Transactions on Image Processing, 2012, 21(9): 3952-3966.

[79]　潘杨. 基于小波的图像去噪方法研究 [D]. 吉林大学, 2010.

[80]　HowladerT，P. Chaubey Y. Noise Reduction of cDNA Microarray Images Using Complex Wavelets [J]. IEEE Transactions on Image Processing, 2010, 19(8): 1-11.

[81]　LuisierF，Blu T，Unser M. A New Sure Approach to Image Denoising: Interscale Orthonormal Wavelet Thresholding [J]. IEEE Transactions on Image Processing, 2007, 16: 593-606.

[82]　ZhangY，Zhang B，Lu W. Image Denoising and Enhancement Based on Adaptive Wavelet Thresholding and Mathematical Morphology [C]. Proceedings of the 2010 3rd International Congress on Image and Signal Processing, 2010: 693-697.

[83]　Gupta K K，Gupta R. Feature Adaptive Wavelet Shrinkage for Image Denoising[C]. Proceedings of the Signal Processing, Communications and Networking, 2007. ICSCN'07. International Conference on. IEEE, 2007: 81-85.

[84]　Fathi A，Naghsh-Nilchi A. Efficient Image Denoising Method Based on a New Adaptive Wavelet Packet Thresholding Function [J]. IEEE Transactions on Image Processing, 2012, 21(9): 3981-3990.

[85]　RaphanM，Simoncelli E P. Optimal Denoising in Redundant Representations [J]. IEEE Transactions on Image Processing, 2008, 17: 1342-1352.

[86]　HirakawaK，Wolfe P. Efficient Multivariate Skellam Shrinkage for Denoising Photon-limited Image Data: An Empirical Bayes Approach [C]. Proceedings of IEEE International Conference on Image Processing (ICIP), Cairo, Egypt, 2009: 2961-2964.

[87]　Graee C，Biny U，Martin V. Spatially Adaptive Wavelet Thresholding with Context Modeling for Image Denoising [J]. IEEE Transactions on Image Processing, 2000, 9 (9): 1522-1531.

[88]　ChangS，Yu B，Vetterli M. Adaptive Wavelet Thresholding for Image Denoising and Compression [J]. IEEE Transactions on Image Processing, 2000, 9(9): 1532-1546.

[89]　BluT，Luisier F. The SURE-LET Approach to Image Denoising [J]. IEEE Transactions on Image Processing, 2007, 16(11): 2778-2786.

[90]　LuisierF，Vonesch C，Blu T，et al. Fast Interscale Wavelet Denoising of Poisson-corrupted Images [J]. Signal Processing, 2010, 90(2): 415-427.

[91]　LuisierF，Blue T，Michael Unser. Image Denoising in Mixed Poisson-Gaussian Noise [J]. IEEE Transactions on Image Processing, 2011, 20(3): 696-708.

[92]　CandesE. Ridgelets J: Theory and Applications, Doctoral Dissertation [D]. USA: Department of Statistics, Stanford University, 1998.

[93]　CandesE，Donoho D. Curvelets [D]. USA: Department of Statistics, Stanford University, 1999.

[94]　DoM. Contourlets and Sparse Image Expansions [C]. Optical Science and Technology, Proceedings of the SPIE's 48th Annual Meeting, International Society for Optical and Photonics, 2003: 560-570.

[95]　Do M，M. Vetterli. Contourlets: A Directional Multiresolution Image Representation

[C]. Proceeding of the International Conference on Image Processing，2002，1：357-360.

[96] Chuna A，Zhou J，Do M. The Nonsubsampled Contourlet Transform：Theory, Design and Applications [J]. IEEE Transactions on Image Processing，2006，15(10)：3089-3101.

[97] ZhouJ，Chuna A，Do M. Nonsubsampled Contourlet Transform：Filter Design and Applications in Denoising[C]. Proceedings of the IEEE International Conference on Image Processing，2006：469-472.

[98] 欧阳洪波.基于 Contourlet 变换的自适应图像去噪和图像融合研究 [D].湖南大学,2012.

[99] 朱为,李国辉,涂丹.一种基于第 2 代曲波变换的尺度相关图像去噪方法 [J].中国图像图形学报,2008,13(12):2281-2285.

[100] 王发牛,梁栋,程志友,唐俊.一种基于非抽样 LP 的 Contourlet 变换图像去噪方法 [J].中国图像图形学报,2009,14(3):458-462.

[101] Li X，Xu J，Luo J，et al. Intensity Image Denoising for Laser Active Imaging System Using Nonsubsampled Contourlet Transform and SURE Approach [J]. International Journal for Light and Electron Optics，2012，123：808-813.

[102] RiveraR，Ryu B，Chae O. Content-Aware Dark Image Enhancement through Channel Division [J]. IEEE Transactions on Image Processing，2012，21(9)：3967-3980.

[103] PeiS，Shen C，Lee T. Visual Enhancement Using Constrained L0 Gradient Image Decomposition for Low Backlight Displays [J]. Signal Processing Letters，2012，19 (12)：813-816.

[104] Toh K.，Matlsa N. Locally Adaptive Bilateral Clustering for Image Deblurring and Sharpness Enhancement [J]. IEEE Transactions on Consumer Electronics，2011，57 (3)：1227-1235.

[105] Nercessian S，Panetta K，Agaian S. Non-Linear Direct Multi-Scale Image Enhancement Based on the Luminance and Contrast Masking Characteristics of the Human Visual System [J]. IEEE Transactions on Image Processing，2013，22(9)：3549-3561.

[106] Gao Y，Wang S，Jie Y. Non-local Enhancement of Electronic Portal Imaging with Tensor Texture Descriptors [J]. Electronics Letters，2013，49(14)：868-869.

[107] LiY，Ning H，Zhang Y，Feng D. Nonlinear Curvelet Diffusion for Noisy Image Enhancement [C]. Proceedings of the 2011 18th IEEE International Conference on Image Processing (ICIP)，2011：2557-2560.

[108] XuH，Zhai G，Yang X. Single Image Super-resolution with Detail Enhancement Based on Local Fractal Analysis of Gradient [J]. IEEE Transactions on Circuits and Systems for Video Technology，2013，23(10)：1740-1754.

[109] Choudhury A，Van Beek P，Segall A. Image Detail Enhancement Using a Dictionary Technique [C]. Proceedings of the 2012 19th IEEE International Conference on Image Processing (ICIP)，2012：977-980.

[110] Panetta K，Zhou Y，Agaian S. et al. Nonlinear Unsharp Masking for Mammogram Enhancement [J]. IEEE Transactions on Information Technology in Biomedicine，

2011, 15(6): 918-928.

[111] WangS, Zheng J, Hu H, et al. Naturalness Preserved Enhancement Algorithm for Non-Uniform Illumination Images [J]. IEEE Transactions on Image Processing, 2013, 22(9):3538-3548.

[112] Choudhury A, Medioni G. Perceptually Motivated Automatic Sharpness Enhancement Using Hierarchy of Non-local Means [C]. Proceedings of the 2011 IEEE International Conference on Computer Vision Workshops (ICCV Workshops), 2011: 730-737.

[113] BorjiA and Itti L. State-of-the-art in Visual Attention Modeling [J]. IEEE Transactions on Pattern Analysis and Machine Intelligence (PAMI), 2013, 35(1): 185-207.

[114] HarelJ, Koch C, and Perona P. Graph-based Visual Saliency [J]. National Institute for Physiological Sciences (NIPS), 2007, 19: 545-552.

[115] Goferman S, Zelnik-Manor L, and Tal A. Context-aware Saliency Detection [J]. IEEE Transactions on Pattern Analysis and Machine Intelligence (PAMI), 2012, 34 (10):1915-1926.

[116] JiangZ, Davis L. Submodular Salient Region Detection [C]. Proceedings of the IEEE International Conference on Computer Vision and Pattern Recognition (CVPR), 2013: 2043-2050.

[117] ChengM, Zhang G, Mitra N, et al. Global Contrast Based Salient Region Detection [C]. Proceedings of the IEEE International Conference on Computer Vision and Pattern Recognition (CVPR), 2011: 409-416.

[118] RudoyD, Goldman D, Shechtman E, et al. Learning Video Saliency from Human Gaze Using Candidate Selection [C]. Proceedings of the IEEE International Conference on Computer Vision and Pattern Recognition (CVPR), 2013: 4321-4328.

[119] GuoC, Ma Q, Zhang L. Spatio-temporal Saliency Detection Using Phase Spectrum of Quaternion Fourier Transform [C]. Proceedings of the IEEE International Conference on Computer Vision and Pattern Recognition (CVPR), 2008: 1-8.

[120] KimW, Jung C, Kim C. Spatiotemporal Saliency Detection and Its Applications in Static and Dynamic Scenes [J]. IEEE Transactions on Circuits and Systems for Video Technology, 2011, 21(4):446-456.

[121] MahadevanV, Vasconcelos N. Spatiotemporal Saliency in Dynamic Scenes [J]. IEEE Transactions on Pattern Analysis and Machine Intelligence (PAMI), 2010, 32 (1):171-177.

[122] Seo H, Milanfar P. Static and Space-time Visual Saliency Detection by Self-resemblance [J]. Journal of Vision, 2009, 9(12): 1-12.

[123] CuiX, Liu Q, Metaxas D. Temporal Spectral Residual: Fast Motion Saliency Detection [C]. Proceedings of the ACM international Conference on Multi-media, 2009: 617-620.

[124] HouX, Zhang L. Dynamic Visual Attention: Searching for Coding Length Increments [J]. National Institute for Physiological Sciences (NIPS), 2008, 21: 681-688.

[125] TsaiR, Huang T. Multi-frame Image Restoration and Registration [J]. Advances in Computer Vision and Image Processing, 1984, (1): 317-339.

[126] KimS, Bose N, Valenzuela H. Recursive Reconstruction of High Resolution Image from Noisy Under-sampled Multi-frames [J]. IEEE Transactions on Acoustics, Speech and Signal Processing, 1990, 38(6): 1013-1027.

[127] SuH, Tang L, Wu Y, et al. Spatially Adaptive Block-Based Super-Resolution [J]. IEEE Transactions on Image Processing, 2012, 21(3): 1031-1045.

[128] DongW, Zhang L, Shi G. Centralized Sparse Representation for Image Restoration [C]. Proceedings of the IEEE International Conference on Computer Vision (ICCV), 2011.

[129] DongW, Zhang L, Shi G, et al. Nonlocally Centralized Sparse Representation for Image Restoration [J]. IEEE Transactions on Image Processing, 2013, 22(4):1620-1630.

[130] YangM, Wang Y. A Self-Learning Approach to Single Image Super-Resolution [J]. IEEE Transactions on Multimedia, 2013, 15(3): 498-508.

[131] Zhou F, Yang W, Liao Q. Single Image Super-resolution Using Incoherent Sub-dictionaries Learning [J]. IEEE Transactions on Consumer Electronics, 2012, 58(3): 891-897.

[132] GaoX, Zhang K, Tao D, et al. Image Super-Resolution with Sparse Neighbor Embedding [J]. IEEE Transactions on Image Processing, 2012, 21(7):3194-3205.

[133] ChangH, Yeung D, and Xiong Y. Super-resolution through Neighbor Embedding [C]. Proceedings of the IEEE Computer Society Conference on Computer Vision and Pattern Recognition (CVPR), 2004: 275-282.

[134] DonohoD. Compressed Sensing [J]. IEEE Transactions on Information Theory, 2006, 52(4):1289-1306.

[135] YangJ, Wright J, Huang T, et al. Image Super-resolution as Sparse Representation of Raw Image Patches [C]. Proceedings of the IEEE Computer Society Conference on Computer Vision and Pattern Recognition (CVPR), 2008: 1-8.

[136] HeC, Liu L, Xu L, et al. Learning Based Compressed Sensing for SAR Image Super-Resolution [J]. IEEE Journal of Selected Topics in Applied Earth Observations and Remote Sensing, 2012, 5(4):1272-1281.

[137] LeeL, Choi T. Accurate Registration Using Adaptive Block Processing for Multispectral Images [J]. IEEE Transactions on Circuits and Systems for Video Technology, 2013, 23(9): 1491-1501.

[138] Baker S, Scharstein D, Lewis J, et al. A Database and Evaluation Methodology for Optical flow [J]. International Journal of Computer Vision, 2011, 92(1): 1-31.

[139] Zhou F, Yang W, Liao Q. A Coarse-to-Fine Subpixel Registration Method to Recover Local Perspective Deformation in the Application of Image Super-Resolution [J]. IEEE Transactions on Image Processing, 2012, 21(1): 53-66.

[140] Xu H, Chen P, Yu W, et al. Feature-Aligned 4D Spatiotemporal Image Registration

[C]. Proceedings of the 2012 21st International Conference on Pattern Recognition (ICPR 2012), 2012: 11-15.

[141]　Wang S, You H, Fu K BFSIFT: A Novel Method to Find Feature Matches for SAR Image Registration [J]. IEEE Geoscience and Remote Sensing Letters, 2012, 9(4): 649-653.

[142]　LiuC, Sun D. On Bayesian Adaptive Video Super Resolution [J]. IEEE Transactions on Pattern Analysis and Machine Intelligence, 2014, 36(2): 346-360.

[143]　ChenJ, Nunez-Yanez J, Achim A. Video Super-Resolution Using Generalized Gaussian Markov Random Fields [J]. IEEE Signal Processing Letters, 2012, 19(2): 63-66.

[144]　Shilling R, Robbie T, Bailloeul, et al. A Super-Resolution Framework for 3-D High-Resolution and High-Contrast Imaging Using 2-D Multislice MRI [J]. IEEE Transactions on Medical Imaging, 2009, 28(5): 633-644.

[145]　ProtterM, Elad M, Takeda H, Milanfar P. Generalizing the Nonlocal-Means to Super-Resolution Reconstruction [J]. IEEE Transaction on Image Processing, 2009, 18(1): 349-366.

[146]　BuadesA, Coll B, Morel J. A Review of Image Denoising Algorithms [J]. Multiscale Modeling and Simulation, 2005, 4:490-530.

[147]　BuadesA, Coll B, Morel J. Denoising Image Sequences does not Require Motion Estimation [C]. Proceedings of the IEEE Conference on Advanced Video and Signal Based Surveillance, 2005: 70-74.

[148]　GaoX, Wang Q, Li X, et al. Zernike-Moment-Based Image Super Resolution [J]. IEEE Transaction on Image Processing, 2011, 20(10): 2738-2747.

[149]　TakedaH, Milanfar P, Protter M, et al. Super-Resolution without Explicit Subpixel Motion Estimation [J]. IEEE Transactions on Image Processing, 2009, 18(9): 1958-1975.

[150]　ZhangH, Yang J, Zhang Y, et al. Non-Local Kernel Regression for Image and Video Restoration [C]. Proceedings of the European Conference on Computer Vision (ECCV), 2010.

[151]　ZhangH, Yang J, Zhang Y, et al. Multi-scale Non-local Kernel Regression for Image and Video Restoration [C]. Proceedings of the 2011 18th IEEE International Conference on Image Processing, 2011: 1353-1356.

[152]　Shahar O. Space-Time Super-Resolution from a Single Video [C]. Proceedings of the IEEE International Conference on Computer Vision and Pattern Recognition (CVPR), 2011: 3353-3360.

[153]　Salvador J, Kochale A, Schweidler S. Patch-based Spatio-temporal Super-resolution for Video with Non-rigid Motion[J]. Signal Processing: Image Communication, 2013, 28(5): 483-493.

[154]　Freedman G, Fattal R. Image and Video Upscaling from Local Self-examples [J]. ACM Transactions on Graphics, 30 (2011) 12:1-12:11.

[155]　Zimmer H, Bruhn A, Weickert J. Freehand HDR Imaging of Moving Scenes with

Simultaneous Resolution Enhancement [J]. Computer Graphics Forum, 30 (2011) 405-414.

[156] MudenagudiU, Banerjee S, Kalra P. Space-Time Super-Resolution Using Graph-Cut Optimization [J]. IEEE Transactions on Pattern Analysis and Machine Intelligence, 2011, 33(5): 995-1008.

[157] 王小江. 基于非局部相似性的图像超分辨率 [D]. 西安电子科技大学, 2013.

[158] 胡颖颖. 基于粒子群优化的视频序列超分辨率重建研究 [D]. 西安电子科技大学, 2013.

[159] 胥妍. 图像超分辨率重建算法研究 [D]. 北京邮电大学, 2013.

[160] 张博洋. 图像及视频超分辨率重建算法研究 [D]. 山东大学, 2013.

[161] 宋慧慧. 基于稀疏表示的图像超分辨率重建算法研究 [D]. 中国科学技术大学, 2011.

[162] 范亚琼. 利用非局部相似性的图像超分辨率重建研究 [D]. 南京邮电大学, 2012.

[163] 张义轮. 基于相似性约束的视频超分辨率重建研究 [D]. 南京邮电大学, 2013.

[164] 邱一雯. 基于学习的视频超分辨率重建算法研究及实现 [D]. 南京邮电大学, 2012.

[165] 李立琴. 图像超分辨率重建算法研究 [D]. 重庆大学, 2011.

[166] 王凯. 基于块匹配的图像去噪和超分辨率重建算法研究 [D]. 大连理工大学, 2013.

[167] 徐志刚. 序列图像超分辨率重建技术研究 [D]. 中国科学院西安光学精密机械研究所, 2012.

[168] 孙琰玥, 何小海, 宋海英, 等. 一种用于视频超分辨率重建的块匹配图像配准方法 [J]. 自动化学报, 2011, 37(1): 37-43.

[169] 张义轮, 干宗良, 朱秀昌. 相似性约束的视频超分辨率重建 [J]. 中国图像图形学报, 2013, 18(7): 761-767.

[170] 杨欣, 周大可, 费树岷. 基于自适应双边全变差的图像超分辨率重建 [J]. 计算机研究与发展, 2012, 49(12): 2696-2701.

[171] 李展, 张庆丰, 孟小华, 等. 多分辨率图像序列的超分辨率重建 [J]. 自动化学报, 2012, 38(11): 1804-1813.

第2章 运动图像跨尺度描述方法研究

2.1 引　言

　　运动图像序列包含大量的运动特征,由于这些特征源于不同时间、不同区域下的运动目标,使得描述这些运动特征成为一项困难的工作。尺度空间方法是图像序列描述的有效途径之一,其依据是人类视觉具有尺度效应。尺度效应是指人在不同的距离下,对同一目标进行观测的感受是不一样的。以运动目标为例,远距离看到的是轮廓,而近距离看到的是细节。尺度空间方法能够分离运动图像序列的特征信息,并找到相应特征,从而更好地对图像序列进行描述。为了更加灵活地描述图像特征,本章参考文献[1]提出了基于人类视觉系统原理的视觉显著性计算模型,其主要理论来源是 Marr 的计算机视觉理论和 Treisman 的特征整合理论。该模型建立在人类视觉系统感知机制基础上,能够对图像中包含元素的吸引视觉注意力能力进行建模和量化。图像的视觉显著性体现为图像中最为突出的或值得关注的部分[2],它往往与观察者的主观意向相关联。根据分类角度的不同,它有不同的表述方法,总结在表 2-1 中。

表 2-1　图像视觉显著性表达

分类标准	表达方式	分类标准	表达方式
场景	静态显著性、动态显著性	注意驱动力	自底向上的隐性显著性、自顶向下的显性显著性
对象维度	频域显著性、时域显著性、时频变化性	事件响应	常规视觉特征反应、对异常事件的反应
视觉注意	直觉的强烈刺激、随意的关注、注视转移	任务相关	弱相关显著性、强相关显著性
空间范围	局部范围显著性、全局范围显著性		

　　根据图像视觉显著性进行运动图像描述的方式逐渐受到人们的重视。本章参考文献[3]采用视觉显著性技术,结合图像的稀疏性和局部性来构建非监督数据驱动的分层图像表示的学习模型;本章参考文献[4]提出了两种感兴趣的区域描述方法,多支撑区域定向梯度直方图描述算子(Multisupport Region Order-Based Gradient Histogram Descriptor,MROGH)和多支撑区域旋转和强度单调不变描述算子(Multisupport Region Rotation and Intensity Monotonic Invariant Descriptor,MRRID);本章参考文献[5]提出了新的生物感知的颜色图像描述方法;本章参考文献[6]提出了可控兴趣区域的可扩展图像表示方法;本章参考文献[7]提出了紧缩的拓扑描述算子来描述图像的显著性区域;本章参考文献[8]使用视频中的显著性时空结构构建运动约束,并结合表观模型来共同描述显著性运动;本章参考文献[9]基于显著探测技术并结合形态理论设计局部显著性抽取的频域调节方法来加强潜在目标区域;本章参考

文献[10]充分使用颜色对比和分布设计综合的显著性对象探测系统描述高质量的特征区域；本章参考文献[11]对视频帧进行时空显著性探测，从而确定显著性区域；本章参考文献[12]首先进行时间显著性探测，进行视频帧的粗分割，然后采用空间显著性探测获取运动对象的表观细节，最终结合时空显著性信息得到视频中的运动对象。

稀疏表示理论对于图像描述模型也起到了一定的作用。本章参考文献[13]提出了基于稀疏表示的字典学习方法用于图像表示；本章参考文献[14]提出了一种基于图正规化的稀疏编码用于图像描述；本章参考文献[15]使用稀疏编码技术描述缩影图像；本章参考文献[16]使用稀疏编码模型来构建视频的静态原子和动态原子，并加入基于时空过滤器的MRF模型来表示纹理运动，从而构建了一种新的视频描述架构，即视频草图（Video Primal Sketch，VPS）框架，可以很好地描述运动的尺度变化。

由以上分析可知，视觉显著性理论在图像处理领域有越来越广阔的应用，所以采用这种新型方式进行运动图像处理是完全可行的。主要体现在以下三点：其一，提供对运动图像描述的选择能力，加强对运动目标的细节描述，实现优先分配图像分析与合成所需的计算资源；其二，分离运动图像的显著区域和非显著区域，有助于制定灵活的图像描述方法，提高显著区域内容描述价值；其三，从观察者的角度对运动图像序列进行描述，提高对运动图像信息的认知和决策能力。

根据表2-1的分类原则，影响运动图像序列的视觉显著性区域的因素主要体现在：对比度使颜色、亮度、边缘等特征方面具有较高对比度的区域得到更多的关注；运动使运动的区域得到更多的注意；前景使比背景区域包含更多语义内容的前景区域得到更多的注意。以上因素是建立运动图像描述模型的基础。

本章研究运动图像的跨尺度描述方法，针对运动图像中目标的细微运动提出放大算法SIMM，增强运动幅度，突出运动细节；针对运动图像中目标的非细微运动提出跨尺度描述算法SITD，实现关注区域跨尺度，为运动图像插值奠定基础。SIMM算法与SITD算法关系如图2-1所示。

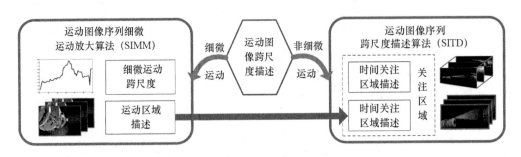

图 2-1　SIMM算法与SITD算法关系图

2.2　运动图像序列细微运动放大算法的提出

本章提出运动图像序列细微运动放大（SIMM）算法，首先设计基于欧拉放大的运动图像时空处理方法，提出空间关注区域检测方法，设计运动细节增强方案，减轻放大后的运动图像所产生的瑕疵，实现了运动图像序列的精细尺度和粗糙尺度的统一。

2.2.1　SIMM 算法研究动机

在实际环境中会拍摄到大量缓慢的相对运动图像。而这些缓慢运动细节不为人眼察觉，但对物体运动状态分析非常重要。需要放大这些动作，清楚地观察对接细节，揭示潜在的运动信息。因此，有必要对运动放大算法进行研究，以获取高质量的运动放大图像序列。

对于运动放大问题传统的解决方法是采用拉格朗日法。这类方法的核心是根据流体力学理论，描述粒子随时间变化的轨迹，从而达到放大微小运动的目的[17]。其缺点是需要依赖精确的运动估计，所以并不适用于具有复杂场景的运动图像序列。近年来提出的欧拉运动放大技术，其基本思想是采用空间多尺度的方法放大像素亮度的变化值。这类方法不需要进行特征追踪及运动估计（如光流运动估计），只采用放大在确定位置的像素的颜色变化值即可。典型的算法如欧拉视频放大算法[18]（Eulerian Video Magnification，EVM），可以获得较好的运动放大效果。但是，它容易在放大运动的同时引入瑕疵，造成放大后的图像模糊不清，所以需要提出一种新的运动放大算法，实现高质量的运动放大。

本章所提出的 SIMM 算法重点解决两个问题：一是如何确定运动区域；二是如何突出运动细节从而减少瑕疵。对于第一个问题，引入最新的显著性探测技术，结合基于图像签名的显著性区域探测[19]和基于颜色对比的显著性区域探测[20]方法，提出空间关注区域检测方法来确定细微运动空间图像序列的运动区域；对于第二个问题，建立运动细节增强机制，以此提高运动放大后的图像质量。提出的增强机制一方面采用引导图像增强滤波方法[21]来增强运动细节，另一方面引入自适应边缘感知方法[22]来减少放大后的运动图像产生的瑕疵。

2.2.2　欧拉放大原理

令 $I(x,t)$ 表示在时间 t，位置 x 的像素亮度，$\delta(t)$ 表示像素的偏移函数，将像素的平移运动表示为：

$$\begin{cases} I(x,t)=f(x+\delta(t)) \\ I(x,0)=f(x) \end{cases} \tag{2-1}$$

令 $B(x,t)$ 表示在 $I(x,t)$ 中的位置为 x 的像素应用时间过滤器的处理结果，假设 $\delta(t)$ 是在时间过滤器的带通内，则满足：

$$B(x,t)=\delta(t)\frac{\partial f(x)}{\partial x} \tag{2-2}$$

令 α 为放大系数，则放大后的像素亮度 $\hat{I}(x,t)$ 为：

$$\hat{I}(x,t)=f(x+(1+\alpha)\delta(t)) \tag{2-3}$$

假定运动图像可以用一阶泰勒级数近似[18]，重写 $I(x,t)$，得：

$$I(x,t)=f(x+\delta(t))\approx f(x)+\delta(t)\frac{\partial f(x)}{\partial x} \tag{2-4}$$

对 $B(x,t)$ 信号放大 α 倍后，$\hat{I}(x,t)$ 为：

$$\hat{I}(x,t)=I(x,t)+\alpha B(x,t) \tag{2-5}$$

根据式(2-2)和式(2-5)，得：

$$\hat{I}(x,t) = I(x,t) + \alpha B(x,t) = I(x,t) + \alpha \delta(t) \frac{\partial f(x)}{\partial x} \tag{2-6}$$

根据式(2-4)和式(2-6),得:

$$\hat{I}(x,t) \approx f(x) + \delta(t)\frac{\partial f(x)}{\partial x} + \alpha \delta(t)\frac{\partial f(x)}{\partial x} = f(x) + (1+\alpha)\delta(t)\frac{\partial f(x)}{\partial x} \tag{2-7}$$

令 $f(x) = \cos(wx)$[23],其中 w 为空间频率,$\beta = 1 + \alpha$,代入式(2-7),得:

$$\begin{aligned}\hat{I}(x,t) &= \cos(wx) + (1+\alpha)\delta(t)\cos'(wx) = \cos(wx) - w(1+\alpha)\delta(t)\sin(wx)\\ &= \cos(wx) - w\beta\delta(t)\sin(wx)\end{aligned} \tag{2-8}$$

根据式(2-3)和式(2-8),得:

$$\begin{aligned}f(x + (1+\alpha)\delta(t)) &= f(wx + (1+\alpha)\delta(t)) = f(wx + \beta w\delta(t)) = \cos(wx + \beta w\delta(t))\\ &= \cos(wx)\cos(\beta w\delta(t)) - \sin(wx)\sin(\beta w\delta(t))\end{aligned} \tag{2-9}$$

为了满足式(2-3),根据式(2-8)和式(2-9),得:

$$\cos(wx) - w\beta\delta(t)\sin(wx) = \cos(wx)\cos(\beta w\delta(t)) - \sin(wx)\sin(\beta w\delta(t)) \tag{2-10}$$

根据正弦和余弦性质,得:

$$\begin{cases}\cos(\beta w\delta(t)) \approx 1\\ \sin(\beta w\delta(t)) \approx \beta w\delta(t)\end{cases} \tag{2-11}$$

从而推导出:

$$\beta w\delta(t) \leqslant \frac{\pi}{4} \tag{2-12}$$

式中,令 λ 代表空间波长,$\lambda = 2\pi/w$,代入式(2-12)得到运动放大倍数必须满足的条件,即:

$$(1+\alpha)\delta(t) < \frac{\lambda}{8} \tag{2-13}$$

2.2.3 SIMM 算法描述

SIMM 算法的算法框架如图 2-2 所示。输入具有细微运动的图像序列,通过以下三个步骤放大运动细节,最终呈现出清晰的运动图像序列。

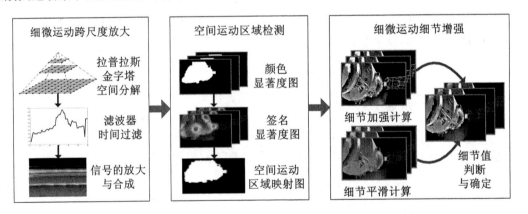

图 2-2 SIMM 算法框架图

运动图像序列的细微运动跨尺度放大:采用欧拉放大技术,根据原始图像序列中每个像素的变化值进行微小运动探测,并将探测到的运动信号放大。首先将输入帧进行基于拉普拉斯金字塔的空间分解,使用巴特沃斯滤波器进行相邻帧的时间过滤,进行信号的放大与合成,得到新的图像序列。

图像序列的空间运动区域检测:为新的图像序列分别计算颜色显著度图和图像签名显著度图,并进行有效融合得到运动显著性区域的二值映射图,从而获取到总的运动区域。

图像序列的细微运动细节增强:计算运动图像序列中每个像素的细节值,包括细节加强值和细节平滑值,并根据像素的位置判断是否在运动区域,自适应选取合适的细节值,增强运动细节,并抑制放大运动所带来的背景噪声,最终生成高质量的运动图像序列。

1. 图像序列的细微运动跨尺度放大

首先,为输入的空间图像序列的每一帧建立拉普拉斯金字塔。设 I_t 表示帧号为 t 的运动图像,I_{t0} 作为金字塔的最底层,构造金字塔的第 l 层图像,即:

$$I_{t_l} = \sum_{m=-2}^{2} \sum_{n=-2}^{2} w(m,n) I_{t_{l-1}}(2i+m, 2j+n), 0 < l \leqslant N, 0 \leqslant i < C_l, 0 \leqslant j < R_l$$

$$(2\text{-}14)$$

式(2-14)中,第 l 层图像的行数和列数分别用 C_l 和 R_l 表示,N 表示层数,常用值 $N=5$,$I_{t0}=I_t$,$w(m,n)$ 表示 5×5 的窗口函数,即:

$$w(m,n) = \frac{1}{256} \begin{pmatrix} 1 & 4 & 6 & 4 & 1 \\ 4 & 16 & 24 & 16 & 4 \\ 6 & 24 & 36 & 24 & 6 \\ 4 & 16 & 24 & 16 & 4 \\ 1 & 4 & 6 & 4 & 1 \end{pmatrix}$$

$$(2\text{-}15)$$

在此基础上,通过扩大算子将 I_{t_l} 内插放大后得到拉普拉斯各层图像 $\hat{I}_{t_l}$,即:

$$\hat{I}_{t_l}(i,j) = 4 \sum_{m=-2}^{2} \sum_{n=-2}^{2} w(m,n) I'_{t_l}\left(\frac{i+m}{2}, \frac{j+n}{2}\right)$$

$$(2\text{-}16)$$

其中 $I'_{t_l}\left(\frac{i+m}{2}, \frac{j+n}{2}\right)$ 定义如式(2-17)所示:

$$I'_{t_l}\left(\frac{i+m}{2}, \frac{j+n}{2}\right) = \begin{cases} I_{t_l}\left(\frac{i+m}{2}, \frac{j+n}{2}\right), & \text{当} \frac{i+m}{2}, \frac{j+n}{2} \text{为整数} \\ 0, & \text{其他} \end{cases}$$

$$(2\text{-}17)$$

将连续两帧对应的拉普拉斯各层图像 $\hat{I}_t^l$ 和 $\hat{I}_t^{l+1}$ 进行时间过滤,即:

$$B_{t_l} = \hat{I}_t^l - \hat{I}_t^{l+1}$$

$$(2\text{-}18)$$

其中 B_{t_l} 表示信号差,采用巴特沃斯(Butterworth)滤波器进行信号的滤波,抽取一定的频率带宽,将放大后的信号与原信号合成,即:

$$\hat{I}_{t_l} = \hat{I}_{t_l} + \alpha_i B_{t_l}$$

$$(2\text{-}19)$$

其中,信号的放大倍数为 α_i,滤波器的传递函数为 G,B_{t_l} 更新为:

$$B_{t_l} = B_{t_l} * G$$

$$(2\text{-}20)$$

通过重建拉普拉斯金字塔,最终得到新的运动图像序列 $\bar{I}$。表 2-2 给出了空间图像序列的细微运动跨尺度放大过程。

表 2-2 图像序列的细微运动跨尺度放大过程

算法:图像序列的细微运动跨尺度放大算法
输入:运动图像序列 I,运动放大倍数 α
输出:放大后的图像序列 $\bar{I}$
(1) 获取 I 的宽度、高度、帧总数 len,用来初始化 $\bar{I}$;
(2) 建立巴特沃斯滤波器,并初始化;
(3) 读取 I 的第一帧作为当前帧;
(4) 提取当前帧和下一帧的 R、G、B 三个通道,按照式(2-14)~式(2-17)分别为每个通道建立拉普拉斯金字塔;
(5) 对于拉普拉斯金字塔的每一层,按照式(2-18)~式(2-20)进行信号的时间过滤;
(6) 重构拉普拉斯金字塔,得到放大后的帧;
(7) 读取 I 的下一帧,重复步骤(4)~步骤(6),直到当前帧的帧号为(len-1);
(8) 合成所有生成的帧,得到新的图像序列 $\bar{I}$。

2. 图像序列的空间运动区域检测

针对空间运动图像,运动区域是人们最关注的区域,引入显著性探测技术进行运动区域的探测。鉴于运动的缓慢性,求取整个图像序列的显著性区域 S 作为每一帧的空间运动域,即:

$$S = S_1 \cup S_2 \cup \cdots \cup S_t \cdots \cup S_N \tag{2-21}$$

其中 N 表示运动图像序列的帧数,$S_t (1 \leqslant t \leqslant N)$ 表示任意一帧图像的显著性区域。为了获取完整的运动区域,从频域和时域两个角度分别计算像素的显著性值,得到签名显著图 S_t^{D} 和颜色显著度图 S_t^{c},S_t 的计算公式为:

$$S_t = S_t^{\mathrm{D}} \cup S_t^{\mathrm{c}} \tag{2-22}$$

其中 S_t^{D} 和 S_t^{c} 的计算方法如下:

采用图像签名技术计算 S_t^{D},首先计算任意帧 $\bar{I}_t$ 中包含的像素的签名度量值,即:

$$\mathrm{ImageSignature}(\bar{I}_t) = \mathrm{sign}(\mathrm{DCT}(\bar{I}_t)) \tag{2-23}$$

计算显著性图 D,即:

$$D = g * (R_t \circ R_t) \tag{2-24}$$

其中 g 表示高斯核,通过实验设定它的标准差 $\sigma = 0.05$。R_t 计算公式为:

$$R_t = \mathrm{IDCT}(\mathrm{ImageSignature}(\bar{I}_t)) \tag{2-25}$$

对于 S_t^{D} 中的任意像素,根据其在 D 中的显著性值,采用二值法进行计算,即:

$$\begin{cases} S_t^{\mathrm{D}}(i,j) = 255, & \text{当 } D(i,j) > \vartheta \\ S_t^{\mathrm{D}}(i,j) = 0, & \text{其他} \end{cases} \tag{2-26}$$

其中 ϑ 表示入口阈值。

S_t^{c} 的计算是根据人类视觉系统对于视觉信号的敏感性,图像色彩差异越大,说明目标区域越突出。根据像素的色彩差异可以计算像素的颜色显著性值。任取 $\bar{I}_t$ 中像素 $\bar{I}_t(i,j)$,计算公式为:

$$A(\bar{I}_t(i,j)) = A'(c) = \frac{\sum_{l=1}^{m} (T - \mathrm{DIN}(c,c_l)) A(c_l)}{(m-1)T} \tag{2-27}$$

其中 c_l 表示像素 $\bar{I}_t(i,j)$ 的颜色值,$A'(c)$ 表示颜色 c_l 的平滑函数,m 表示与颜色 c 距离最相近的颜色数目,$\mathrm{DIN}(c,c_l)$ 表示两个颜色之间的距离度量,$A(c_l)$ 和 T 的定义分别如下:

$$A(c_l) = \sum_{j=1}^{n} f_j \mathrm{DIN}(c_l, c_j) \tag{2-28}$$

$$T = \sum_{i=1}^{m} \mathrm{DIN}(c, c_i) \tag{2-29}$$

其中 n 为 $\bar{I}_t$ 中可区分的像素颜色总数, f_j 表示 c_j 在 $\bar{I}_t$ 中出现的概率, 与本章参考文献[20] 参数一致, 取 $m = n/4$。根据获取的颜色显著性值获取 $\bar{I}_t$ 的二值分割图, 确定 S_t^c, 最终根据式 (2-22)获取当前帧的运动区域映射图。具体的空间运动区域检测过程如表 2-3 所示。

表 2-3　图像序列的空间运动区域检测过程

算法:图像序列的空间运动区域检测算法
输入:运动图像序列 $\bar{I}$, 人口阈值 ϑ
输出:运动区域映射图 S
(1) 读取 $\bar{I}$ 的第一帧作为当前帧;
(2) 建立 $\bar{I}$ 的 R、G、B 三个通道图;
(3) 对于每个通道, 按照式(2-23)～式(2-25), 重建 $R_t^j (j = 1,2,3)$;
(4) 计算平均值 $R_t = \mathrm{mean}(R_t^j, 3)$;
(5) 按照式(2-24)～式(2-26)及 ϑ, 计算签名显著度图 S_t^p;
(6) 按照式(2-27)～式(2-29), 计算 $\bar{I}$ 中每个像素的颜色显著性值 $A(\bar{I}_t(i,j))$;
(7) 根据 $A(\bar{I}_t(i,j))$ 值, 计算颜色显著度图 S_t^c;
(8) 按照式(2-22), 计算当前帧的空间运动区域映射图 S_t;
(9) 读取 $\bar{I}$ 的下一帧, 重复步骤(2)～步骤(8), 直到 $\bar{I}$ 的最后一帧;
(10) 按照式(2-21), 计算 S。

3. 图像序列的细微运动细节增强

为了获得清晰的运动放大序列, 需要对运动细节进行加强, 同时对运动放大而引入的噪声进行抑制, 需要为图像序列中的每个像素计算合适的颜色值。为方便计算, 定义像素的描述项如下:

定义 2.1　描述项 DE 刻画了运动图像序列中像素的细节程度。用三元组表示 DE = $(\mathrm{Tag}, \upsilon_{\mathrm{enhance}}, \upsilon_{\mathrm{smooth}})$, 其中 Tag 表示运动区域标记, 如果像素在运动区域内, 则 Tag = 1, 否则 Tag = 0; $\upsilon_{\mathrm{enhance}}$ 表示像素的细节加强值; $\upsilon_{\mathrm{smooth}}$ 表示像素的细节平滑值。

根据定义 2.1, 对于 $\bar{I}_t$ 中任意像素 p 的颜色值 δ_p, δ_p 的计算公式为:

$$\delta_p = \begin{cases} \upsilon_{\mathrm{enhance}}, & \text{当 Tag} = 1 \\ \upsilon_{\mathrm{smooth}}, & \text{当 Tag} = 0 \end{cases} \tag{2-30}$$

采用引导图像滤波技术来计算 $\upsilon_{\mathrm{enhance}}$, 即:

$$\upsilon_{\mathrm{enhance}} = \xi(\delta_p - q) + q \tag{2-31}$$

其中 q 表示像素 p 的引导值, ξ 为增强倍数。

令 q 是 $\bar{I}^t$ 在以像素 k 为中心的方形窗口 sw 的线性变换, 窗口半径为 r, 则 q 的计算公式为:

$$q = \bar{x}\delta_p + \bar{y} \tag{2-32}$$

其中 $\bar{x}$ 和 $\bar{y}$ 分别是 sw 覆盖在像素 p 上的平均系数, 即:

$$\bar{x} = \frac{1}{O_r} \sum_{k \in \mathrm{sw}} x_k \tag{2-33}$$

$$\bar{y} = \frac{1}{O_r} \sum_{k \in \text{sw}} y_k \tag{2-34}$$

在式(2-33)和式(2-34)中,O_r 表示 sw 所包含的像素总数,$x_k = \sigma_k^2/(\sigma_k^2 + \nu)$,$y_k = (1-x_k)\mu_k$,$\mu_k$ 和 σ_k^2 分别是 $\bar{I}_t$ 在 sw 上的均值和方差,ν 是补偿 x_k 值较大时的正规化参数。

采用基于自适应流形的边缘感知过滤方法计算 v_{smooth},实现背景噪声的平滑处理。令 $\bar{I}_t$ 中任意像素 p 在第 z 个流形上的相关采样点为 $\hat{\eta}_z = (p, \eta_z)(z \leqslant Z)$,采样点的空间坐标与 p 相同,范围坐标由 η_z 指定,Z 是自适应流形的最大值,计算公式为:

$$Z = 2^{\max(2, \lceil HL \rceil)} - 1 \tag{2-35}$$

其中 $H = \lfloor \log_2(\sigma_s) \rfloor - 1$,$L = 1 - \sqrt{\sigma_r}$,$\sigma_s$ 和 σ_r 是预先设定的值,经过实验,设置 $\sigma_s = 16$ 和 $\sigma_r = 0.2$,可以得到最佳的平滑效果。

使用高斯距离权重映射将像素 p 的颜色值 δ_p 映射到每个自适应的流形上,映射值 $\kappa_{\hat{\eta}_z}$ 存储到每个像素的采样点 $\hat{\eta}_z$ 中,并在每个自适应流形上执行高斯模糊过滤,得到新值 $\kappa_{\text{blur}(\hat{\eta}_z)}$,存储到 $\hat{\eta}_z$ 中。通过插值模糊值 $\kappa_{\text{blur}(\hat{\eta}_z)}$ 计算 p 的细节平滑值 v_{smooth},即:

$$v_{\text{smooth}} = \frac{\sum\limits_{z=1}^{Z} \rho_z \kappa_{\text{blur}}(\hat{\eta}_z)}{\sum\limits_{z=1}^{Z} \rho_z \kappa_{\text{blur}}^0(\hat{\eta}_z)} \tag{2-36}$$

其中 ρ_z 表示插值权重,$\kappa_{\text{blur}}^0(\hat{\eta}_z)$ 表示对范围坐标初始值进行高斯过滤后的模糊值。表 2-4 详细阐述了空间图像序列的细微运动细节增强过程。

表 2-4　图像序列的细微运动细节增强过程

算法:图像序列的细微运动细节增强算法
输入:运动图像序列 $\bar{I}$,运动区域映射图 S,增强系数 ξ
输出:图像序列 E
(1) 读取 $\bar{I}$ 的第一帧作为当前帧;
(2) 计算当前帧的均值 μ_k 和方差 σ_k^2;
(3) 计算 x_k 和 y_k,并按照式(2-33)和式(2-34),计算 $\bar{x}$ 和 $\bar{y}$;
(4) 根据 ξ,及式(2-31)和式(2-32),计算 v_{enhance};
(5) 对当前帧的每个像素计算 $\hat{\eta}_z$;
(6) 将每个像素的颜色值映射到自适应流形,并对每个自适应流形进行高斯模糊过滤,计算 $\kappa_{\text{blur}(\hat{\eta}_z)}$;
(7) 按照式(2-36),计算 v_{smooth};
(8) FOR 当前帧的每个像素 p
判断 p 所在位置在 S 中的值,并赋予相应的 Tag 值;
IF Tag=1
$\delta_p \leftarrow v_{\text{enhance}}$;
ELSE
$\delta_p \leftarrow v_{\text{smooth}}$;
END IF
END FOR
(9) 生成新图像;
(10) 读取 $\bar{I}$ 下一帧,重复步骤(2)~步骤(9),直到 $\bar{I}$ 的最后一帧;
(11) 合成所有生成的图像,得到 E。

2.2.4　SIMM 算法实验结果与分析

　　将提出的 SIMM 算法与最新的运动放大算法 EVM[18] 进行运动图像序列的性能比较。用于实验的两组图像序列来自优酷网站。实验参数设置如下：截止空间频率 $\lambda = 48$，放大倍数 $\alpha = 5$，运动区域入口阈值 $\vartheta = 0.9$，运动细节增强系数 $\xi = 5$。图 2-3 展示了空间序列 1 的 SIMM 算法的中间过程图。图 2-3(a) 是原始第 18 帧，图 2-3(b) 是运动区域映射图。图 2-3(c) 和图 2-3(d) 分别为算法实施过程中得到的细节增强图和细节平滑图。

(a) 第18帧原图　　　　(b) 运动区域映射图　　　　(c) 细节增强　　　　(d) 细节平滑

图 2-3　图像序列 1 的 SIMM 算法中间过程

　　图 2-4 展示了 SIMM 算法与 EVM 算法的运动放大效果对比图。图 2-4(b) 是 SIMM 算法得到的结果图像。图 2-4(d) 是 EVM 算法得到的结果图像。图 2-4(a) 和图 2-4(e) 是分别对应图 2-4(b) 和图 2-4(d) 中标注线的时空切片。图 2-4(c) 展示了两种算法对应图 2-4(b) 和图 2-4(d) 中指定区域的细节对比。其中，上半部分是 SIMM 算法得到的细节放大区域，下半部分是 EVM 算法得到的细节放大区域。图 2-5 和图 2-6 分别展示了图像序列 2 的 SIMM 算法中间过程和与 EVM 算法对比的运动放大效果对比图。

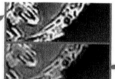

(a) 切片1　　(b) SIMM算法　　　(c) 细节对比　　　(d) EVM算法　　(e) 切片2

图 2-4　图像序列 1 的 SIMM 算法与 EVM 算法运动放大效果对比图

(a) 第4帧原图　　　　(b) 运动区域映射图　　　　(c) 细节增强　　　　(d) 细节平滑

图 2-5　图像序列 2 的 SIMM 算法中间过程

　　观察图 2-3～图 2-6，可以看出图 2-3(b) 和图 2-5(b) 中 SIMM 算法探测到了运动图像中比较重要的目标区域，即比较完整的飞行器区域，这个区域是后续细节加强处理的基础。对比图 2-4(c) 和图 2-6(c)，可以看出上半部分飞行器的轮廓更为清晰，说明 SIMM 算法相比 EVM 算法得到了更好的运动细节质量。时间切片反映了指定像素集合在整个运动图像序列中的灰度值。可以看出图 2-4(a) 相比图 2-4(e)，图 2-6(a) 相比图 2-6(e)，在运动区域中的像素更加锐利，而在非运动区域的像素更加平滑，说明 SIMM 算法加强了在整个图像序列的运动细节，同时抑制了放大后产生的噪声。对比图 2-4(b)和图 2-4(d),图 2-6(b)和图 2-6(d),可以看出 SIMM 算法得到了更好的整体效果。

(a) 切片1　　　(b) SIMM算法　　　(c) 细节对比　　　(d) EVM算法　　　(e) 切片2

图 2-6　图像序列 2 的 SIMM 算法与 EVM 算法运动放大效果对比图

图 2-7 和图 2-8 分别展示了空间序列 1 和空间序列 2 的 SIMM 算法与 EVM 算法客观评价指标值。采用六个客观评价指标对结果序列的每一帧进行度量,六个评价指标分别是平均梯度、边缘强度、空间频率、清晰度、图像功率谱和图像质量分数。

以上六个评价指标主要是从客观角度进行图像质量的衡量,度量值越高,说明结果图像越清晰,图像质量越好。图像质量分数指标参考于本章参考文献[24],是从人的感知度量角度来计算,质量分数在 1~10,质量分数值越高,说明图像质量越好。根据这两组图,可以看到代表 SIMM 算法结果的曲线总是在 EVM 算法的上方,说明 SIMM 算法在以上六种度量指标的客观评价性能上均优于 EVM 算法,这与图 2-4 和图 2-6 得到的视觉效果的对比结果一致。

表 2-5 总结了以上两个空间图像序列的六个度量指标的平均值。与 EVM 算法相比,SIMM 算法的平均梯度指标值提升 17%,边缘强度指标值提升 15%,空间频率指标值提升 23%,清晰度指标值提升 18%,功率谱指标值提升 5%,质量分数指标值提升 11%。综上,提出的 SIMM 算法在视觉效果和客观评价指标上都取得了更好的效果。

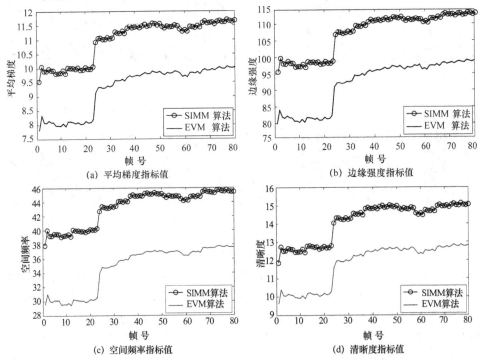

(a) 平均梯度指标值

(b) 边缘强度指标值

(c) 空间频率指标值

(d) 清晰度指标值

图 2-7　空间序列 1 的 SIMM 算法与 EVM 算法客观评价指标值

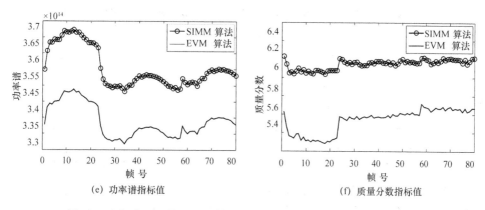

(e) 功率谱指标值

(f) 质量分数指标值

图 2-7　空间序列 1 的 SIMM 算法与 EVM 算法客观评价指标值(续图)

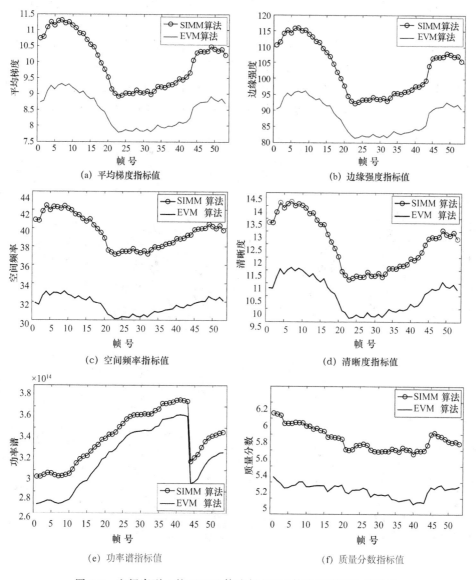

(a) 平均梯度指标值

(b) 边缘强度指标值

(c) 空间频率指标值

(d) 清晰度指标值

(e) 功率谱指标值

(f) 质量分数指标值

图 2-8　空间序列 2 的 SIMM 算法与 EVM 算法客观评价指标值

表 2-5　运动图像序列的 SIMM 算法与 EVM 算法客观评价指标平均值

空间图像序列	算法	平均梯度	边缘强度	空间频率	清晰度	功率谱 $(\times 10)^{14}$	质量分数
序列 1	SIMM	11.22	110.10	43.99	14.44	3.55	5.94
序列 1	EVM	9.54	95.14	35.82	12.16	3.38	5.33
序列 2	SIMM	9.99	102.94	39.56	12.50	3.30	5.73
序列 2	EVM	8.47	88.10	31.62	10.53	3.10	5.09

　　将 SIMM 算法与 EVM 算法在标准运动图像序列上进行运动放大效果对比实验。标准运动图像序列来自麻省理工学院计算机科学和人工智能实验室(http://people. csail. mit. edu/mrub/vidmag/)。以"照相机"和"地铁"为例,实验参数设置如下:运动区域入口阈值 $\vartheta = 0.9$,运动细节增强系数 $\xi = 5$,放大倍数 α 分别为 150 和 60,截止空间频率分别为 20 和 90。

　　图 2-9 展示了照相机序列采用两种算法得到的运动放大效果对比图。图 2-9(a)、图 2-9(b)和图 2-9(c)分别展示了采用 SIMM 算法得到的区域细节放大图、整体运动放大结果图和时间切片图。图 2-9(d)、图 2-9(e)和图 2-9(f)分别是采用 EVM 算法得到的区域细节放大图、整体运动放大结果图和时间切片图。根据图 2-9(a)和图 2-9(d),SIMM 算法得到了更

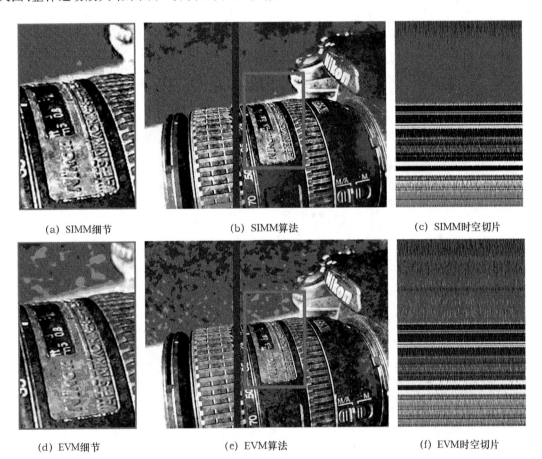

　(a) SIMM细节　　　　　　　(b) SIMM算法　　　　　　　(c) SIMM时空切片

　(d) EVM细节　　　　　　　(e) EVM算法　　　　　　　(f) EVM时空切片

图 2-9　照相机序列的 SIMM 算法与 EVM 算法运动放大效果对比图

加清晰的照相机光圈,这说明 SIMM 算法比 EVM 算法在局部区域细节展示上更加有效。根据时间切片图 2-9(c)和图 2-9(f),可以看出采用 SIMM 算法得到的照相机背景区域更加平滑,这说明提出的算法在一定程度上抑制了运动放大所带来的噪声。根据图 2-9(b)和图 2-9(e),对于整体放大效果,SIMM 算法得到了更加清晰的照相机图像。

图 2-10 展示了地铁序列的 SIMM 算法与 EVM 算法视觉效果对比图,包括时间切片比较图 2-10(c)和图 2-10(f),整体结果比较图 2-10(b)和图 2-10(e),区域细节比较图 2-10(a)和图 2-10(d)。相比于照相机序列,地铁序列包含的场景内容更多、更复杂。根据图 2-10(a)和图 2-10(d),可以发现 SIMM 算法仍然清晰地描述"在地铁中看报的人",说明提出的运动细节增强方法对于复杂的图像序列也起到了很好的作用。根据图 2-10(b)和图 2-10(e),可以看出 SIMM 算法得到的结果图像更加清晰、质量更好。

(a) SIMM 细节

(b) SIMM 算法

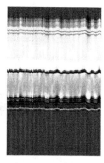
(c) 时空切片1

(d) EVM 细节

(e) EVM 算法

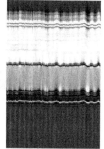
(f) 时空切片2

图 2-10　地铁序列的 SIMM 算法与 EVM 算法视觉效果对比图

图 2-11 展示了照相机序列的 SIMM 算法与 EVM 算法的客观度量结果,包括图 2-11(a)平均梯度指标值、图 2-11(b)边缘强度指标值、图 2-11(c)空间频率指标值、图 2-11(d)清晰度指标值、图 2-11(e)功率谱指标值和图 2-11(f)质量分数指标值。可以看出,SIMM 算法曲线始终在 EVM 算法曲线的上方,说明对于以上客观度量指标评价,SIMM 算法具有更好的性能。图 2-12 展示了地铁序列的 SIMM 算法和 EVM 算法客观比较结果。同样可以看出 SIMM 算法得到的结果值始终高于对比算法的结果值。

表 2-6 归纳了照相机和地铁两组运动图像序列的客观评价指标平均值。可以看出对于标准运动图像序列,SIMM 算法的平均梯度指标值提升 9%,边缘强度指标值提升 7%,空间频率指标值提升 31%,清晰度指标值提升 13%,功率谱指标值提升 4%,质量分数指标值提升 17%。

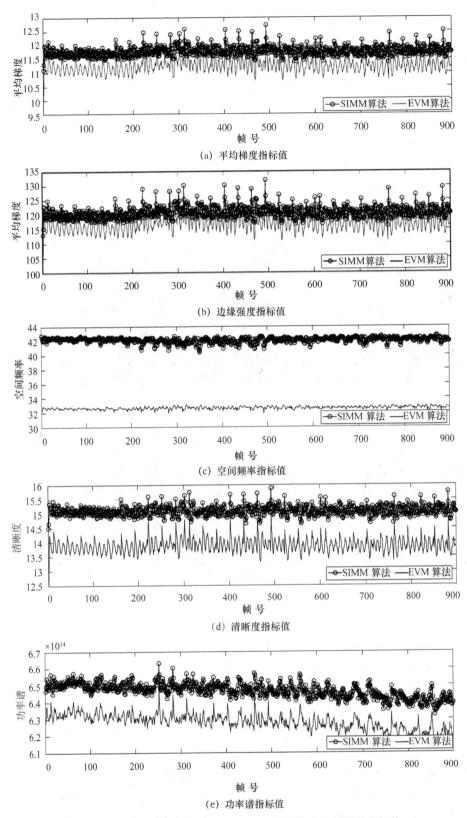

图 2-11　照相机序列的 SIMM 算法与 EVM 算法客观评价指标值

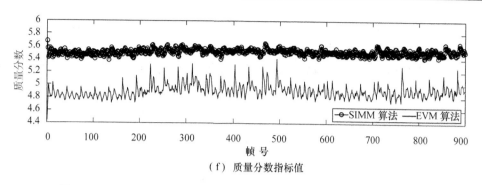

（f）质量分数指标值

图 2-11　照相机序列的 SIMM 算法与 EVM 算法客观评价指标值（续图）

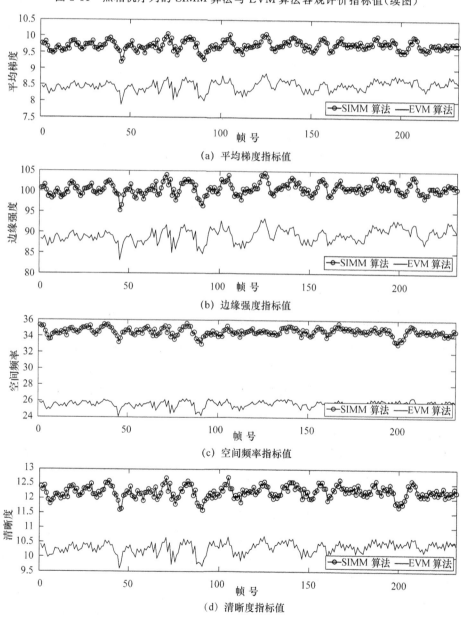

（a）平均梯度指标值

（b）边缘强度指标值

（c）空间频率指标值

（d）清晰度指标值

图 2-12　地铁序列的 SIMM 算法与 EVM 算法客观评价指标值

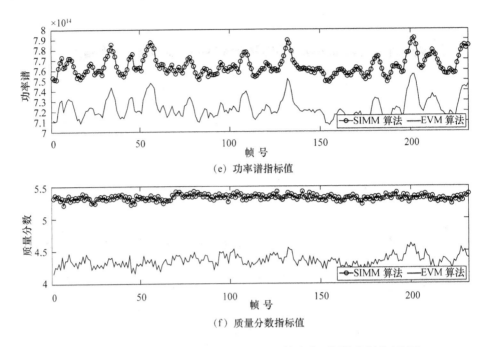

（e）功率谱指标值

（f）质量分数指标值

图 2-12　地铁序列的 SIMM 算法与 EVM 算法客观评价指标值（续图）

表 2-6　标准运动图像序列的 SIMM 算法与 EVM 算法客观评价指标平均值

序列名称	算法	平均梯度	边缘强度	空间频率	清晰度	功率谱（×10^14）	质量分数
照相机	SIMM	11.77	120.70	42.07	15.09	6.47	5.51
照相机	EVM	11.24	116.85	32.59	13.87	6.28	4.90
地铁	SIMM	9.72	100.71	34.58	12.22	7.64	5.32
地铁	EVM	8.48	89.28	25.68	10.31	7.23	4.34

　　将 SIMM 算法与 DTRF 算法在运动图像序列上进行运动放大效果对比实验。用于实验的图像包括图像序列 1、图像序列 2、照相机序列和地铁序列。将 SIMM 算法与基于域转换的递归过滤算法 DTRF[25] 进行比较。图 2-13 分别展示了不同的运动图像序列的两种算法结果的视觉效果对比图。其中图 2-13（a）和图 2-13（b）为图像序列 1 的第 17 帧对比图，图 2-13（c）和图 2-13（d）为图像序列 2 的第 32 帧对比图，图 2-13（e）和图 2-13（f）为照相机序列的第 42 帧，图 2-13（g）和图 2-13（h）为地铁序列的第 4 帧对比图。观察图 2-13 可以看出，采用 DTRF 算法虽然去掉了大部分的噪声，但是同时把运动目标的细节也模糊了，而 SIMM 算法对于运动细节进行适当程度的增强，在抑制噪声的同时也提高了运动区域的清晰度。

　　表 2-7 展示了运动图像序列的 SIMM 算法与 DTRF 算法客观评价指标平均值。可以看出 SIMM 算法得到的结果值始终高于对比算法的结果值。其平均梯度指标值提升 25%，边缘强度指标值提升 27%，空间频率指标值提升 28%，清晰度指标值提升 30%，功率谱指标值提升 7%，质量分数指标值提升 17%。

　　SIMM 算法的复杂度主要是在空间运动区域检测和细微运动细节增强过程，前者的复杂度为 $O(n\lg(n))$，n 为每帧包含的列像素，后者的复杂度为 $O(\kappa PZ)$，所以总的复杂度为 $O(len \times (n\lg(n) + \kappa PZ))$，其中 len 为图像序列的帧数，$P$ 为需要加强的像素数目，κ 为常量。

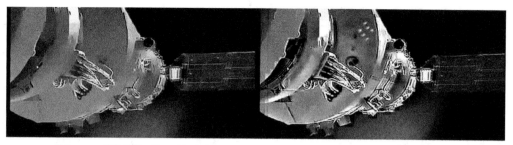

(a) DTRF算法的第17帧（图像序列1）　　　　(b) SIMM算法的第17帧（图像序列1）

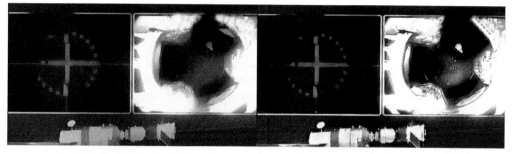

(c) DTRF算法的第32帧（图像序列2）　　　　(d) SIMM算法的第32帧（图像序列2）

(e) DTRF算法的第42帧（照相机）　　　　(f) SIMM算法的第42帧（照相机）

(g) DTRF算法的第4帧（地铁）　　　　(h) SIMM算法的第4帧（地铁）

图 2-13　运动图像序列的 SIMM 算法与 DTRF 算法视觉效果对比图

　　实验结果表明,提出的 SIMM 算法对于运动图像序列具有更好的主观视觉效果。另外,客观量化结果也有较大的提升,相比于 EVM 算法,平均梯度指标值提升 13%,边缘强度指标值提升 11%,空间频率指标值提升 27%,清晰度指标值提升 15%,图像功率谱指标值提升 4%,质量分数指标值提升 14%。SIMM 算法得到了更高质量的运动放大图像序列。

表2-7　运动图像序列 SIMM 算法与 DTRF 算法客观评价指标平均值

序列名称	算法	平均梯度	边缘强度	空间频率	清晰度	功率谱（×10^{14}）	质量分数
图像序列1	SIMM	10.22	100.1	43.99	13.44	3.55	5.94
图像序列1	DTRF	7.61	76.17	32.28	9.58	3.297 3	5.01
图像序列2	SIMM	8.99	92.94	39.56	11.5	3.3	5.73
图像序列2	DTRF	6.8	71.14	28.65	8.28	3.016 2	4.72
照相机	SIMM	10.77	110.7	38.07	13.09	6.47	5.51
照相机	DTRF	7.5	78.15	27.72	9.22	6.127 2	4.3
地铁	SIMM	7.72	90.71	30.58	10.22	7.64	5.32
地铁	DTRF	5.82	61.79	21.02	6.94	6.946 8	4.28

2.3　运动图像序列跨尺度描述算法的提出

本节提出运动图像序列跨尺度描述算法(SITD)，该算法构建时空关注区域计算框架，提出基于贝叶斯概率推理的运动目标持续关注方法，并设计基于重叠率的转移帧提取方法，使得在运动图像描述过程中更有利于获取到目标区域的特征属性。

2.3.1　SITD 算法研究动机

大部分的图像描述方法都是从客观的角度对整个图像序列的内在特征进行刻画，却忽略了人们对图像的主观感受。从人类视觉关注区域出发，建立图像处理描述模型，对关注区域进行特殊处理，实现计算资源的优先分配。在运动图像序列细微运动放大算法 SIMM 的基础上，提出了具有非细微运动的图像序列描述算法，解决了运动图像序列关注尺度改变的问题。

描述关注区域方法例如图像签名描述算法[19](ISD)和全局对比算法[20](GCD)主要通过颜色、梯度、边界、边缘等图像属性来探测关注区域。但是对于运动图像序列人们不仅关注敏感的视觉信号，还对运动目标保持着持续的注意力，所以需要从时间和空间两个角度进行关注区域的探测。对于空间视角，采用与 SIMM 算法相同的区域检测方法，强调运动序列中每一帧的关注区域；对于时间视角，采用最新的视觉跟踪技术[26]实现对运动目标的持续关注。当运动目标区域发生改变时，提出基于重叠率的关键帧提取方法，实现跟踪模板的改变以更好地描述关注区域。

2.3.2　SITD 算法描述

运动图像序列跨尺度描述算法 SITD 能自动探测运动图像在不同时间下的关注区域，突出运动图像序列的重点区域。该算法采用四元组(T, VA, VB, KT)来描述，其中$T = \{1, 2, t, \cdots, n\}$为运动图像序列的时间标识集合；VA 表示在某一时刻t运动图像的视觉关注区域，由从空间视角得到的关注区域 VA_S 和从时间视角得到的关注区域 VA_T 共同来确定。$VB = \{vb_t\}$表示视觉关注块集合，将 VA 划分成$s \times s$大小相同的块；KT 表示关注区域转移标记，KT=1

表示新的关注区域出现，KT＝0 表示持续关注以前的运动区域。

根据空间运动图像的时空特性，对于任意帧 $I_t(1{\leqslant}t{\leqslant}n)$，视觉关注区域 $VA(I_t)$ 计算公式为：

$$\begin{cases} VA(I_t)=VA_S(I_t),KT=1 \\ VA(I_t)=VA_S(I_t)\bigcup VA_T(I_t),KT=0 \end{cases} \tag{2-37}$$

SITD 算法中的视觉关注块 VB 用于对图像序列做进一步处理，例如插值。SITD 算法框架图如图 2-14 所示。

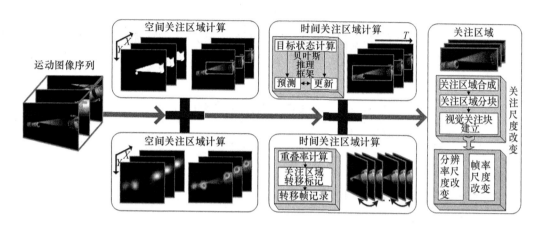

图 2-14　SITD 算法框架图

在空间运动图像序列中，关注区域并不是一成不变的，会在一段时间发生变化，用 KT 来记录这种变化，计算公式如下：

$$KT=\begin{cases} 1,SR_{overlap}>\delta_{SR} \\ 0,其他 \end{cases} \tag{2-38}$$

式（2-38）中，δ_{SR} 为预先设定的阈值，$SR_{overlap}$ 描述关注区域的变化程度，计算公式为：

$$SR_{overlap}=\frac{VA_S(I_t)\bigcap VA_S(I_{t+1})}{VA_S(I_t)\bigcup VA_S(I_{t+1})} \tag{2-39}$$

其中 $VA_S(I_t)$ 和 $VA_S(I_{t+1})$ 为连续两帧的空间关注区域，其计算方法与 SIMM 算法中的空间运动区域检测方法相同。将满足要求的时刻 t 存入集合 KTS 中。$SR_{overlap}$ 值越大，说明关注区域转移的可能性越高。

采用贝叶斯目标跟踪进行时间关注区域的计算，令 $VA(I_t)$ 表示在 t 时刻的状态为 $\gamma_t=(x_t,y_t,dx_t,dy_t)^T$，其中 $(x_t,y_t)^T$ 代表位置矢量，$(dx_t,dy_t)^T$ 代表速度矢量。将连续 k 帧的空间关注区域作为观察集，即 $OS_{1,\cdots,k}=\{VA_S(I_t)\}_{t=j_1,j_1+1,\cdots,j_1+k-2,j_2}$，其中 j_1 和 j_2 是 KTS 集合中的相邻值，且 $j_1<j_2$。在贝叶斯推理框架下，通过估计后验概率函数 $p(\gamma_k|OS_{1,k})$ 计算 VA_S 的目标状态 γ_k，得到 VA_T，计算公式如下：

$$\hat{\gamma}_k=\arg\max_{\gamma_k^t}p(\gamma_k^t|OS_{1,k}) \tag{2-40}$$

其中，arg 是 $p(\gamma_k|OS_{1,k})$ 取得最大值时的 $\hat{\gamma}_k$，γ_k 和 OS_k 分别代表第 (j_1+k-2) 时刻的状态值和观察值。

$p(\gamma_k|OS_{1,k})$ 的计算过程分为预测和更新两个步骤，即：

预测：
$$p(\gamma_k\mid OS_{1,k})=\int p(\gamma_k\mid\gamma_{k-1})p(\gamma_{k-1}\mid OS_{1,k-1})d\gamma_{k-1} \tag{2-41}$$

更新：
$$p(\gamma_k \mid \text{OS}_{1,k}) = \frac{p(\text{OS}_k \mid \gamma_k) p(\gamma_k \mid \text{OS}_{1,k-1})}{p(\text{OS}_k \mid \text{OS}_{k-1})} \tag{2-42}$$

其中，$p(\gamma_k \mid \gamma_{k-1})$代表状态过渡模型，可以通过使用仿射变换模型来解决；$p(\text{OS}_k \mid \gamma_k)$代表状态度量模型，通过使用结构局部稀疏表观模型来计算，即：

$$p(\text{OS}_k \mid \gamma_k) = \sum_{k=1}^{\tau} (\text{Dig}(\text{SD}))_k \tag{2-43}$$

$$\nu_t = \frac{1}{M} \sum_{d=1}^{k} \phi_t^{(d)} \tag{2-44}$$

其中，d 表示 $\text{VA}_\text{S}(I_m)$中划分的 32×32 块，$1 \leqslant m \leqslant k$；$\phi_t$ 表示 d 的稀疏编码；SD 是包含 ν_t 的集合，ν_t 是 ϕ_t 的权重和；M 表示正规化项；τ 表示划分块的总数。空间运动图像序列跨尺度描述计算过程如表 2-8 所示。

表 2-8　运动图像序列跨尺度描述计算过程

算法：图像序列的空间运动区域检测算法

输入：运动图像序列 $\bar{I}$，入口阈值 ϑ

输出：运动区域映射图 S

(1) 读取 $\bar{I}$ 的第一帧作为当前帧；

(2) 建立 $\bar{I}$ 的 R、G、B 三个通道图；

(3) 对于每个通道，按照式(2-23)～式(2-25)，重建 $R_t^j (j=1,2,3)$；

(4) 计算平均值 $R_t = \text{mean}(R_t^j, 3)$；

(5) 按照式(2-24)～式(2-26)及 ϑ，计算签名显著度图 S_t^P；

(6) 按照式(2-27)～式(2-29)，计算 $\bar{I}$ 中每个像素的颜色显著性值 $A(\bar{I}_t(i,j))$；

(7) 根据 $A(\bar{I}_t(i,j))$值，计算颜色显著度图 S_t^C；

(8) 按照式(2-22)，计算当前帧的空间运动区域映射图 S_t；

(9) 读取 $\bar{I}$ 的下一帧，重复步骤(2)～(8)，直到 $\bar{I}$ 的最后一帧；

(10) 按照式(2-21)，计算 S。

2.3.3　SITD 算法实验结果与分析

运动图像序列来自优酷网，包括"飞行器自控过程"(分辨率为 320×240，帧数为 204)、"飞行器自动寻的"(分辨率为 320×240，帧数为 230)、"飞行器升空"(分辨率为 640×480，帧数为 238)和"飞行器高空对接"(分辨率为 640×480，帧数为 277)等序列。图 2-15 展示了运动图像序列"飞行器自控过程"的关注区域。图 2-15(a)～图 2-15(c)依次显示了第 100 帧、第 128 帧和第 134 帧的关注区域，在每个子图的左半部分用矩形标出了视觉关注区域，在每个子图的右上部分用矩形标出了空间关注区域，同时右下部分用矩形标出了时间关注区域。

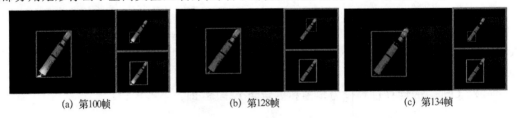

(a) 第100帧　　　　　(b) 第128帧　　　　　(c) 第134帧

图 2-15　飞行器自控过程序列关注区域展示

图 2-16 展示了运动图像序列"飞行器自动寻的"关注区域,图 2-16(a)~图 2-16(c)依次展示了第 119 帧、第 121 帧和第 135 帧的关注区域。观察图 2-15 和图 2-16,可以看出空间关注区域只是部分地显示运动目标区域,例如,"飞行器自控过程"的第 100 帧只是显示飞行器的底部,说明对于具有较大运动幅度的图像序列空间运动区域检测方法并不准确,而提出的基于贝叶斯概率推理的运动目标持续关注方法对它进行了补充,从而实现了准确的关注区域计算。如图 2-16(a)所示,将自动寻的区域比较完整地标示出来。

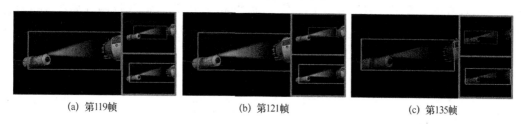

(a) 第119帧　　　　　　　(b) 第121帧　　　　　　　(c) 第135帧

图 2-16　飞行器自动寻的序列关注区域展示

图 2-17 和图 2-18 分别展示了空间序列"飞行器升空"和"飞行器高空对接"的部分帧的关注区域。其中,图 2-17(a)~图 2-17(c)依次显示了第 10 帧、第 24 帧和第 30 帧的关注区域;图 2-18(a)~图 2-18(c)依次展示了第 8 帧、第 45 帧和第 88 帧的关注区域。

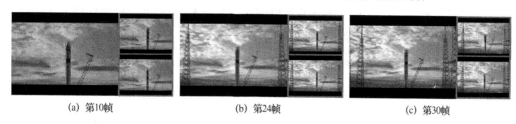

(a) 第10帧　　　　　　　(b) 第24帧　　　　　　　(c) 第30帧

图 2-17　飞行器升空序列关注区域展示

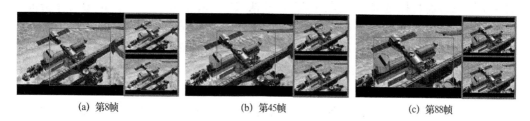

(a) 第8帧　　　　　　　(b) 第45帧　　　　　　　(c) 第88帧

图 2-18　飞行器高空对接序列关注区域展示

飞行器升空序列和飞行器高空对接序列具有比较复杂的空间背景,对于关注区域准确探测造成了很大的干扰。如果只使用空间关注区域计算,例如,得到的"飞行器升空"第 24 帧的空间关注区域,那么只能探测到飞行器的上部分区域。如果只采用时间关注区域计算,例如,"飞行器高空对接"第 8 帧的空间关注区域,那么对接飞行器不能完全显示。而 SITD 算法获取到了比较完整的运动目标关注区域,这是运动图像跨尺度插值的先决条件。

为验证算法检测关注区域的有效性,将 SITD 算法与图像签名描述算法 ISD 和全局对比算法 GCD 进行对比实验。采用重叠率分数指标度量检测准确性[27],计算公式为:

$$\text{score} = \frac{R_S \bigcap R_G}{R_S \bigcup R_G} \tag{2-45}$$

其中,R_S 表示采用某种算法获取到的指定帧的关注区域,R_G 表示其对应的标准区域。重叠率分数 score 越高,说明算法关注区域检测的准确性越高。

表 2-9 总结了分别采用 SITD、ISD 和 GCD 三种算法得到的重叠率分数指标平均值。SITD 算法取得了最高的重叠率分数。对于飞行器自控过程序列,重叠率分数值分别提升了11%和17%、飞行器自动寻的序列分别提升了 9%和11%、飞行器升空序列分别提升了 13%和15%、飞行器高空对接序列分别提升了 10%和15%。对于所有空间运动图像序列,使用SITD 算法计算的重叠率分数值为 0.84,使用 ISD 算法计算的重叠率分数值为 0.76,采用GCD 算法计算的重叠率分数值为 0.74。综上所述,相比于 ISD 和 GCD 两种算法,SITD 算法将重叠率分数分别提升了约 10%和13%,以上数据说明 SITD 算法能够更好地探测运动序列的关注区域。

表 2-9 运动图像序列的重叠率分数指标平均值

序列名称	ISD 算法	GCD 算法	SITD 算法
飞行器自控过程	0.79	0.75	0.88
飞行器自动寻的	0.856	0.839	0.938
飞行器升空	0.741	0.728	0.838
飞行器高空对接	0.652	0.626	0.721

为了展现重叠率分数在整个运动图像序列的分布情况,定义低分数帧比例 L、中分数帧比例 M 和高分数帧比例 H,分别描述如下:

$$L = \frac{N_{score<0.2}}{N} \times 100\%, M = \frac{N_{0.2 \leqslant score<0.8}}{N} \times 100\%, H = \frac{N_{score \geqslant 0.8}}{N} \times 100\% \quad (2-46)$$

其中当 $N_{score<a}$ 表示重叠率分数小于 a 的帧数和,N 表示整个运动图像序列的帧数,并且 $L+M+H=1$。

图 2-19 给出了使用二种算法计算的空间图像序列重叠率分数分布。图 2-19(a)从左到右依次给出了飞行器自控过程序列采用 SITD 算法、GCD 算法和 ISD 算法的重叠率分布情况。相应地,图 2-19(b)是飞行器自动寻的序列的重叠率分布情况,图 2-19(c)是飞行器升空序列的重叠率分布情况,图 2-19(d)是飞行器高空对接序列的重叠率分布情况。GCD 算法在具有强烈颜色对比的场景下,能够得到相对高的 H 值。例如,在飞行器自动寻的序列中 H 为69%。但是在颜色对比较弱的情况下,H 值会相对变低。例如,在飞行器高空对接序列中 H只占有 14%。甚至会出现检测不到关注区域的情况,从而导致某些帧的重叠率分数比较低。ISD 算法的本质是根据运动图像的频域特征来检测关注区域。通常情况下计算所得到的关注区域会偏大,所以获取的重叠率分布中 M 值会偏大一些,重叠率分数值不会太低。SITD 算法既考虑空间关注区域,又强调视觉的持续性,即时间关注区域的计算,所以在每个空间图像序列中得到了最高的 H 值。

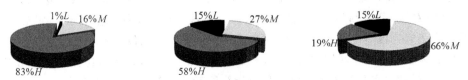

(a) 飞行器自控过程序列重叠率分数分布情况

图 2-19 运动图像序列的不同算法重叠率分数分布情况

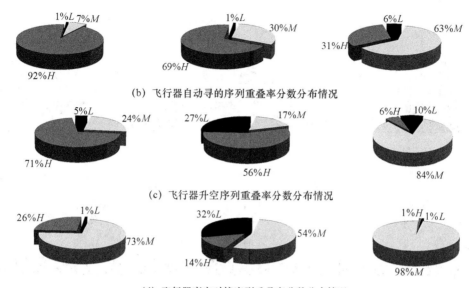

（b）飞行器自动寻的序列重叠率分数分布情况

（c）飞行器升空序列重叠率分数分布情况

（d）飞行器高空对接序列重叠率分数分布情况

图 2-19　运动图像序列的不同算法重叠率分数分布情况（续图）

中心点误差指标值从点的角度度量关注区域检测的准确性，其值越小，说明关注区域检测的准确性越高。图 2-20 展示了不同运动图像序列每帧的平均中心点误差值。可以看出，SITD 算法得到的中心点误差值最小，说明提出的时空关注区域框架能够取得比较好的检测效果。

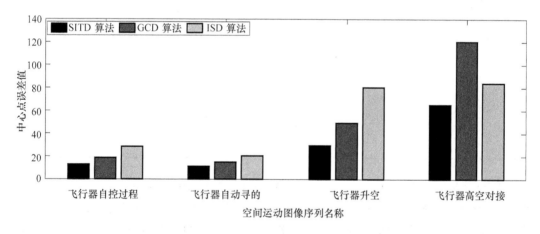

图 2-20　运动图像序列的不同算法中心点误差指标值

对提出的算法在标准运动图像序列上的关注区域进行准确性检测实验。采用魏茨曼科学研究所（http://www. wisdom. weizmann. ac. il/～vision/Space-TimeActions. html）的"Run"和"Wave"序列作为标准运动图像序列，对 SITD 算法进行测试。图 2-21 展示了 SITD 算法对于运动图像序列中不同帧的检测结果。其中图 2-21（a）～图 2-21（c）分别为 Run 序列的第 3 帧、第 19 帧和第 47 帧检测结果，图 2-21（d）～图 2-21（f）分别为 Wave 序列的第 6 帧、第 32 帧和第 56 帧检测结果。可以看出，对于跑步的女人和挥手的男人，SITD 算法都能很好地检测出运动序列中的关注区域。

表 2-10 总结了以上两个标准运动图像序列采用不同算法得到的重叠率分数指标与中心

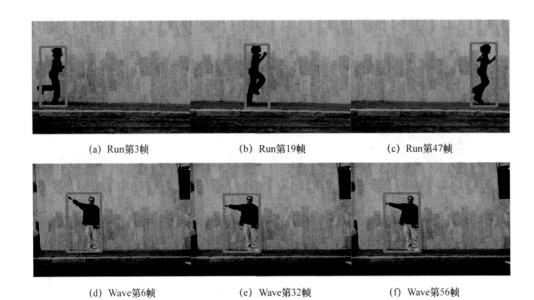

(a) Run第3帧　　　　　　(b) Run第19帧　　　　　　(c) Run第47帧

(d) Wave第6帧　　　　　　(e) Wave第32帧　　　　　　(f) Wave第56帧

图 2-21　标准运动图像序列 Run 和 Wave 的关注区域展示

点误差指标的平均值。可以看出,SITD 算法取得了最高的重叠率分数标准值和最低的中心点误差标准值,说明 SITD 算法对于标准运动图像序列也同样适用。

表 2-10　标准运动图像序列的不同算法重叠率分数与中心点误差指标值

序列名称	算法	重叠率分数	中心点误差
Run	SITD	0.874	4.483
Run	GCD	0.818	5.567
Run	ISD	0.781	7.017
Wave	SITD	0.759	10.258
Wave	GCD	0.679	34.741
Wave	ISD	0.717	12.391

　　SITD 算法的复杂度为 $O(\text{len} \times n \log(n))$,其中 n 为每帧包含的列像素个数,len 为运动图像序列的帧数。实验结果表明,针对全部的运动图像序列,SITD 算法相比于 ISD 算法和 GCD 算法,其重叠率分数指标值分别提升了 8% 和 10%。说明提出的运动图像跨尺度描述算法能够很好地检测出运动图像序列的关注区域。

2.4　本 章 小 结

　　本章研究运动图像的跨尺度描述方法,提出了细微运动的放大算法 SIMM,并在此基础上提出了跨尺度描述算法 SITD。SIMM 算法包含了基于欧拉放大的运动图像的时空处理方法和空间关注区域检测方法。构建了空间运动图像序列的时空关注区域计算框架,提出了基于贝叶斯概率推理的运动目标持续关注方法,设计基于重叠率的转移帧提取方法。实验结果表明,相比 DTRF 算法和 EVM 算法,SIMM 算法能够更准确地表征运动细节,在客观量化指标上取得了更好的效果。其质量分数指标值分别提升了 17％和 14％,图像功率谱指标值分别提升了 7％和 4％;SITD 算法相比于 GCD 算法和 ISD 算法,其重叠率分数分别提升了 10％和 8％,提高了运动图像序列关注区域检测的准确性。

参 考 文 献

[1] Zhao Q, Koch C. Learning Saliency-Based Visual Attention: A Review[J]. Signal Processing, 2013, 93(6):1401-1407.

[2] 敖欢欢. 视觉显著性应用研究 [D]. 中国科学技术大学,2013.

[3] Yang J, Yang M H. Learning Hierarchical Image Representation with Sparsity Saliency and Locality [C]. Proceedings of the British Machine Vision Conference (BMVA), Scotland, Britain. 2011:19. 1-19,11.

[4] Fan B, Wu F, Hu Z. Rotationally Invariant Descriptors Using Intensity Order Pooling [J]. IEEE Transactions on Pattern Analysis and Machine Intelligence, 2012, 34(10): 2031-2045.

[5] Zhang J, Barhomi Y, Serre T. A New Biologically Inspired Color Image Descriptor [C]. Proceedings of the 12th European Conference on Computer Vision (ECCV), Firenze, Italy. 2012:312-324.

[6] Won C S, Shirani S. Size-Controllable Region-of-Interest in Scalable Image Representation [J]. IEEE Transactions on Image Processing, 2011, 20(5): 1273-1280.

[7] Ji R, Duan L Y, Chen J, et al. Towards Compact Topical Descriptors [C]. Proceedings of the 2012 IEEE Conference on Computer Vision and Pattern Recognition (CVPR), Rhode Island, USA. 2012: 2925-2932.

[8] Raptis M, Kokkinos I, Soatto S. Discovering Discriminative Action Parts from Mid-Level Video Representations [C]. Proceedings of 2012 IEEE Conference on Computer Vision and Pattern Recognition (CVPR), Rhode Island, USA. 2012:1242-1249.

[9] Zhao J, Feng H, Xu Z, et al. Real-Time Automatic Small Target Detection Using Saliency Extraction and Morphological Theory [J]. Optics & Laser Technology, 2013, 47:268-277.

[10] Fu K, Gong C, Yang J, et al. Superpixel Based Color Contrast and Color Distribution Driven Salient Object Detection [J]. Signal Processing: Image Communication, 2013, 28 (10):1448-1463.

[11] Hu K T, Leou J J, Hsiao H H. Han-Hui Hsiao. Spatiotemporal Saliency Detection and Salient Region Determination for H. 264 Videos [J]. Journal of Visual Communication and Image Representation, 2013, 24(7):760-772.

[12] Shen H, Li S, Zhu C, et al. Spatiotemporal Saliency Based Moving Object Detection in Aerial Video [J]. Chinese Journal of Aeronautics, 2013, 26(5):1211-1217.

[13] Tosic I, Frossard P. Dictionary Learning for Stereo Image Representation[J]. IEEE

Transactions on Image Processing，2011，20(4):921-934.

[14] Zheng M，Bu J，Chen C，et al. Graph Regularized Sparse Coding for Image Representation [J]. IEEE Transactions on Image Processing，2011，20(5):1327-1336.

[15] Benoît L，Mairal J，Bach F，et al. Sparse Image Representation with Epitomes [C]. Proceedings of the 2011 IEEE Conference on Computer Vision and Pattern Recognition (CVPR)，Colorado Springs，USA. 2011:2913-2920.

[16] Han Z，Xu Z，Zhu S C. Video Primal Sketch: A Generic Middle-Level Representation of Video [C]. Proceedings of the 13th IEEE Conference on Computer Vision (ICCV)，Barcelona，Spain. 2011:1283-1290.

[17] Liu C，Torralba A，Freeman W T，et al. Motion Magnification [J]. Proceedings of the ACM Transactions on Graphics，2005，24(3):519-526.

[18] Wu H Y，Rubinstein M，Shih E，et al. Eulerian Video Magnification For Revealing Subtle Changes in the World [J]. ACM Transactions on Graphics，2012，31(4): Article 65.

[19] Hou X，Harel J，Koch C. Image Signature: Highlighting Sparse Salient Regions [J]. IEEE Transactions on Pattern Analysis and Machine Intelligence，2012，34(1): 194-201.

[20] Cheng M M，Zhang G X，Mitra N J，et al. Global Contrast Based Salient Region Detection [C]. Proceedings of the 2011 IEEE Conference on Computer Vision and Pattern Recognition (CVPR)，Colorado Springs，USA. 2011: 409-416.

[21] He K，Sun J，Tang X. Guided Image Filtering [J]. IEEE Transactions on Pattern Analysis and Machine Intelligence，2013，35(6):1397-1409.

[22] Gastal E S L，Oliveira M M. Adaptive Manifolds for Real-Time High-Dimensional Filtering [J]. ACM Transactions on Graphics，2012，31(4): Article 33.

[23] Poh M Z，McDuff D J，Picard R W. Non-Contact，Automated Cardiac Pulse Measurements Using Video Imaging and Blind Source Separation [J]. Optics Express，2010，18(10): 10762-10774.

[24] Wang Z，Sheikh H R，Bovik A C. No-Reference Perceptual Quality Assessment of JPEG Compressed Images [C]. Proceedings of the 2002 International Conference on Image Processing (ICIP)，Rochester，New York. 2002: I-477-I-480.

[25] Gastal E S L，Oliveira M M. Domain Transform for Edge-Aware Image and Video Processing [J]. ACM Transactions on Graphics (TOG)，2011，30(4): 69.

[26] Jia X，Lu H，Yang M H. Visual Tracking via Adaptive Structural Local Sparse Appearance Model [C]. Proceedings of the 2012 IEEE Conference on Computer Vision and Pattern Recognition (CVPR)，Rhode Island，USA. 2012: 1822-1829.

[27] Everingham M，Van Gool L，Williams C K I，et al. The Pascal Visual Object Classes (VOC) Challenge [J]. International Journal of Computer Vision，2010，88(2): 303-338.

第3章 基于高斯过程回归与视觉显著性检测的图像插值方法研究

3.1 引 言

　　拍摄的图像常常含有重复的可视化内容,并且以相同块的形式在图像中多次重现,图像块的这种结构冗余特性可以为基于统计理论的图像插值提供观测数据[1]。高斯过程回归方法是近年来在高斯随机过程与贝叶斯学习理论的基础上发展起来的一种统计方法。它有许多优势,如简单回归过程实现、严密的统计学习理论[2]、较少的参数、良好的模型理解能力[3]等,使它在模型复杂度与预测精确度之间取得较好的平衡[4]。高斯过程回归方法的本质是通过高斯分布概率模型寻找被测数据之间的内在联系,从而预测未知值[5]。本章采用高斯过程回归方法挖掘低分辨率空间图像的隐藏信息,以便更好地预测高分辨图像的未知像素值。

　　基于统计理论插值方法的核心是根据低分辨率图像数据序列建立数学模型,采用此模型计算高分辨率图像的插值像素。例如,本章参考文献[6]通过建立高斯过程回归模型来计算未知像素值,利用单帧图像数据抽取出合适的协方差系数,通过得到的系数获得高质量的插值图像。该方法在放大因子比较大的情况下具有很好的插值效果;本章参考文献[7]建立了广义的自适应联合回归模型,结合自适应字典学习方法来实现图像的插值放大;本章参考文献[8]构建了局部可学习的核回归模型,该方法尤其适用于图像的高分辨插值放大;本章参考文献[9]通过建立超完备字典模式实现了医学图像的插值放大。

　　本章参考文献[10]提出了基于概率神经网络的大规模集成插值框架,使插值后的图像具有较高的平滑度;本章参考文献[11]以数字图像特征信息统计分析理论为基础,提出非均匀细化方法来建立视觉先验模型;本章参考文献[12]采用图像的冗余属性信息来重构插值后的图像,达到使边缘明晰化的目的;本章参考文献[13]提出了基于形态正规化的稀疏表示算法来完成插值任务。

　　这一类方法以全局图像信息为根据,预测插值像素,但是忽略了局部数据的特殊性,由此造成了对图像数据预测的不准确。图像边缘具有复杂的结构信息,结合边缘导向插值方法对于保持原低分辨图像结构起到至关重要的作用。本章参考文献[14]提出了梯度驱动定向加权方法和曲率驱动插值方法,可以高效地对图像的边缘进行插值;本章参考文献[15]提出了高斯边缘定向插值方法放大数字图像;本章参考文献[16]结合定向梯度方法和三次样条插值方法加强插值边缘细节;本章参考文献[17]提出了像素级分割图像插值方法以更好地保持图像的边缘结构;本章参考文献[18]提出了基于梯度幅值自插值的边缘导向算法提高边缘插值质量;本章参考文献[19]提出了边缘感知独立图像插值方法解决深度图像插值中存在的边缘模糊问题;本章参考文献[20]提出了基于三次样条插值的边缘曲率放大方法来预测插值图像的边缘区域,减轻振铃效应;本章参考文献[21]结合集成梯度和迭代反投影技术来实现锐利边缘保持。

采用统计理论方法的图像插值具有较高的计算复杂度,针对图像的某个重点区域进行这种高精度的插值计算可以在较短时间内得到高质量的插值图像。而视觉显著性检测技术提供了一种解决途径[22-25],能被用于辅助进行图像处理,在检测效果和运算速度上都有较大的提升,因此受到研究者的广泛关注。例如,Jacobson N. 等[26]提出基于显著性检测的尺度感知帧率向上转换算法,提升了多个尺度上的显著对象检测能力;Chen H. Y. 等[27]在显著映射图计算的基础上,结合人工神经网络(Artificial Neural Network,ANN)和粒子群优化(Particle Swarm Optimization,PSO)进行图像插值,得到了高质量的彩色插值结果。但由于这种方法尚处于起步阶段,还需进一步地探索与改进。

本章针对已有的单帧插值方法存在插值图像细节不清晰的问题,提出了基于高斯过程回归的插值算法 EGPR,提升了插值图像的细节质量。同时提出了基于视觉显著性检测的图像插值算法 SEGPR。该算法采用 SITD 算法计算显著区域,对于获取的显著区域采用 EGPR 算法,实现了对关注目标区域的插值细节质量的提升,SEGPR 算法与 EGPR 算法的关系如图 3-1 所示。

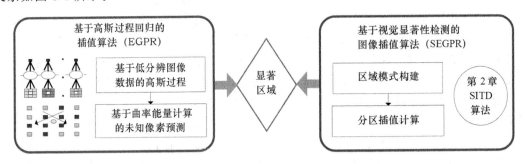

图 3-1　EGPR 算法与 SEGPR 算法关系图

3.2　基于高斯过程回归的插值算法的提出

本章提出了基于高斯过程回归的插值(EGPR)算法,构建结合统计理论和边缘导向的单帧插值计算框架,设计基于低分辨图像数据的高斯过程,同时提出了基于曲率能量计算的未知像素预测方法,提高了插值区域中预测未知像素的准确度,有效地保持了运动图像的局部细节特征。

3.2.1　EGPR 算法研究动机

传统的线性插值方法例如双线性插值算法 BI,主要通过相邻像素的位置信息计算未知像素,但是没有考虑图像的内容,造成插值后的图像出现边缘模糊的现象。为了更加清晰地捕获图像细节,提出了基于边缘导向的插值方法。例如,最新的实时图像放大算法 ICBI[28] (Iterative Curvature-Based Interpolation),采用基于曲率的迭代插值方法,该方法使用两步网格填充,通过最小化函数方法进行像素值的修正,提高了图像边缘的清晰度,但是并没有考虑图像块之间的局部信息,而局部信息可以采用基于统计理论的插值方法来挖掘。

高斯过程回归统计模型于 2011 年被 He 等人首次应用到高分辨率图像的重构中[6],其提出的 GPR 算法首次使用低分辨率图像的结构信息,产生了具有清晰边缘的高分辨率图像。然而,这种算法仅仅使用每个像素邻域的局部结构信息,仍然会产生一些不清晰细节。鉴于以上缺陷,本章结合基于统计理论的插值技术和基于边缘导向的插值技术,提出了一种新的插值算法 EGPR,提出的算法强调相邻像素属性对插值像素的影响,充分发挥统计模型的作用,提高放大后图像未知像素的预测准确度。

3.2.2　高斯过程回归模型

Rasmussen[29]定义了高斯过程,即:

$$g(x) \sim GP(\mu(x), COV(x, x')) \tag{3-1}$$

高斯过程由均值 $\mu(x)$ 和协方差函数 $COV(x, x')$ 所指定,其中 $\mu(x)$ 和 $COV(x, x')$ 的计算公式为:

$$\mu(x) = E[Y(x)] \tag{3-2}$$

$$COV(x, x') = E[(Y(x) - \mu(x))(Y(x') - \mu(x'))] \tag{3-3}$$

其中 x 和 x' 是自由变量。给定训练集 $D = \{X^{(i)}, Y^{(i)}\}_{i=1}^{n}$,其中 n 是训练集的大小,$X^{(i)*} \in R^d$ 是输入变量,$Y^{(i)} \in R^d$ 是输出变量。在无噪声的情况下,观察目标值 $Y^{(i)}$ 的先验分布为 $Y^{(i)} \sim GP(0, COV)$。对于新测试 $X^{(i)*}$,根据 $Y^{(i)}$ 的先验分布建立训练样本输出和测试样本输出 $Y^{(i)*}$ 所形成的联合高斯先验分布,即:

$$\begin{pmatrix} Y^{(i)} \\ Y^{(i)*} \end{pmatrix} \sim GP\left(0, \begin{pmatrix} COV(X^{(i)}, X^{(i)}) & COV(X^{(i)}, X^{(i)*}) \\ COV(X^{(i)}, X^{(i)*}) & COV(X^{(i)*}, X^{(i)*}) \end{pmatrix}\right) \tag{3-4}$$

其中,$COV(X^{(i)}, X^{(i)})$ 为 $n \times n$ 阶对称正定的协方差矩阵,$COV(X^{(i)}, X^{(i)*})$ 为测试集与训练集的所有输入点之间的协方差矩阵,$COV(X^{(i)*}, X^{(i)*})$ 为测试点自身的协方差矩阵。在给定输入 $X^{(i)}$ 和训练集 D 的条件下,高斯过程的目标是通过后验概率公式计算出与 $X^{(i)*}$ 对应的 $Y^{(i)*}$,即:

$$Y^{(i)*} | X^{(i)*}, D \sim GP(\mu, COV) \tag{3-5}$$

$$\mu_{Y^{(i)*}} = COV(X^{(i)*}, X^{(i)})(COV(X^{(i)*}, X^{(i)*}) + \sigma_n^2 I)^{-1} Y^{(i)} \tag{3-6}$$

其中 I 为单位矩阵。

对于协方差函数,普遍使用的是平方指数协方差函数 SE(Squared Expon-ential),即:

$$COV(g(x_p), g(x_q)) = COV(x_p, x_q) = \exp\left(-\frac{1}{2}|x_p - x_q|^2\right) \tag{3-7}$$

边缘概率 $p(y|X)$ 是高斯回归过程计算过程中的重要参数,它的定义为:

$$p(y | X) = \int p(y | g, X) p(g | X) \mathrm{d}g \tag{3-8}$$

对式(3-8)进行对数求解,可以转换为:

$$\log p(g | X) = -\frac{1}{2} g^T COV^{-1} g - \frac{1}{2} \log |COV| - \frac{n}{2} \log 2\pi \tag{3-9}$$

采用高斯等式计算边缘概率分布,即:

$$\log p(g | X) = -\frac{1}{2} y^T (COV(X, X) + I)^{-1} y$$
$$- \frac{1}{2} \log |COV(X, X) + \sigma_n^2 I| - \frac{n}{2} \log 2\pi \tag{3-10}$$

采用共轭梯度方法求解式(3-10)，得到协方差函数的超参数。

3.2.3 EGPR 算法描述

基于高斯过程回归的插值算法 EGPR 通过对基于低分辨图像数据的高斯过程建模和对基于曲率能量计算的未知像素预测，获取高分辨率插值图像。EGPR 算法框架如图 3-2 所示，算法过程归纳如下：

$$L' = d * L, H' = L' \uparrow s, H = g * H' \tag{3-11}$$

其中 L 代表具有少量噪声的低分辨率图像，H 代表生成的高分辨率图像，L' 代表无噪的低分辨率图像，H' 代表初始高分辨率图像，s 代表向上采样因子，d 和 g 分别代表去噪函数和能量转换函数。EGPR 算法细节描述如图 3-2 所示。

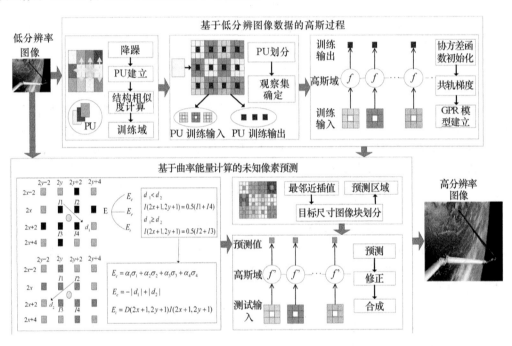

图 3-2　基于高斯过程回归的插值算法(EGPR)框架图

1. 基于低分辨图像数据的高斯过程

定义 3.1　将图像划分为若干大小相同的区域块，每个区域块被定义为一个处理单元 PU，将 PU 划分成 3×3 相互重叠的图像块，划分块的总数为 M，每个划分块的中心像素称为 PU 的输出向量 $\boldsymbol{Y}_{\text{TR}}$，其中 $\boldsymbol{Y}_{\text{TR}} = (y_1, y_2, \cdots, y_M)^{\text{T}}$，与中心点邻近的 8 个像素称为 PU 的输入向量 $\boldsymbol{X}_{\text{TR}}$，与输出值 $y_i (y_i \in \boldsymbol{Y}_{\text{TR}})$ 对应的输入值为 $x_i (x_i \in \boldsymbol{X}_{\text{TR}})$，其中 $x_i = \{x_{i1}, x_{i2}, x_{i3}, x_{i4}, x_{i5}, x_{i6}, x_{i7}, x_{i8}\} (1 \leqslant i \leqslant M)$。

定义 3.2　假定每个 PU 含有 N 个像素，根据灰度值进行排序后表示为 $I_1, I_2, \cdots, I_N$，分别定义 PU 的最大值 I_{maxave}，最小值 I_{minave} 和平均值 I_{ave}：

$$I_{\text{maxave}} = \sum_{i=1}^{\text{Top}} I_i / \text{Top}, I_{\text{minave}} = \sum_{i=1}^{\text{Below}} I_i / \text{Below}, I_{\text{ave}} = \sum_{i=1}^{N} I_i / N \tag{3-12}$$

其中 Top 代表灰度值较大的像素数，Below 代表灰度值较小的像素数。

对于空间图像，PU 有以下两个特点：

（1）如果 $I_{\text{maxave}}=0$，则 PU 中任意像素 $I_i=0$，其中 $i\leqslant N$。

（2）如果输入向量 $\boldsymbol{x}_{ij}=a$，则它对应输出向量值 $\boldsymbol{y}_{ij}=a$，其中 $\boldsymbol{y}_{ij}\in\boldsymbol{Y}_{\text{TR}}$，$i\leqslant M$，$j=1$。

若 PU 的输入向量或输出向量之间的关系具有特点（1）或（2），则不参与模型的训练过程，直接得到未知像素的预测值，从而加快 EGPR 算法的执行速度。通过分析空间图像，发现存在大量图像区域表现为诸如天空等背景。而在背景区域上有可能存在噪声，可以使用式（3-13）进行降噪处理，获取无噪声的低分辨率图像：

$$I_i=\begin{cases}I_{\text{neighbor}}, & (I_{\text{maxave}}-I_{\text{minave}})<\theta \,\&\&\, I_i>(I_{\text{ave}}+B)\\ I_i, & \text{其他}\end{cases} \tag{3-13}$$

其中 I_{neighbor} 代表相邻像素值。

训练是高斯过程回归模型构建的重要步骤，为每个 PU 建立合适的训练域。首先，沿着每个 PU 的四个方向建立 PU 训练域候选集合，通过结构相似度计算来确定训练域集合。当搜索步骤达到了预定义的值，或者结构相似度小于某个特定的值，训练域建立完毕。PU 的结构相似度计算为：

$$S(U,V)=\frac{(2m_um_v+C_1)(2\delta_{uv}+C_2)}{(m_u^2+m_v^2+C_1)(\delta_u^2+\delta_v^2+C_2)} \tag{3-14}$$

其中 U 和 V 是任意两个处理单元，C_1 和 C_2 是常量，$m_u=\sum\limits_{i=1}^{N}u_i/N(u_i\in U)$，$m_v=\sum\limits_{i=1}^{N}v_i/N(v_i\in V)$。$\delta_{uv}$，$\delta_u$ 和 δ_v 定义分别如下：

$$\delta_u=\left(\frac{1}{N-1}\sum_{i=1}^{N}(u_i-m_u)^2\right)^{\frac{1}{2}} \tag{3-15}$$

$$\delta_v=\left(\frac{1}{N-1}\sum_{i=1}^{N}(v_i-m_v)^2\right)^{\frac{1}{2}} \tag{3-16}$$

$$\delta_{uv}=\frac{1}{N-1}\sum_{i=1}^{N}(u_i-m_u)(v_i-m_v) \tag{3-17}$$

根据图像训练域中的数据，应用高斯过程先验概率建立带有高斯噪声的 GPR 先验关系，即：

$$y=g(X)+\gamma,\gamma\sim GP(0,\sigma_n^2) \tag{3-18}$$

其中 GP 代表高斯过程。采用共轭梯度方法求解训练模型的超参数，包括均值、方差和对数边缘概率。求解过程中，不同的迭代次数会导致预测精度有所差别。

图 3-3 展示了 50 次迭代和 100 次迭代后的插值图像，图 3-3（a）中出现很多的黑点，说明这些像素预测值为 0。而在图 3-3（b）中，黑点现象被消除，插值图像更加清晰，说明迭代次数越高，则插值质量越好，插值后的图像越清晰。

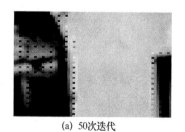

　　(a) 50次迭代　　　　　　　　(b) 100次迭代

图 3-3　不同迭代次数得到的插值图像

2. 基于曲率能量计算的未知像素预测

根据已知像素对角线方向的相邻像素值进行插值像素的初始预测,预测值 $H'(2x+1, 2y+1)$ 的计算公式为:

$$H'(2x+1, 2y+1)$$
$$=\begin{cases} \dfrac{I(2x, 2y)+I(2x+2, 2y+2)}{2}, & d_1(2x+1, 2y+1) < d_2(2x+1, 2y+1) \\[2mm] \dfrac{I(2x+2, 2y)+I(2x, 2y+2)}{2}, & d_1(2x+1, 2y+1) \geqslant d_2(2x+1, 2y+1) \end{cases} \quad (3\text{-}19)$$

其中

$$\begin{cases} \begin{aligned} d_1(2x+1, 2y+1) = {} & \tau_1 + I(2x+2, 2y+2) + I(2x, 2y) \\ & - 3(I(2x, 2y+2) + I(2x+2, 2y)) \end{aligned} \\ \begin{aligned} d_2(2x+1, 2y+1) = {} & \tau_2 + I(2x+2, 2y) + I(2x, 2y+2) \\ & - 3(I(2x, 2y) + I(2x+2, 2y+2)) \end{aligned} \end{cases} \quad (3\text{-}20)$$

$$\begin{cases} \tau_1 = I(2x+4, 2y) + I(2x+2, 2y-2) + I(2x, 2y+4) + I(2x-2, 2y+2) \\ \tau_2 = I(2x+4, 2y+2) + I(2x+2, 2y+4) + I(2x, 2y-2) + I(2x-2, 2y) \end{cases} \quad (3\text{-}21)$$

初始值 $H'(2x+1, 2y+1)$ 采用曲率能量计算进行像素值的迭代修改,即:

$$\begin{aligned} E(2x+1, 2y+1) = {} & \omega_c E_c(2x+, 2y+1) + \omega_e E_e(2x+1, 2y+1) \\ & + \omega_i E_i(2x+1, 2y+1) \end{aligned} \quad (3\text{-}22)$$

其中 $E(2x+1, 2y+1)$ 表示每个像素的总曲率能量值, ω_c、ω_e 和 ω_i 是调整能量贡献的参数。

第一个能量项 E_c 表示曲率连续能量,计算公式为:

$$E_c(2x+1, 2y+1) = \alpha_1 \sigma_1 + \alpha_2 \sigma_2 + \alpha_3 \sigma_3 + \alpha_4 \sigma_4 \quad (3\text{-}23)$$

满足:

$$\begin{aligned} \sigma_1 &= |d_1(2x, 2y) - d_1(2x+1, 2y+1)| + |d_2(2x, 2y) - d_2(2x+1, 2y+1)| \\ \sigma_2 &= |d_1(2x, 2y) - d_1(2x+1, 2y-1)| + |d_2(2x, 2y) - d_2(2x+1, 2y-1)| \\ \sigma_3 &= |d_1(2x, 2y) - d_1(2x-1, 2y+1)| + |d_2(2x, 2y) - d_2(2x-1, 2y+1)| \\ \sigma_4 &= |d_1(2x, 2y) - d_1(2x-1, 2y-1)| + |d_2(2x, 2y) - d_2(2x-1, 2y-1)| \end{aligned} \quad (3\text{-}24)$$

其中 d_1 和 d_2 与式(3-20)有相同的含义, $\alpha_i (i=1, \cdots, 4)$ 表示权重值,即:

$$\alpha_i = \begin{cases} 1, & \text{当 } \sigma_i < \eta \\ 0, & \text{其他} \end{cases} \quad (3\text{-}25)$$

第二个能量项 E_e 表示曲率加强能量,计算公式为:

$$E_e(2x+1, 2y+1) = |d_2(2x+1, 2y+1)| - |d_1(2x+1, 2y+1)| \quad (3\text{-}26)$$

第三个能量项 E_i 表示曲率平滑能量,计算公式为:

$$E_i(2x+1, 2y+1) = D(2x+1, 2y+1) I(2x+1, 2y+1) \quad (3\text{-}27)$$

式(3-27)中, $D(2x+1, 2y+1)$ 采用下式进行计算:

$$\begin{aligned} D(2x+1, 2y+1) = {} & \frac{2d_3(2x+1, 2y+1) d_4(2x+1, 2y+1) d_5(2x+1, 2y+1)}{d_3(2x+1, 2y+1)^2 + d_4(2x+1, 2y+1)^2} \\ & + \frac{-d_3(2x+1, 2y+1)^2 d_2 - d_2^2 d_3(2x+1, 2y+1)}{d_3(2x+1, 2y+1)^2 + d_4(2x+1, 2y+1)^2} \end{aligned} \quad (3\text{-}28)$$

其中

$$d_3(2x+1,2y+1)=\frac{1}{2}(I(2x,2y)-I(2x+2,2y+2))$$

$$d_4(2x+1,2y+1)=\frac{1}{2}(I(2x,2y+2)-I(2x+2,2y))$$

$$d_5(2x+1,2y+1)=\frac{1}{2}(I(2x+1,2y-1)+I(2x+1,2y+3)$$
$$-I(2x-1,2y+1)-I(2x+3,2y+1))$$

(3-29)

采用以上的像素值迭代计算后,获取到分辨率为 $(m\times s-s+1)\times(n\times s-s+1)$ 的插值图像。根据最近邻法补偿丢失的边缘像素,获得分辨率为 $(m\times s)\times(n\times s)$ 的插值图像。采用训练阶段的处理单元构建方法,重构 PU 的输入输出向量,并根据建立的高斯过程回归模型,结合当前处理单元的测试输入,进行未知像素的预测分布,即训练输出 y 和测试输出 g' 的联合分布通过下式给定:

$$\begin{pmatrix}y\\g'\end{pmatrix}\sim GP\left(0,\begin{pmatrix}COV(\boldsymbol{X},\boldsymbol{X})+\sigma_n^2 I,COV(\boldsymbol{X},\boldsymbol{X}')\\COV(\boldsymbol{X}',\boldsymbol{X}),COV(\boldsymbol{X}',\boldsymbol{X}')\end{pmatrix}\right)$$

(3-30)

其中 $\boldsymbol{X}$ 代表训练数据矩阵,$\boldsymbol{X}'$ 是测试矩阵,$COV(\boldsymbol{X},\boldsymbol{X}')$ 是 $n\times n$ 的协方差矩阵,根据式(3-30),计算基于高斯过程回归模型的预测分布为:

$$g'|\boldsymbol{X},y,\boldsymbol{X}'\sim GP(\overline{g'},V(\overline{g'}))$$

(3-31)

其中

$$\overline{g'}=COV(\boldsymbol{X}',\boldsymbol{X})[COV(\boldsymbol{X},\boldsymbol{X})+\sigma_n^2\boldsymbol{I}]^{-1}y$$

(3-32)

$$V(\overline{g'})=COV(\boldsymbol{X}',\boldsymbol{X}')-COV(\boldsymbol{X}',\boldsymbol{X})[COV(\boldsymbol{X},\boldsymbol{X})+\sigma_n^2\boldsymbol{I}]^{-1}COV(\boldsymbol{X},\boldsymbol{X}')$$

(3-33)

在预测阶段算法应注意两点:一是初始插值得到的高分辨率图像划分的 PU 与低分辨率图像的 PU 要相对应;二是共轨梯度算法应该满足正定矩阵,否则算法将出现预测为零的情况。在这种情况下,需要将预测失败的像素值修改为初始高分辨率的预测值。将所有的处理单元进行平滑连接,得到高质量的插值图像。基于高斯过程回归的插值计算过程如表 3-1 所示。

表 3-1　基于高斯过程回归的插值计算过程

算法:基于高斯过程回归的插值算法(EGPR)

输入:$m\times n$ 低分辨率图像 L,插值倍数 s

输出:$(m\times s)\times(n\times s)$ 高分辨率图像 H

/ * 训练阶段 * /

(1) 将 L 划分成 n 个处理单元 $PU_1,PU_2,\cdots,PU_n$;

(2) 对于每个处理单元,按照式(3-13)进行降噪;

(3) 按照式(3-14)计算 PU 的结构相似度,如果计算值大于阈值,则添加到当前 PU 的训练域中;

(4) 改变 PU 训练域的搜索方向,重复步骤(3),直至达到预定的迭代次数;

(5) FOR $PH_L=PU_1,PU_2,\cdots,PU_n$

　　　　将 PH_L 划分成 m 个相互重叠的 3×3 块;

　　　　将每个 3×3 块的中心 y 作为训练输出;

　　　　将 y 的 8 个相邻像素作为训练输入;

　　　　初始设置协方差函数,似然函数 $covfunc=@covSEiso$;

　　　　按照式(3-18),进行模型训练;

　　　　采用共轨梯度法,计算模型的超参数。

　　END FOR

/ * 预测阶段 * /

(6) 按照式(3-19)进行初始预测值计算;

(7) 按照式(3-22)~式(3-29)进行预测值的迭代修改,得到初始高分辨率图像 H_1;

(8) 补偿丢失的边缘像素,得到高分辨图像 H_2;

(9) 划分 H_2 为 n 个互相重叠的区域块 $PU_1,PU_2,\cdots,PU_n$;

(10) FOR $PH_H = PU_1,PU_2,\cdots,PU_n$

　　　划分 PH_H 为 3×3 块;

　　　按照式(3-30),预测插值像素值;

　　　IF 预测失败

　　　　　修正 PH_H 的输出向量值;

　　　END IF

　　END FOR

(11) 合成所有的 PU,得到 H。

3.2.4　EGPR 算法实验结果与分析

EGPR 算法实验参数设置如下:PU 尺寸为 30×30,且随着插值倍数的增加而增大。平方指数协方差函数的超参数初始值均值为 0,特征尺度为 0.21,标准信号方差为 0.08。对于彩色图像插值分别训练并预测图像的 R、G 和 B 三个通道数据。实验中将原始实验图像进行向下采样得到不同分辨率图像作为不同插值倍数下的标准图像。分别采用不同的插值算法对原始图像进行插值放大,通过比较插值结果来验证 EGPR 算法的性能。

实验用到的图像来自谷歌的空间图像。图 3-4 展示了当插值倍数为 2 时不同算法的插值结果比较。图 3-4(a)~图 3-4(d)依次显示了图像 1 的 BI 算法、GPR 算法、ICBI 算法和 EGPR 算法得到的插值结果,图 3-4(e)~图 3-4(h)依次显示了图像 2 的不同算法的插值结果。在每个子图的底部,采用矩形区域放大显示插值结果细节。可以看出,BI 算法引入锯齿效果。如图 3-4(a)中的矩形区域显示了模糊的航天器机翼;GPR 算法减少了这种锯齿效果,但是局部细节仍然不够清晰;ICBI 算法获取到了比较清晰的边缘,但是在非边缘区域仍然具有模糊性;EGPR 算法由于充分发挥了边缘导向插值和高斯过程回归插值的两种方法优点,所以得到了最清晰的插值结果,如图 3-4(d)和图 3-4(f)的结果细节放大展示。

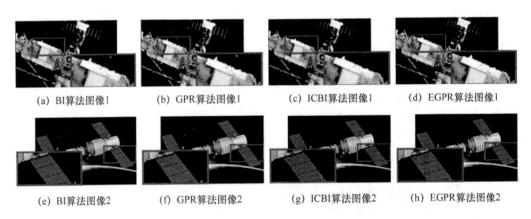

| (a) BI算法图像1 | (b) GPR算法图像1 | (c) ICBI算法图像1 | (d) EGPR算法图像1 |

| (e) BI算法图像2 | (f) GPR算法图像2 | (g) ICBI算法图像2 | (h) EGPR算法图像2 |

图 3-4　图像不同算法 2 倍插值效果对比图

　　图 3-5 和图 3-6 分别展示了图像在插值倍数为 4 和 8 情况下不同算法的插值图像,并在每个子图中放大显示插值细节,从而更好地比较插值效果。可以看出,图 3-5(h)相比于图 3-5(e)~图 3-5(g)展示了更加清晰的机械手插值效果,说明 EGPR 算法取到了最好的 4 倍插值结果。观察图 3-6 中每个子图左下角的矩形区域,发现图 3-6(a)、图 3-6(b)、图 3-6(e)和图 3-6(f)在边缘处出现明显的锯齿现象,图 3-6(c)和图 3-6(g)在非边缘处的区域细节不够清晰,而图 3-6(d)和图 3-6(h)不仅展示了锐利的飞行器边缘,而且在非边缘处细节更加逼真。说明 EGPR 算法在 8 倍插值情况下也得到了很好的效果。

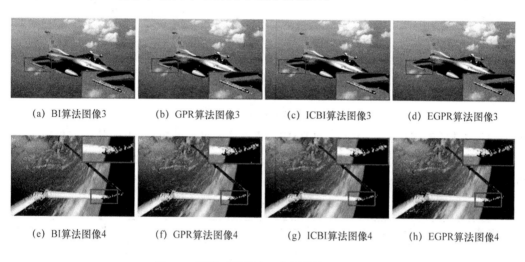

| (a) BI算法图像3 | (b) GPR算法图像3 | (c) ICBI算法图像3 | (d) EGPR算法图像3 |

| (e) BI算法图像4 | (f) GPR算法图像4 | (g) ICBI算法图像4 | (h) EGPR算法图像4 |

图 3-5　图像不同算法 4 倍插值效果对比图

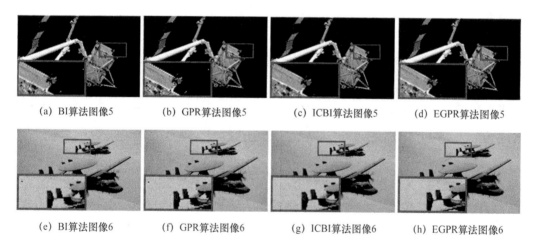

| (a) BI算法图像5 | (b) GPR算法图像5 | (c) ICBI算法图像5 | (d) EGPR算法图像5 |

| (e) BI算法图像6 | (f) GPR算法图像6 | (g) ICBI算法图像6 | (h) EGPR算法图像6 |

图 3-6　图像不同算法 8 倍插值效果对比图

　　图 3-7 展示了图像在插值倍数为 16 的情况下不同算法的插值图像。可以看出,图 3-7(d)和图 3-7(h)展示的插值效果要好于其他图,尤其是飞机的彩色机翼区域效果更加明显。说明在高插值倍数的情况下,EGPR 算法插值效果性能优势更加明显。通过对以上图像插值结果的分析,说明 EGPR 算法取得了更好的视觉效果。

　　为了进一步验证提出的算法,我们对客观评价指标值进行比较。峰值信噪比(PSNR)和均方误差(RMSE)是传统的评价图像的客观标准。表 3-2 和表 3-3 分别归纳了对应图 3-4~

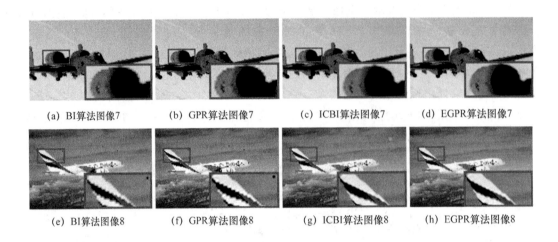

(a) BI算法图像7　　(b) GPR算法图像7　　(c) ICBI算法图像7　　(d) EGPR算法图像7

(e) BI算法图像8　　(f) GPR算法图像8　　(g) ICBI算法图像8　　(h) EGPR算法图像8

图 3-7　图像不同算法 16 倍插值效果对比图

图 3-7 的四种插值算法的 PSNR 值和 RMSE 值。从中可以看出,在不同的插值倍数下 EGPR 算法总是得到最高的 PSNR 值和最低的 RMSE 值,PSNR 值最高提升 7%,说明 EGPR 算法得到的插值结果相比于 BI 算法、GPR 算法和 ICBI 算法更加接近于标准图像。

表 3-2　不同插值算法的 PSNR 指标值

图像	插值倍数	BI 算法	GPR 算法	ICBI 算法	EGPR 算法
图像 1	2	25.62	25.79	25.94	26.03
图像 2	2	27.95	28.56	28.44	28.61
图像 3	4	32.12	32.08	32.40	32.41
图像 4	4	27.84	27.58	27.90	27.92
图像 5	8	24.38	25.23	25.74	25.75
图像 6	8	29.26	30.74	31.40	31.42
图像 7	16	28.47	29.45	30.16	30.19
图像 8	16	24.76	25.13	25.75	25.78

表 3-3　不同插值算法的 RMSE 指标值

图像	插值倍数	BI 算法	GPR 算法	ICBI 算法	EGPR 算法
图像 1	2	13.34	13.07	12.85	12.73
图像 2	2	10.21	9.50	9.64	9.46
图像 3	4	6.31	6.33	6.11	6.10
图像 4	4	10.33	10.64	10.26	10.24
图像 5	8	15.39	13.95	13.15	13.14
图像 6	8	8.77	7.40	6.86	6.85
图像 7	16	9.60	8.58	7.90	7.88
图像 8	16	14.74	14.12	13.13	13.11

图 3-8 展示了针对全部图像数据在不同的插值倍数下的四种插值算法的平均 PSNR 指标值,可以发现 EGPR 算法总是得到最高的 PSNR。相比于 BI 算法、GPR 算法和 ICBI 算法,EGPR 算法在低插值倍数情况下,PSNR 值分别平均提升 2%、1% 和 1%;在高插值倍数情况下,PSNR 值分别平均提升 5%、2% 和 2%。图 3-9 展示了四种插值算法的平均 RMSE 值,EGPR 算法同样得到了最低的 RMSE 值。

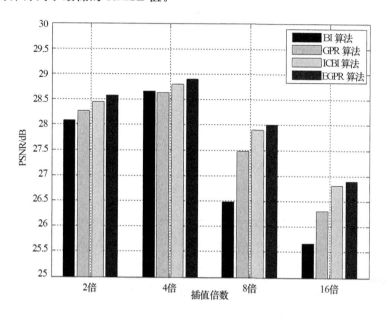

图 3-8　不同插值倍数下的 PSNR 指标平均值

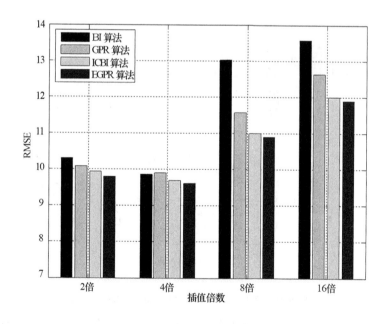

图 3-9　不同插值倍数下的 RMSE 指标平均值

平均结构相似度指标 MSSIM 是一种从图像组成的角度来衡量无失真图像与失真图像两者结构相似程度的指标[30]。它假设自然图像是高度结构化的,并且人类视觉感知和图像结构之间存在一定的关联。相比于传统的 PSNR 或 RMSE 指标,MSSIM 指标在图像品质的衡量上更能符合人眼对图像品质的判断。MSSIM 指标值越高,说明插值结果结构性失真越小,图像品质越好。表 3-4 总结了对应图 3-4~图 3-7 的四种插值算法的 MSSIM 标准值,可以看出在不同的插值倍数下,EGPR 算法取得了比 BI 算法、GPR 算法和 ICBI 算法更高的 MSSIM 指标值。

表 3-4　不同插值算法的 MSSIM 指标值

图像	插值倍数	BI 算法	GPR 算法	ICBI 算法	EGPR 算法
图像 1	2	0.888	0.892	0.894	0.898
图像 2	2	0.944	0.951	0.949	0.953
图像 3	4	0.924	0.922	0.926	0.927
图像 4	4	0.812	0.811	0.815	0.817
图像 5	8	0.857	0.866	0.878	0.879
图像 6	8	0.932	0.940	0.945	0.947
图像 7	16	0.940	0.944	0.948	0.950
图像 8	16	0.858	0.870	0.877	0.878

图 3-10 展示了针对全部图像数据的 BI 算法、GPR 算法、ICBI 算法和 EGPR 算法的平均 MSSIM 值。EGPR 算法的 MSSIM 最低值为 0.86,最高值为 0.93,相比于其他三种算法,在不同的插值倍数下都取得了最高的 MSSIM 指标值,说明 EGPR 算法的插值结果最接近于标准图像结构,获取的图像品质最好。

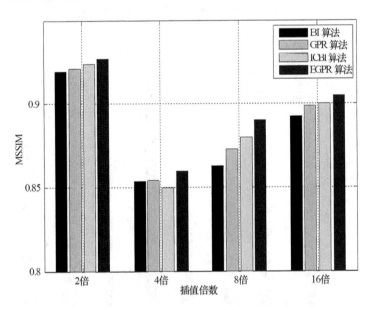

图 3-10　不同插值倍数下的 MSSIM 指标平均值

表 3-5 总结了四种插值算法的平均量化指标比较结果,包括 PSNR、RMSE 和 MSSIM。可以看出,提出的 EGPR 算法得到了最高的 PSNR 和 MSSIM 值,最低的 RMSE 值,说明 EGPR 算法从客观评价指标方面也取得了很好的效果。

表 3-5　不同插值算法客观评价指标平均值

算法	PSNR	RMSE	MSSIM
BI 算法	27.2	11.7	0.882
GPR 算法	27.7	11.0	0.886
ICBI 算法	27.9	10.7	0.890
EGPR 算法	28.1	10.5	0.893

采用华盛顿大学实验室提供的标准图像进行 EGPR 算法的校验(http://www.cs.washington.edu/research/imagedatabase/)。图 3-11 展示了 EGPR 算法与 BI 算法、GPR 算法和 ICBI 算法的客观度量比较结果。其中图 3-11(a)～图 3-11(d)分别为不同插值倍数的原始图像数据,图 3-11(e)为 PSNR 指标值比较,图 3-11(f)为 RMSE 指标值比较,图 3-11(g)为 MSSIM 指标值比较。可以看出,EGPR 算法在不同的插值倍数下获得了最高的 PSNR 指标值和 MSSIM 指标值,最低的 RMSE 指标值,说明提出的算法对于标准图像也得了更好的插值效果。

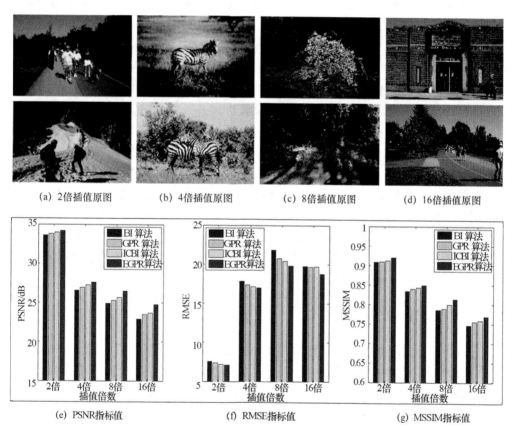

(a) 2倍插值原图　　　(b) 4倍插值原图　　　(c) 8倍插值原图　　　(d) 16倍插值原图

(e) PSNR指标值　　　　(f) RMSE指标值　　　　(g) MSSIM指标值

图 3-11　标准图像不同插值算法客观评价指标值

EGPR 算法训练过程的计算复杂度为 $O(M^3)$,预测过程的计算复杂度为 $O(M^2)$,其中 M 为低分辨率图像划分 PU 的总数。实验结果表明,相比目前已有的插值算法,提出的 EGPR 算法无论是插值效果的视觉效果,还是客观评价指标比较,都得到了最好的插值图像质量。尤其在高插值倍数情况下,EGPR 算法相比于 BI 算法、GPR 算法和 ICBI 算法,PSNR 指标值分别提升 5%、2% 和 2%，同时 MSSIM 指标值分别提升 2%、1% 和 1%。这是因为 EGPR 算法在基于曲率能量计算基础上，充分发挥了高斯过程回归模型的统计特性，从而提高了插值像素预测的准确性。

3.3 基于视觉显著性检测的图像插值算法的提出

本节采用视觉显著性检测技术建立符合人类视觉感知的插值模式，提出图像插值算法 SEGPR。该算法针对图像的显著性区域进行高精度的插值计算，降低 EGPR 算法的计算复杂度，以更好地获取高分辨率插值图像。

3.3.1 SEGPR 算法研究动机

人类的视觉信息处理能力是有限的，但视觉刺激是无限的[31]，视觉选择性注意机制保证了人眼视觉系统以有限系统资源从海量信息中获得感兴趣的重要信息。这种有效机制可以从两方面来看：一方面从人的角度来看，它能从场景中选择内容进行观察，即视觉选择性；另一方面从场景的角度看，场景中的某些内容比其他内容更能引起观察者的注意，即视觉显著性[32]。视觉显著性检测技术通过建立视觉注意计算模型，模拟人的视觉感知过程[33]，保证了视觉选择性注意机制的有效实施，也为显著性检测技术引入到图像插值领域提供了理论支持[34]。

本章提出基于视觉显著性检测的图像插值算法，在保证人类视觉效果的基础上降低插值算法的复杂度。主要解决两个问题：一是如何计算图像的显著性区域，实现图像区域的合理划分；二是如何根据插值像素所在的区域设计灵活的插值方式。对于第一个问题，采用视觉显著性检测技术探测在颜色、亮度、边缘等特征方面具有较高对比度的区域，构建图像区域模式，将低分辨图像合理划分为显著性区域和非显著性区域。对于第二个问题，提出分区插值方案，即依据插值像素所在的区域设计不同的插值方式来计算未知像素值，使得模糊的低分辨率图像经过插值后变为清晰的高分辨率图像。对于显著区域，采用提出的 EGPR 算法，实现插值像素的精确预测；而对于非显著区域，根据相邻像素属性进行插值像素的快速计算，最终获取符合人类视觉感知的高分辨率图像。

3.3.2 SEGPR 算法描述

本章提出基于视觉显著性检测的图像插值算法，该算法框架如图 3-12 所示。SEGPR 算法主要分为区域模式构建和分区插值计算两个步骤。首先对输入的低分辨率图像进行区域划分，使得原始图像合理分割为显著区域和非显著区域。在此基础上，对划分的两个区域分别采用 EGPR 算法和双线性插值算法，实现显著区域中插值像素的精确计算和非显著区域中插值像素的快速计算，最终输出令人满意的高分辨率插值结果。

SEGPR 算法过程采用下式进行归纳：

$$L = V \cup G, V' = V \uparrow^s, G' = G \uparrow^s, H = V' \cup G' \tag{3-34}$$

式（3-34）中，L 表示分辨率为 $m \times n$ 的原始空间图像，V 和 G 分别表示 L 的显著区域和非显著区域，满足 $V \cap G = \phi$，s 表示向上采样因子，V' 和 G' 分别表示 V 和 G 的插值区域，H 表示分辨率为 $(m \times s) \times (n \times s)$ 的插值结果图像。

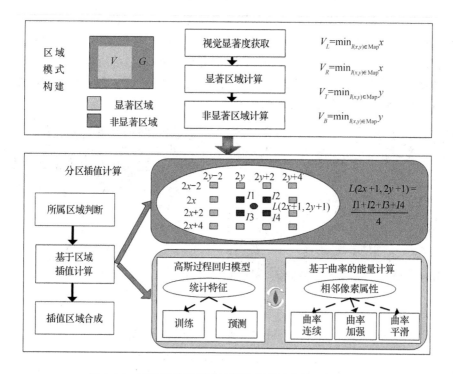

图 3-12　基于视觉显著性检测的图像插值算法框架图

（1）区域模式构建

显著区域 V 的计算是图像区域模式构建的重点,采用运动区域检测算法计算显著区域映射图 Map。鉴于 EGPR 算法中 PU 的特性,需要将获取的不规则显著区域映射图 Map 转换成矩形显著区域 V,计算公式为：

$$V_L = \min_{I(x,y) \in \text{Map}} x, V_R = \max_{I(x,y) \in \text{Map}} x$$
$$V_T = \min_{I(x,y) \in \text{Map}} y, V_B = \max_{I(x,y) \in \text{Map}} y \tag{3-35}$$

其中,$I(x,y)$ 为 Map 中的任意一个像素,V 的四个边界值包括左边界 V_L、右边界 V_R、上边界 V_T 和下边界 V_B,从而计算出非显著区域 $G = L - V$。

（2）分区插值计算

分区插值计算的核心思想是对人眼注意区域（即显著区域）使用高精度的插值计算算法,而对非注意区域采用低精度高速度的插值计算算法。依据上述思想,插值像素 $H(2x+1, 2y+1)$ 的计算公式为：

$$H(2x+1, 2y+1) = \begin{cases} G'(2x+1, 2y+1), L(x,y) \in G \\ V'(2x+1, 2y+1), L(x,y) \in V \end{cases} \tag{3-36}$$

其中 $G'(2x+1, 2y+1)$ 和 $V'(2x+1, 2y+1)$ 分别表示对应 G 和 V 的插值函数。

对于非显著区域 G 中的像素,插值像素的计算公式为：

$$G'(2x+1, 2y+1)$$
$$= \frac{1}{2}(L(2x, 2y) + L(2x+2, 2y)) + \frac{1}{2}(L(2x, 2y+2) + L(2x+2, 2y+2)) \tag{3-37}$$

对于显著区域 V 中的像素,采用基于高斯过程回归的插值算法 EGPR 进行计算,最后合成得到相应插值区域,获取高分辨率图像 H。图 3-13 展示了采用 SEGPR 算法进行 2 倍插值计算的中间过程图。其中图 3-13(a) 的上部为分辨率是 165×105 的原始图像,图 3-13(a) 的下部为颜色显著度图,图 3-13(b) 的上部显示了像素的签名显著度图,图 3-13(b) 的下部显示了签名显著度图,图 3-13(c) 为 2 倍插值结果,并用矩形区域标示出插值区域 V'。可以看出,区域 V' 的清晰度增加,说明插值算法是有效的,而它也正是人们关注度高的图像区域。基于视觉显著性检测的图像插值计算过程如表 3-6 所示。

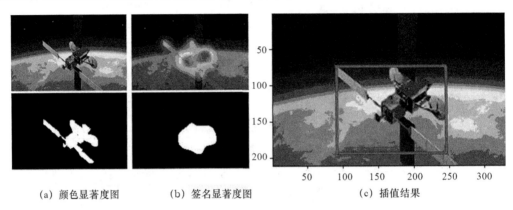

(a) 颜色显著度图 　　 (b) 签名显著度图 　　 (c) 插值结果

图 3-13 　 SEGPR 算法的 2 倍插值计算过程

表 3-6 　 基于视觉显著性检测的图像插值计算过程

算法:基于视觉显著性检测的图像插值算法(SEGPR)

输入:$m \times n$ 低分辨率图像 L,插值倍数 s

输出:$(m \times s) \times (n \times s)$ 高分辨率图像 H

(1) 计算颜色显著度图和签名显著度图;

(2) 计算空间显著区域映射图 Map;

(3) 按照式(3-35),计算显著区域 V;

(4) 计算非显著区域 G;

(5) 对于区域 V 中的任意像素,利用 EGPR 算法,得到插值区域 V';

(6) 对于区域 G 中的任意像素,按照式(3-37),得到插值区域 G';

(7) 合成区域 V' 和 G';

(8) 输出高分辨率图像 H。

3.3.3　SEGPR 算法实验结果与分析

图 3-14～图 3-17 分别展示了四个图像在插值倍数为 2 倍、4 倍、8 倍和 16 倍的情况下 SEGPR 算法和 EGPR 算法的插值结果。原始图像展示在图 3-14(a) 中,并用矩形区域标示出 SEGPR 算法得到的显著区域,图 3-14(b) 是采用 EGPR 算法得到的插值结果,图 3-14(c) 是采用 SEGPR 算法得到的插值结果。

观察图 3-14～图 3-17 可以看出:其一,SEGPR 算法计算的显著区域比较准确地探测到了人们所关注的显著目标区域,例如,图 3-15(a) 的矩形区域中展示两个飞行器对接的动作;其二,SEGPR 算法与 EGPR 算法的整体插值结果的视觉效果相差不大。但在客观评价指标上,在不同的插值倍数下前者比后者的 MSSIM 值依次降低了 0.03%、0.07%、0.2% 和 0.3%,说明对于两种算法得到的插值结果其图像品质基本相同,这是因为 SEGPR 算法采用了基于区域的灵活的插值方式。

(a) 显著区域138×272   (b) EGPR算法   (c) SEGPR算法

图 3-14 图像 1 的 SEGPR 算法与 EGPR 算法 2 倍插值效果对比图

(a) 显著区域460×772   (b) EGPR算法   (c) SEGPR算法

图 3-15 图像 2 的 SEGPR 算法与 EGPR 算法 4 倍插值效果对比图

 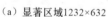  

(a) 显著区域1232×632   (b) EGPR算法   (c) SEGPR算法

图 3-16 图像 3 的 SEGPR 算法与 EGPR 算法 8 倍插值效果对比图

(a) 显著区域640×1888   (b) EGPR算法   (c) SEGPR算法

图 3-17 图像 4 的 SEGPR 算法与 EGPR 算法 16 倍插值效果对比图

图 3-18 展示了对应图 3-14～图 3-17 的 SEGPR 算法与 EGPR 算法的客观评价指标比较结果,包括平均梯度指标(MG)、边缘强度指标(EI)和空间频率指标(SF)。从中可以看出,在不同的插值倍数下相比于 EGPR 算法,SEGPR 算法得到了最高的平均梯度指标值、边缘强度指标值和空间频率指标值,这说明 SEGPR 算法得到了更好的插值图像。

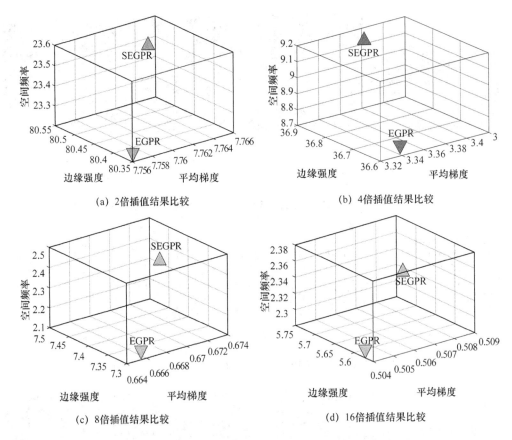

(a) 2倍插值结果比较

(b) 4倍插值结果比较

(c) 8倍插值结果比较

(d) 16倍插值结果比较

图 3-18　SEGPR 算法与 EGPR 算法客观评价指标值对比

　　图 3-19 展示了针对全部图像数据在不同的插值倍数下的 SEGPR 算法与 EGPR 算法平均 MG、EI 和 SF 值。可以看出，SEGPR 算法总是得到最高的 MG、EI 和 SF 值，且在不同的插值倍数下，MG、EI 和 SF 分别平均提升 2％、2％和 8％。当插值倍数越高，客观评价指标值提升的效果越明显，尤其在插值倍数为 16 的情况下，MG、EI 和 SF 依次提升 4％、3％和 14％。

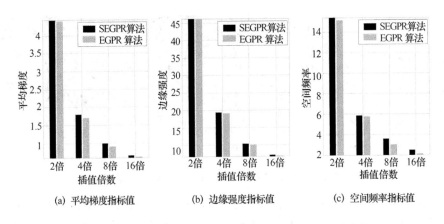

(a) 平均梯度指标值

(b) 边缘强度指标值

(c) 空间频率指标值

图 3-19　SEGPR 算法与 EGPR 算法客观评价指标平均值

表 3-7 总结了 SEGPR 算法与 EGPR 算法插值结果的客观指标平均值比较结果,包括平均梯度指标值(MG)、边缘强度指标值(EI)和空间频率指标值(SF)。可以看出提出的 SEGPR 算法得到了最高的 MG、EI 和 SF 值,说明 SEGPR 算法从客观评价指标评价方面也取得了更高的性能。

表 3-7　不同插值倍数下的 SEGPR 算法与 EGPR 算法客观评价指标平均值

算法	MG	EI	SF
EGPR 算法	1.907	20.529	6.490
SEGPR 算法	1.973	20.76	6.825

SEGPR 算法训练过程的计算复杂度为 $O(N^3)$,预测过程的计算复杂度为 $O(N^2)$,其中 N 为低分辨率图像的显著区域划分 PU 的总数,而 EGPR 算法训练过程的计算复杂度为 $O(M^3)$,预测过程的计算复杂度为 $O(M^2)$,其中 M 为低分辨率图像划分 PU 的总数。由于 $N < M$,所以 SEGPR 算法的复杂度要低于 EGPR 算法。实验结果表明,SEGPR 算法相比 EGPR 算法,在平均梯度、边缘强度和空间频率等客观评价指标上都取得了更高的度量值。但是 SEGPR 算法存在一定的局限性,它在显著区域较小的情况下并不适用,原因是过小的显著区域会造成高斯过程回归模型的训练数据过少,影响插值像素的预测。

3.4　本章小结

本章研究单帧插值方法,提出了基于高斯过程回归的插值(EGPR)算法和基于视觉显著性检测的图像插值(SEGPR)算法,从而获取了高质量的图像插值结果。EGPR 算法构建了结合边缘导向和统计理论方法的单帧插值计算框架;提出了基于低分辨图像数据的高斯过程;设计了基于曲率能量计算的未知像素预测方法。SEGPR 算法构建了基于显著性检测的图像区域模式;提出了图像分区插值方法。实验结果表明,EGPR 算法不仅强调相邻像素属性对插值像素的影响,同时充分发挥统计模型的作用,提高了插值像素的预测准确度,且相比于 BI、GPR 和 ICBI 算法,EGPR 算法在低插值倍数情况下,PSNR 值分别平均提升 2%、1% 和 1%;在高插值倍数情况下,PSNR 值分别平均提升 5%、2% 和 2%;SEGPR 算法能够获取符合人类视觉感知的高分辨率插值图像,相比于 EGPR 算法在平均梯度、边缘强度和空间频率等客观评价指标上都取得了更高的度量值。

参 考 文 献

[1]　Glasner D, Bagon S, Irani M. Super-Resolution from a Single Image[C]. Proceedings of the IEEE 12th International Conference on Computer Vision (ICCV), Kyoto, Japan. 2009:349-356.

[2]　Chen J, Chan L L T, Cheng Y C. Gaussian Process Regression Based Optimal Design

of Combustion Systems Using Flame Images [J]. Applied Energy, 2013, 111: 153-160.

[3] Ranganathan A, Yang M H, Ho J. Online Sparse Gaussian Process Regression and Its Applications [J]. IEEE Transactions on Image Processing, 2011, 20(2): 391-404.

[4] Gijsberts A, Metta G. Real-Time Model Learning Using Incremental Sparse Spectrum Gaussian Process Regression [J]. Neural Networks, 2013, 41: 59-69.

[5] Kim K, Lee D, Essa I. Gaussian Process Regression Flow for Analysis of Motion Trajectories [C]. Proceedings of the IEEE Conference on Computer Vision (ICCV), Barcelona, Spain. 2011: 1164-1171.

[6] He H, Siu W C. Single Image Super-Resolution Using Gaussian Process Regression [C]. Proceedings of the 2011 IEEE Conference on Computer Vision and Pattern Recognition (CVPR), Colorado Springs, USA. 2011: 449-456.

[7] Huang C, Liang Y, Ding X, et al. Generalized Joint Kernel Regression and Adaptive Dictionary Learning for Single-Image Super-Resolution [J]. Signal Processing, 2014, 103: 142-154.

[8] Liao R, Qin Z. Image Super-Resolution Using Local Learnable Kernel Regression [M]. Computer Vision-ACCV 2012. Springer Berlin Heidelberg, 2013: 349-360.

[9] Rueda A, Malpica N, Romero E. Single-Image Super-Resolution of Brain MR Images Using Overcomplete Dictionaries [J]. Medical Image Analysis, 2013, 17(1): 113-132.

[10] Chen C H, Kuo C M, Hsieh S H, et al. Highly Efficient Very-Large-Scale Integration (VLSI) Implementation of Probabilistic Neural Network Image Interpolator [J]. Journal of Vibration and Control, 2014, 20(2): 218-224.

[11] Jia Y, Yang W, Gao Y, et al. Image Super Resolution via Visual Prior Based Digital Image Characteristics [C]. In Proceedings of the 2013 Intelligent Data Engineering and Automated Learning (IDEAL), Springer Berlin Heidelberg, 2013: 168-177.

[12] Yu L, Xu Y, Xu H, et al. Self-Example Based Super-Resolution with Fractal-Based Gradient Enhancement [C]. Proceedings of the 2013 IEEE International Conference on Multimedia and Expo Workshops (ICMEW), San Jose, CA, 2013: 1-6.

[13] Liu W, Li S. Sparse Representation with Morphologic Regularizations for Single Image Super-Resolution [J]. Signal Processing, 2014, 98: 410-422.

[14] Moore J, Um Y, Kim S. Efficient Edge-Forming Procedures for Real-Time Image Interpolation [C]. Proceedings of the 2013 International Conference on Image Processing, Computer Vision, and Pattern Recognition, Las Vegas, Nevada, USA, 2013.

[15] Sajjad M, Baik R, Baik S W. Digital Image Magnification Using Gaussian-Edge Directed Interpolation [M]. IT Convergence and Security 2012, Springer Netherlands, 2013: 545-552.

[16] Ousguine S, Essannouni F, Essannouni L, et al. A New Image Interpolation Using

Gradient-Orientation and Cubic Spline Interpolation [J]. International Journal of Innovation and Applied Studies, 2014, 5(3): 215-221.

[17] Huang J, Hou Z. An Improved Algorithm for Image Interpolation Based on Pixel Level Division [J]. Microelectronics & Computer, 2013, 30(4): 103-106.

[18] Wang L, Xiang S, Meng G, et al. Edge-Directed Single Image Super-Resolution via Adaptive Gradient Magnitude Self-Interpolation [J]. IEEE Transactions on Circuits and Systems for Video Technology, 2013, 23(8): 1289-1299.

[19] Zhong G, Yu L, Zhou P. Edge-Preserving Single Depth Image Interpolation [C]. Proceedings of the 2013 IEEE Visual Communications and Image Processing (VCIP), Kuching, 2013: 1-6.

[20] Wu W C, Wang T H, Chiu C T. Edge Curve Scaling and Smoothing with Cubic Spline Interpolation for Image Upscaling [C]. Proceedings of 2013 IEEE Workshop on Signal Processing Systems (SiPS), Taipei City, 2013: 65-70.

[21] Huang W T, Chen W J, Tai S C. A Sharp Edge-Preserving Joint Color Demosaicking and Zooming Algorithm Using Integrated Gradients and An Iterative Back-Projection Technique [J]. Digital Signal Processing, 2013.

[22] Xu L, Li H, Zeng L, et al. Saliency Detection Using Joint Spatial-Color Constraint and Multi-Scale Segmentation [J]. Journal of Visual Communication and Image Representation, 2013, 24(4): 465-476.

[23] Stone M. In Color Perception, Size Matters [J]. IEEE Computer Graphics and Applications, 2012, 32(2): 8-13.

[24] Emami M, Hoberock L L. Selection of a Best Metric and Evaluation of Bottom-Up Visual Saliency Models [J]. Image and Vision Computing, 2013, 31(10): 796-808.

[25] Borji A, Sihite D N, Itti L. Probabilistic Learning of Task-Specific Visual Attention [C]. Proceedings of the 2012 IEEE Conference on Computer Vision and Pattern Recognition (CVPR), Rhode Island, USA. 2012: 470-477.

[26] Jacobson N, Nguyen T Q. Scale-Aware Saliency for Application to Frame Rate Upconversion [J]. IEEE Transactions on Image Processing, 2012, 21(4): 2198-2206.

[27] Chen H Y, Leou J J. Saliency-Directed Color Image Interpolation Using Artificial Neural Network and Particle Swarm Optimization [J]. Journal of Visual Communication and Image Representation, 2012, 23(2): 343-358.

[28] Giachetti A, Asuni N. Real-Time Artifact-Free Image Upscaling [J]. IEEE Transactions on Image Processing, 2011, 20(10): 2760-2768.

[29] Rasmussen C E. Gaussian Processes for Machine Learning [J]. The MIT Press, 2006.

[30] Wang Z, Bovik A C, Sheikh H R, et al. Image Quality Assessment: From Error Visibility to Structural Similarity [J]. IEEE Transactions on Image Processing, 2004, 13(4): 600-612.

［31］ Vig E，Dorr M，Martinetz T，et al. Intrinsic Dimensionality Predicts the Saliency of Natural Dynamic Scenes ［J］. IEEE Transactions on Pattern Analysis and Machine Intelligence，2012，34(6)：1080-1091.

［32］ Yang W，Tang Y Y，Fang B，et al. Visual Saliency Detection with Center Shift ［J］. Neurocomputing，2013，103：63-74.

［33］ Qian X，Han J，Cheng G，et al. Optimal Contrast Based Saliency Detection ［J］. Pattern Recognition Letters，2013，34(11)：1270-1278.

［34］ Achanta R，Hemami S，Estrada F，et al. Frequency-Tuned Salient Region Detection ［C］. Proceedings of the 2009 IEEE Conference on Computer Vision and Pattern Recognition (CVPR)，Miami，Florida，USA. 2009：1597-1604.

第4章 基于一致性敏感哈希与区域导向的
运动图像序列插值方法研究

4.1 引　　言

如何获取到高质量、高帧率和高分辨率的运动图像序列,如何增强图像序列的运动平滑性实现流畅的运动再现,如何有效地描述目标的运动轨迹都是需要解决的问题。近似邻域计算技术(Computing Approximate Nearest Neighbor Fields,ANNF)可以实现对运动图像序列中插值帧的未知像素进行有效的预测,其核心思想是在相邻图像块中寻找与候选图像块最接近的匹配图像块,即:

$$e_q = \| p - q \| = \min\{ \| p' - q \| ; p' \in S \} \tag{4-1}$$

其中,p'是来自候选块集合 S 的图像块,q 是待计算的图像块,p 是 q 的最邻近块,且 $p \in S$。e_q 是 p 和 q 之间的距离计算函数。ANNF 的代表性方法包括局部敏感哈希 LSH(Locality Sensitive Hashing)、随机匹配 PatchMatch 和一致性敏感哈希 CSH(Coherency Sensitive Hashing)等方法。

LSH 采用基于过滤验证框架的概率方法进行图像块的匹配,其基本思想是将原始数据空间中的两个相邻图像块通过相同的映射或投影变换后,这两个图像块在新的数据空间中发生冲突的概率较大,而不相邻的图像块冲突的概率较小。如果函数族 H 被称为(r,cr,p_1,p_2)的敏感哈希函数,则对于任何点 p,q 以及函数 $h \in H$,需满足下面两个条件:

(1) 如果 $\| p-q \| \leqslant r$,则 $\Pr\{h(q)=h(p)\} \geqslant p_1$;

(2) 如果 $\| p-q \| \geqslant cr$,则 $\Pr\{h(q)=h(p)\} \leqslant p_2$,其中 $c>1$,$p_1>p_2$。

LSH 依赖于哈希技术,通过映射相似的图像块到相同的哈希位中来提高图像块匹配的准确性,其核心思想是在减少需要匹配的图像块个数的前提下查找具有较大概率的匹配图像块[1],存在的缺陷是不能保证一定能够找到与候选图像块最接近的匹配图像块。

为了提高图像块匹配效率提出了 PatchMatch 技术,其核心算法是计算 Offsets。以图像 A 中的 a 块为例,计算 Offsets 过程如下:首先计算距离 a 为 D 的所有块作为可能的匹配块的集合;其次找寻图像 B 中的 A 的邻居集合 b,并计算最近邻域 $f(a)=b-a$;最后,将 $f(a)$ 存储在一个数组中,使数组的维度与 A 维度相同。

PatchMatch 技术实现了图像块的快速匹配,主要包括两个步骤:传播和搜索。前者传播邻域匹配作为候选 Offsets,后者根据指数搜索半径对候选 Offsets 进行选择,从而获取最佳的匹配块。该方法的局限性是要求图像块具有一致性(Coherent),但是在某些情况下,这个假设是无效的[2],容易造成图像块匹配失效,导致匹配准确性低于 LSH。

CSH 技术结合了 LSH 和 PatchMatch 优势，能够快速获取对应图像中的最佳匹配块。CSH 包括索引和搜索两个阶段。在索引阶段，用哈希技术代替 PatchMatch 的自由搜索，即使用敏感哈希函数来进行初始图像块匹配[3-4]，并为每个图像块建立索引哈希表。在搜索阶段，首先根据图像的表观信息构建候选图像块集合，其后根据图像块的一致性来传播最佳匹配块，这种方式使得匹配过程更加具有指向性，最佳匹配块会更有效地传播[5]。由于 CSH 并不依赖于图像块一致性假设，所以其匹配块匹配错误率要显著低于 PatchMatch，而且匹配时间比 PatchMatch 快 3～4 倍。特别在图像的纹理区域，采用 CSH 得到的插值细节具有很好的图像质量。因此，以 CSH 技术为基础提出新的基于图像块匹配的时空映射机制，能更好地预测运动序列中插值帧的未知像素值。区域导向插值方法改变了传统的图像序列插值方式，其基本思想是采用相应的技术划分图像区域，对划分后的区域采用不同的插值方法，提高指定区域的插值效果。

本章主要解决两个问题：一是如何改善运动图像序列的流畅性；二是如何提高图像序列的插值细节。帧插值技术通过对图像序列中间帧预测来提高整个序列帧率[6]，提升运动的平滑性。基于以上分析，本章首先提出一种新的图像序列帧插值算法 CSFI，采用视觉多尺度分析，生成对应尺度下的特征空间，表征运动对象特征，完成插值帧的计算，实现了图像序列的帧率跨尺度，提升运动的流畅性。在此基础上，结合运动图像跨尺度描述方法来解决第二个问题。根据运动图像序列的时空特性，提出区域导向插值算法 RGSI，获得符合视觉感知特性的高分辨率运动图像序列，提升图像序列中关注区域的插值细节质量，实现了运动图像序列的分辨率跨尺度。图 4-1 展示了提出的 CSFI 算法与 RGSI 算法之间的关系。

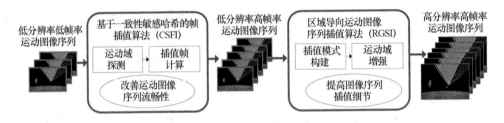

图 4-1 CSFI 算法与 RGSI 算法关系图

4.2 基于一致性敏感哈希的帧插值算法的提出

本节提出了基于一致性敏感哈希的帧插值（CSFI）算法。利用运动图像时空特征，有效地捕获和描述运动图像的边缘和纹理特征，生成高质量的插值帧。CSFI 算法包含运动域探测方法和插值像素计算方法，前者能有效地缩小插值帧的预测范围，后者能提高插值像素的预测准确性。

4.2.1 CSFI 算法研究动机

帧插值技术通过对图像序列中间帧的插入保证图像序列的运动画面更加自然、流畅，因而被广泛地应用[7]。传统的帧插值方法主要分为两类。一类是块匹配法，例如，三步搜索法 TSS[8]、自适应模式搜索法 ARPS[9]等；另一类是光流法，例如经典光流法 H&S[10]、新型光流法 CNF[11]等。虽然现有研究已经得到了比较好的插值帧,但是仍然存在插值图像细节不清晰的问题[12-13],所以需要提出一种方法,使插值后的空间图像序列所表达的运动画面更加平滑,插值帧更加准确。本节提出了一种基于一致性敏感哈希的帧插值算法 CSFI,以获取高质量的插值帧。

本节提出的 CSFI 算法重点解决两个问题:一是如何探测插值帧的变化域;二是如何提高未知像素的预测准确性。对于第一个问题,传统的解决方法是帧差分法,其基本思想是将前一帧图像作为当前帧的背景进行差分,从差分的结果中提取运动信息[14]。鉴于相邻两帧间隔的时间很短,以前一帧图像作为背景对当前帧进行处理具有较好的实时性,同时对背景变化的图像序列也具有健壮性。在复杂场景的运动检测应用中直接使用存在以下问题:不能检测出物体的完整运动范围;当背景变化频率较高时,不能很好地抑制噪声,以致检测效果不理想[15]。在运动图像序列的相邻帧间还存在着一种视觉对应关系[16]。紧缩实时描述算子[17](Compact and Real-Time Descriptors,CARD)可以通过对运动特征点的捕获来建立这种对应关系[18],据此提出基于视觉对应的运动域探测方法,获得精确的插值帧的运动区域,缩小插值帧的预测范围。对于第二个问题,传统的解决方法是块匹配。其基本思想是计算候选块的一个最佳匹配块。图像匹配的精确性不高。提出的插值帧计算方法可以获取两个或以上的映射块,使得计算出的未知像素值更加接近真实值,能实现对未知像素的精确预测。

4.2.2　CSFI 算法描述

基于一致性敏感哈希的帧插值算法的算法框架如图 4-2 所示,主要分为运动域探测和插值像素计算两个部分。首先采用视觉对应的探测方法来捕获空间图像序列的运动域。在此基础上,采用提出的基于一致性敏感哈希的插值像素计算方法预测运动域中的未知像素,最终获取高质量的运动图像序列的插值帧。

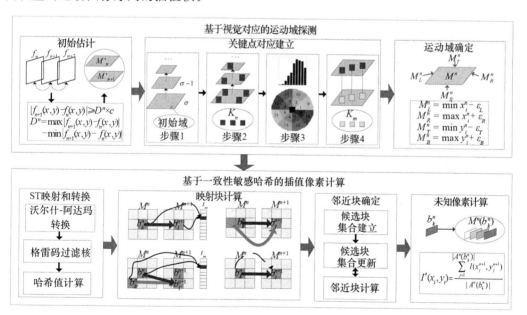

图 4-2　基于一致性敏感哈希的帧插值算法框架图

1. 基于视觉对应的运动域探测

基于视觉对应的运动域探测主要包括三部分:运动域的初始估计、关键点对应建立和运动域确定。首先,采用帧差分法快速找到运动目标的轮廓:

$$I_i(x,y) \in M'_n, \text{ if } |f_{n+1}(x,y) - f_n(x,y)| \geqslant D^n \times c \tag{4-2}$$

其中 $f_n(x,y)$ 和 $f_{n+1}(x,y)$ 代表输入空间图像序列的两个连续帧,M'_n 对应于 $f_n(x,y)$ 的初始运动区域,c 是预定义值,D^n 是连续两帧的最大值和最小值之差,即:

$$D^n = \max |f_{n+1}(x,y) - f_n(x,y)| - \min |f_{n+1}(x,y) - f_n(x,y)| \tag{4-3}$$

其次,在初始域上建立基于紧缩实时描述算子的视觉对应关系,建立过程分为以下四个步骤。

步骤 1:构建初始域的图像金字塔

$$L(x_m, y_m, n, \sigma-1) = L_{2\downarrow}(x_m, y_m, n, \sigma) \tag{4-4}$$

其中 $L(x_m, y_m, n, \sigma)$ 是尺度函数,x_m 和 y_m 是横纵坐标值,σ 是图像金字塔的层数,$2\downarrow$ 是向下采样因子。

步骤 2:使用角点探测技术确定图像金字塔的关键点,并构建集合 K_n,$K_n = \{k_n(x_{k1}, y_{k1}) | (x_{k1}, y_{k1}) \in M'_n\}$。计算对应初始域 M'_{n+1} 的关键点集合 K_{n+1}。

步骤 3:对于 $\forall k_{n'}(x_i, y_i) \in (K_n \bigcup K_{n+1})$,计算直方图 $HG(h_k^{n'})$,其对应幅值和方向差为

$$m_{HG}(x_i, y_i) = [(M'_n(x_i+1, y_i) - M'_n(x_i-1, y_i))^2 + (M'_n(x_i, y_i+1) - M'_n(x_i, y_i-1))^2]^{1/2} \tag{4-5}$$

$$\omega_{HG}(x_i, y_i) = \text{actg}\left(\frac{M'_n(x_i+1, y_i) - M'_n(x_i-1, y_i)}{M'_n(x_i, y_i+1) - M'_n(x_i, y_i-1)}\right) \tag{4-6}$$

采用对数级位(Log-Polar Binning)来抽取直方图 $HG(h_k^{n'})$,进而建立 $k_{n'}(x_i, y_i)$ 的描述算子 d_k^n,并放到描述算子集合 D_k^n 中,实现直方图的有效存储,具体公式如下:

$$r_{k,n'} = \begin{cases} 0, 0 \leqslant \sqrt{u_i^2 + v_i^2} < \varphi_1 \\ 1 + Q_8(\text{actg}(u_i/v_i) - (2\pi(l_k \bmod L))/L), \varphi_1 \leqslant \sqrt{u_i^2 + v_i^2} < \varphi_2 \\ 9 + Q_8(\text{actg}(u_i/v_i) - (2\pi(l_k \bmod L))/L), \varphi_2 \leqslant \sqrt{u_i^2 + v_i^2} < \varphi_3 \end{cases} \tag{4-7}$$

其中 $r_{k,n'}$ 表示一个旋转位模式,L 表示预定义的值,φ_1、φ_2 和 φ_3 表示常量,u_i 和 v_i 分别表示 $k_{n'}(x_i, y_i)$ 在相对坐标系的坐标值,l_k 表示 $\omega_{HG}(x_i, y_i)$ 的量化结果,$Q_F(\theta)$ 表示量化函数,即:

$$Q_F(\theta) = \left\lfloor \frac{F\theta + \pi}{2\pi} \right\rfloor \bmod F \tag{4-8}$$

步骤 4:对于 $\forall d_k^n(d_k^n \in D_k^n)$,计算下一帧对应的描述算子 d_m^{n+1},即

$$\begin{aligned} d_m^{n+1} &= \text{argmin}_{d_i^{n+1} \in D_k^{n+1}} \text{disc}(d_i^{n+1} - d_k^n) \\ &= \text{argmin}_{d_i^{n+1} \in D_k^{n+1}} \| d_i^{n+1} - d_k^n \|_1 \\ &= \text{argmin}_{i \in K_n} \left(\sum_{j=1}^C |\delta_i^{n+1}(j) - \delta_k^n(j)| \right) \end{aligned} \tag{4-9}$$

其中 δ_k^n 是任意描述算子 d_k^n 的转换二进制代码,C 是二进制代码长度,δ_k^n 的计算公式为:

$$\delta_k^n = (1 + \text{sgn}(\mathbf{W}^T d_k^n))/2 \tag{4-10}$$

其中 $\mathbf{W}$ 是权重矩阵。根据式(4-9)和式(4-10),计算描述算子集合 D_k^n 的对应集合 D_m^{n+1} 和 K_n 的匹配关键点集合 K_m。

最后,计算运动区域的边界。令 $K = K_n \bigcup K_m$,M^n 的边界值如式(4-11)所示:

$$M_L^n = \min_{k_n(x_i^n, y_i^n) \in K} x_i^n - \varepsilon_L, \quad M_R^n = \max_{k_n(x_i^n, y_i^n) \in K} x_i^n + \varepsilon_R,$$

$$M_T^n = \min_{k_n(x_i^n, y_i^n) \in K} y_i^n - \varepsilon_T, \quad M_B^n = \max_{k_n(x_i^n, y_i^n) \in K} y_i^n + \varepsilon_B \tag{4-11}$$

其中 M_L^n、M_R^n、M_T^n 和 M_B^n 分别为左边界、右边界、上边界和下边界,ε_L、ε_R、ε_T 和 ε_B 分别为用来调整运动域的初始值。

图 4-3 展示了基于视觉对应的运动域探测过程图。图 4-3(a)展示了连续两帧关键点之间的对应关系,图 4-3(b)展示了获取的关键点和探测的运动域。可以看出提出的方法巧妙地将点转换成区域,有效地捕获了图像序列的运动域,为插值帧计算奠定了基础。

(a) 视觉对应关系图　　　　　　　　　　　(b) 运动域展示图

图 4-3　基于视觉对应的运动域探测过程图

2. 基于一致性敏感哈希的插值像素计算

为了更好地进行未知像素预测,定义时空块和时空映射关系。

定义 4.1　对于连续两帧的运动域,定义原始运动域 M^n 和映射运动域 M^{n+1},M^n 和 M^{n+1} 被划分成 $s \times s$ 相互重叠的块,每一个块都被定义为时空块 ST,分别标记 ST 的总数和集合为 T_{M^n}、$T_{M^{n+1}}$ 和 $B^n = \{b_k^n\}$、$B^{n+1} = \{b_k^{n+1}\}$。

定义 4.2　给定 $\forall b_k^n (b_k^n \in B^n)$,假设 $b_l^{n+1}(b_l^{n+1} \in B^{n+1})$ 是 b_k^n 采用时空映射规则计算得到的映射块,则 $b_k^n \mapsto b_l^{n+1}$ 定义为 b_k^n 和 b_l^{n+1} 之间的时空映射关系。

插值帧计算方法分为以下四个步骤:时空块的映射和转换、映射块计算、邻近块确定和未知像素计算。

首先,使用沃尔什-阿达玛转换(Walsh-Hadamard)进行时空块的映射。对于每个时空块 b_j,满足 $b_j \in (B^n \bigcup B^{n+1})$,采用格雷码(Gray-Code)过滤核作为变换核,即:

$$\begin{cases} V_{s1}^{(0)} = V_{s2}^{(0)} = 1 \\ V_{s1}^{(k)} = \{ [v_{s1}^{(k-1)} \; \alpha_k v_{s1}^{(k-1)}] \} \\ V_{s2}^{(k)} = \{ [v_{s2}^{(k-1)} \; \alpha_k v_{s2}^{(k-1)}] \} \\ V_s^{(k)} = V_{s1}^{(k)} \times V_{s2}^{(k)} \end{cases} \text{s. t. } v_{s1}^{(k-1)} \in V_{s1}^{(k)}, v_{s2}^{(k-1)} \in V_{s2}^{(k)}, \alpha_k \in \{+1, -1\} \tag{4-12}$$

图 4-4 展示了 Walsh-Hadamard 的二维信号映射方案,映射结果存储在临时集合 $H = \{WHT_j | 1 \leqslant j \leqslant T^N\}$ 中,其中 $T^N = T_{M^n} + T_{M^{n+1}}$。为了加速 ST 映射,将哈希函数 $h_{a,b}(WH_j):R^{dim} \to N$ 映射到 dim 维向量 WH_j,使得每个哈希值被赋予一个相应的转换向量,对于任意向量 WH_l 和 $WH_{l'}$,令 $c = \| WH_l - WH_{l'} \|_p$,则它们被映射到相同值的概率 $P(c)$ 为:

$$P(c) = \Pr_{a,b}[h_{a,b}(WH_l) = h_{a,b}(WH_{l'})] = \int_0^r \frac{1}{c} f_p\left(\frac{t}{c}\right)\left(1 - \frac{t}{r}\right)dt \tag{4-13}$$

同时,建立哈希表 $t_m(1 \leqslant m \leqslant T^N)$ 来高效存储转换向量,t_m 的入口为 $t_m[g_m(b_j)]$,其中 $g_m(b_j)$ 计算式如下:

$$g_m(b_j) = \frac{WHT_1 b_j + \rho_1}{\gamma} \circ \frac{WHT_2 b_j + \rho_2}{\gamma} \circ \ldots \circ \frac{WHT_j b_j + \rho_j}{\gamma} \circ \ldots \circ \frac{WHT_{T^N} b_j + \rho_{T^N}}{\gamma} \tag{4-14}$$

其中,γ 为提前设定的整数值,ρ_j 是取值范围 $0 \leqslant \rho_j < \gamma$ 的任意值并且服从自由分布。

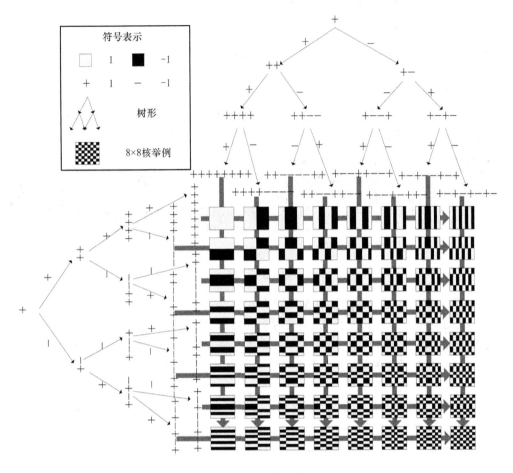

图 4-4　Walsh-Hadamard 的二维信号映射方案

插值帧计算的第二步骤是建立时空映射规则来扩展 ST 的映射块。根据空间运动图像序列的时空特性,建立以下四条映射规则。

规则 1:如果 $g_m(b_k^n) = g_m(b_l^{n+1})$,则 $b_k^n \mapsto b_l^{n+1}$,其中 $b_k^n \in B^n$,$b_l^{n+1} \in B^{n+1}$;

规则 2:如果 $\mathrm{left}(b_k^n) \mapsto b_l^{n+1}$,则 $b_k^n \mapsto b_l^{n+1}$,其中 $b_k^n \in B^n$,$b_l^{n+1} \in B^{n+1}$,$\mathrm{left}(b_k^n)$ 代表 b_k^n 的左邻块;

规则 3:如果 $g_m(b_k^n) = g_m(b_{k'}^n)$ 并且 $b_{k'}^n \mapsto b_l^{n+1}$,则 $b_k^n \mapsto b_l^{n+1}$,其中 $b_k^n \in B^n$,$b_{k'}^n \in B^n$,$b_l^{n+1} \in B^{n+1}$;

规则 4:如果 b_k^n 的坐标值与 b_l^{n+1} 的坐标值相同,则 $b_k^n \mapsto b_l^{n+1}$,其中 $b_k^n \in B^n$,$b_l^{n+1} \in B^{n+1}$。

时空映射规则 1 依据图像块的表观特性,规则 2 至规则 3 依据图像块的一致性,规则 4 依据空间图像序列的时间关联。

根据 ST 获取的映射块进行邻近块的计算。主要包括候选块集合的建立和邻近块的计算。采用基于随机匹配的自由搜索方法来建立候选块集合:

$$b_{\mathrm{near}}^{n+1} = b_k^n + w\alpha^i R^i \tag{4-15}$$

式(4-15)中,$R^i \in [-1,1] \times [-1,1]$,$\alpha$ 是常量,w 是搜索半径,b_{near}^{n+1} 表示任意 b_k^n 在 w 内的块的集合。对于每个构造的哈希表,采用式(4-16)更新 b_{near}^{n+1},从而获取 ST 的邻近块集合。

$$b_{\mathrm{near}}^{n+1} = b_{\mathrm{map}}^{n+1}, \quad \text{当 } \mathrm{disc}(b_k^n, b_{\mathrm{map}}^{n+1}) < \mathrm{disc}(b_k^n, b_{\mathrm{near}}^{n+1}) \tag{4-16}$$

最后,通过得到的邻近块集合的平滑操作计算 ST 中未知像素的预测值,计算如式(4-17):

$$I'(x_i, y_i) = \Big(\sum_{j=1}^{|A^n(b_k^n)|} I(x_j^{n+1}, y_j^{n+1}) \Big) / |A^n(b_k^n)| \tag{4-17}$$

其中 $I'(x_i, y_i)$ 表示插值像素的预测值,$A^n(b_k^n)$ 表示 b_k^n 的邻近块集合,$I(x_j^{n+1}, y_j^{n+1}) \in b_j^{n+1}$,$b_j^{n+1} \in A^n(b_k^n)$。另外,对于彩色图像序列的帧插值,采用同样的方法分别计算 R、G、B 三个通道。基于一致性敏感哈希的帧插值计算过程如表 4-1 所示。

表 4-1　基于一致性敏感哈希的帧插值计算过程

算法:基于一致性敏感哈希的帧插值算法(CSFI)

输入:空间图像序列 f

输出:新空间图像序列 f'

(1) 读取 f 的帧总数 len;

(2) 读取 f 第一帧作为当前帧 f_1;

(3) 读取 f 下一帧 f_2,按照式(4-2)和式(4-3)计算 f_1 和 f_2 的初始运动域;

(4) 按照式(4-4)～式(4-10)分别对初始运动域建立视觉对应关系;

(5) 按照式(4-11)计算 f_1 的运动域 M_1 并保存;

(6) $f_2 \rightarrow f_1$,重复步骤(3)～步骤(5),计算 f_2 的运动域 M_2 并保存;

(7) 将 M_1 和 M_2 划分成 $s \times s$ 时空块 ST;

(8) 按照式(4-12),计算每个 ST 的转换值;

(9) 按照式(4-14),创建 T^N 个哈希表;

(10) FOR $i=1, \cdots, T^N$

　　　　FOR M_1 中的每个 ST

　　　　依据时空映射规则创建当前 ST 的映射块集合;

　　　　按照式(4-15)计算初始候选块集合;

　　　　按照式(4-16)从候选块集合中计算邻近块集合;

　　　　按照式(4-17)计算当前的 ST 中的未知像素值;

　　　　END FOR

　　END FOR

(11) 合成所有的插值时空块,并结合非运动域,得到插值帧 f_1';

(12) 读取 f_2 下一帧 f_3,$f_3 \rightarrow f_2$;

(13) 重复步骤(6)～步骤(12),直到当前帧的帧号为(len-1);

(14) 合成插值帧与原始帧,输出新的空间图像序列 f'。

4.2.3　CSFI 算法实验结果与分析

本小节将提出的 CSFI 算法与五种算法进行对比,包括 TSS 算法、ARPS 算法、H&S 算法、CNF 算法和 CSH 算法。对原始空间运动图像序列采用隔帧移除操作,被移除的原始帧作为标准帧,并采用不同的算法进行移除帧的重构,通过重构帧和标准帧的比较来验证算法的性能。CSFI 算法参数设置如下:参数 c 用于确定运动区域,经过实验分析,得到先验值为 0.2;根据本章参考文献[17],确定参数集合 $\{L, \varphi_1, \varphi_2, \varphi_3\}$ 的最好选择是 $\{17, 3, 10, 20\}$,这组参数设置能提供最高的特征点分辨能力;调整参数 $\{\varepsilon_L, \varepsilon_R, \varepsilon_T, \varepsilon_B\}$ 将关键点转换到运动域,通过实验设定它们的值均为 8;根据本章参考文献[3],设定 α 值为 0.5;根据本章参考文献[19],设定 s 值分别为 8、16 和 32。通过实验分析,其合适值为 16。

（1）实验一：不同算法在运动图像序列上的帧插值结果对比实验

用于实验的四个运动图像序列数据来源于优酷网站（http://www.youku.com）。图 4-5 展示了"航天器探测"序列的第 38 帧使用不同算法的帧插值效果对比。图 4-5(a)是标准帧，图 4-5(b)展示 CSFI 算法得到的视觉对应关系，图 4-5(c)展示 CSFI 算法获取的关键点和运动域，并且将运动域放大清晰地显示在矩形框内，图 4-5(d)~图 4-5(i)分别展示采用 TSS 算法、ARPS 算法、H&S 算法、CNF 算法、CSH 算法和 CSFI 算法得到的插值帧，并将插值细节放大显示在每个子图的矩形区域中。

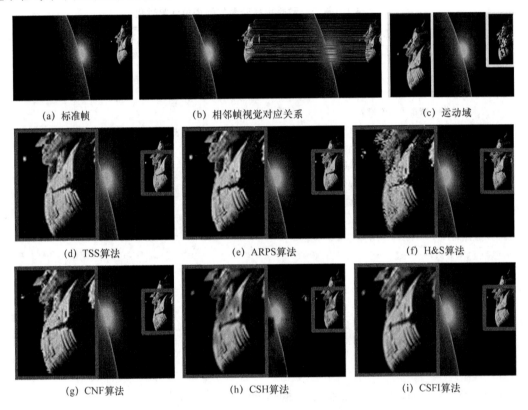

(a) 标准帧　　　(b) 相邻帧视觉对应关系　　　(c) 运动域

(d) TSS算法　　　(e) ARPS算法　　　(f) H&S算法

(g) CNF算法　　　(h) CSH算法　　　(i) CSFI算法

图 4-5　航天器探测序列第 38 帧的不同算法帧插值效果对比图

从中可以看出以下两点：其一，观察图 4-5(b)和图 4-5(c)发现，CSFI 算法获取的视觉对应关系标识出完整的航天器，说明提出的基于视觉对应的运动域探测方法能够有效地捕获运动目标；其二，观察图 4-5(d)~图 4-5(i)中每个子图左半部分的矩形区域，发现图 4-5(d)和图 4-5(e)在航天器的边缘出现块效应，图 4-5(f)和图 4-5(g)出现粒状悬浮效果，图 4-5(h)产生了黑色雾状现象，而图 4-5(i)展示出清晰的航天器插值细节，说明提出的帧插值计算方法较好地预测出了插值像素值，使得 CSFI 算法得到了最佳的帧插值结果。

"航天器发射"序列具有复杂的空间背景，并且背景亮度随时间的推移而发生变化，因此对于帧插值的实现具有一定的难度。图 4-6 展示了不同算法重构这个序列第 4 帧的视觉效果对比图。图 4-6(a)~图 4-6(c)分别展示标准帧、CSFI 算法获取的视觉对应关系和运动域，图 4-6(d)~图 4-6(i)分别展示采用不同算法得到的插值帧，并将插值细节放大显示在每个子图的右上方红色矩形区域内。从中可以看出，图 4-6(d)和图 4-6(e)在航天器附近产生了大量的瑕疵，说明采用 TSS 算法和 ARPS 算法的帧插值质量不理想；图 4-6(f)和图 4-6(g)中重构

的航天器存在一定的变形,说明采用 H&S 算法和 CNF 算法得到的插值帧出现了失真现象;
图 4-6(h)展示了比较模糊的航天器,说明直接采用 CSH 算法获取的插值结果不清晰;而
图 4-6(i)展示了最接近标准帧的插值效果,说明提出的 CSFI 算法相比于其他五种算法在这种
场景下得到了最好的帧插值视觉效果。

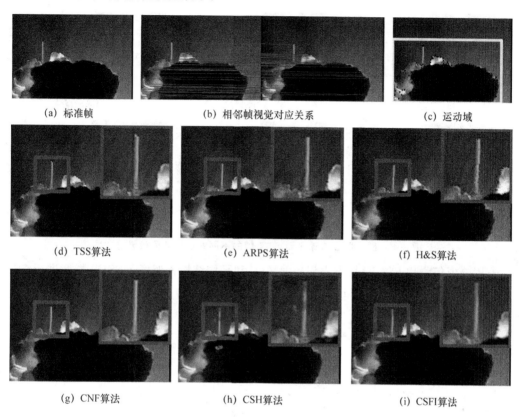

(a) 标准帧　　　　　　　(b) 相邻帧视觉对应关系　　　　　　　(c) 运动域

(d) TSS算法　　　　　　　(e) ARPS算法　　　　　　　(f) H&S算法

(g) CNF算法　　　　　　　(h) CSH算法　　　　　　　(i) CSFI算法

图 4-6　航天器发射序列第 4 帧的不同算法帧插值效果对比图

图 4-7 展示了"航天器 1 追踪"第 11 帧的不同算法插值结果。图 4-7(a)～图 4-7(f)展示
采用不同算法得到的插值帧,并将插值细节放大显示在每个子图的红色矩形区域内。从中可
以看出,图 4-7(f)相比于图 4-7(a)～图 4-7(e)展示了最清晰的航天器追踪插值效果,说明
CSFI 算法取得了最好的帧插值结果。图 4-8 展示了序列"航天器 2 追踪"第 74 帧的不同算法

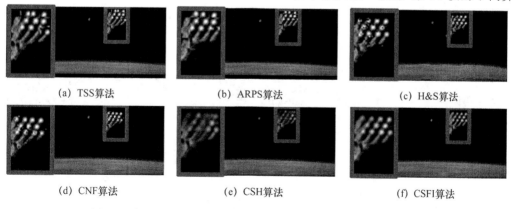

(a) TSS算法　　　　　　　(b) ARPS算法　　　　　　　(c) H&S算法

(d) CNF算法　　　　　　　(e) CSH算法　　　　　　　(f) CSFI算法

图 4-7　航天器 1 追踪序列第 11 帧的不同算法帧插值效果对比图

帧插值效果对比。图 4-8(a)～图 4-8(f)依次显示了 TSS 算法、ARPS 算法、H&S 算法、CNF 算法、CSH 算法和 CSFI 算法的插值结果。在高光照的影响下,图 4-8(f)相比于图 4-8(a)～图 4-8(e),航天器机身效果更加平滑,整体的插值效果更加清晰,说明 CSFI 算法在这种场景下也取得了最好的视觉效果。

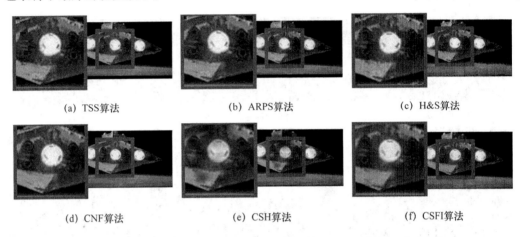

| (a) TSS算法 | (b) ARPS算法 | (c) H&S算法 |
| (d) CNF算法 | (e) CSH算法 | (f) CSFI算法 |

图 4-8　航天器 2 追踪序列第 74 帧的不同算法帧插值效果对比图

采用峰值信噪比 PSNR、均方根误差 RMSE 和平均结构相似度 MSSIM 指标进行 CSFI 算法的客观比较。图 4-9～图 4-11 分别展示了运动图像序列的不同算法的客观评价指标值比较结果。

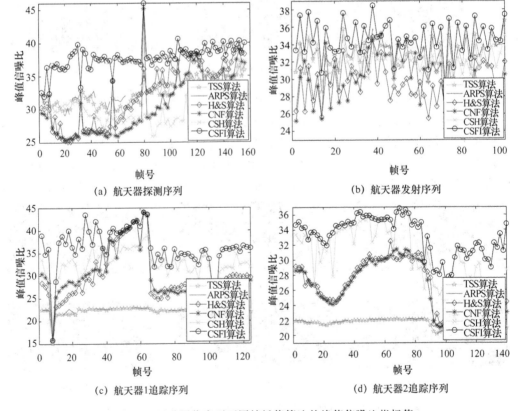

(a) 航天器探测序列

(b) 航天器发射序列

(c) 航天器1追踪序列

(d) 航天器2追踪序列

图 4-9　运动图像序列不同帧插值算法的峰值信噪比指标值

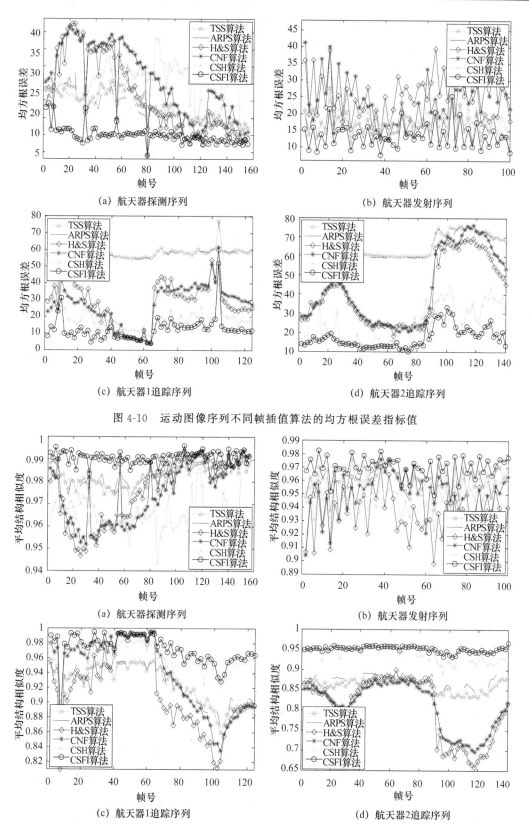

(a) 航天器探测序列 　　　　　　　　　(b) 航天器发射序列

(c) 航天器1追踪序列 　　　　　　　　(d) 航天器2追踪序列

图 4-10　运动图像序列不同帧插值算法的均方根误差指标值

(a) 航天器探测序列 　　　　　　　　　(b) 航天器发射序列

(c) 航天器1追踪序列 　　　　　　　　(d) 航天器2追踪序列

图 4-11　运动图像序列不同帧插值算法的平均结构相似度指标值

PSNR 和 RMSE 是常用的图像重建质量评价指标。从图 4-9 和图 4-10 可以看出，对于每个图像序列的任一插值帧，CSFI 算法相比于其他五种对比算法能够取得最高的 PSNR 值和最低的 RMSE 值，说明提出的 CSFI 算法获取的帧插值结果最接近于标准帧。

MSSIM 是从图像组成的角度来衡量标准帧与插值帧两者结构相似程度的指标。图 4-11 展示了采用不同算法得到的每个图像序列任一插值帧的 MSSIM 标准值。可以看出，CSFI 算法相比于其他五种对比算法能够取得最高的 MSSIM 值，说明 CSFI 算法获取的插值帧的图像结构性失真更小，插值帧品质更高。

表 4-2 归纳了采用六种算法得到的每个运动图像序列插值帧的客观评价指标平均值。相比于 TSS 算法、ARPS 算法、H&S 算法、CNF 算法和 CSH 算法，提出的 CSFI 算法的 PSNR 指标值分别平均提升 30%、29%、20%、22% 和 13%；MSSIM 指标值分别平均提升 4%、4%、7%、6% 和 2%。

表 4-2　运动图像序列不同帧插值算法的客观评价指标平均值

算法	评价指标	航天器探测	航天器发射	航天器 1 追踪	航天器 2 追踪
TSS	PSNR	32.46	32.81	22.15	21.32
TSS	RMSE	18.52	16.61	58.31	65.30
TSS	MSSIM	0.98	0.96	0.92	0.86
ARPS	PSNR	33.20	32.91	22.22	21.40
ARPS	RMSE	17.07	16.42	57.81	64.72
ARPS	MSSIM	0.98	0.96	0.92	0.87
H&S	PSNR	32.21	29.61	29.58	26.06
H&S	RMSE	21.20	25.09	28.63	41.23
H&S	MSSIM	0.97	0.93	0.91	0.80
CNF	PSNR	30.38	29.85	29.85	25.66
CNF	RMSE	25.63	24.40	27.51	43.82
CNF	MSSIM	0.97	0.94	0.93	0.80
CSH	PSNR	29.37	31.94	32.43	30.77
CSH	RMSE	26.50	18.10	18.39	23.87
CSH	MSSIM	0.96	0.94	0.96	0.93
CSFI	PSNR	37.80	34.67	36.16	33.10
CSFI	RMSE	9.89	13.28	12.38	17.35
CSFI	MSSIM	0.99	0.97	0.97	0.95

（2）实验二：不同算法在标准运动图像序列上的帧插值结果对比实验

采用西班牙巴塞罗那计算机视觉中心（http://iselab.cvc.uab.es/files/Tools/CvcActionDataSet/index.htm）的"Walk"和"Daria_side"序列作为标准运动图像序列，对 CSFI 算法进行插值帧的结果对比。图 4-12 展示了标准序列"Walk"第 30 帧六种算法的插值效果。其中图 4-12(a)～图 4-12(f)分别展示了采用 TSS 算法、ARPS 算法、H&S 算法、CNF 算法、CSH 算法和 CSFI 算法的插值效果，并在每个子图中采用矩形区域放大方法显示运动对象的帧插值细节。

观察图 4-12，图 4-12(a)、图 4-12(b)展示了具有瑕疵的运动对象，说明块匹配算法 TSS 和 ARPS 预测的像素并不准确。图 4-12(c)、图 4-12(d)中重绘的运动对象出现了重影效果，说明

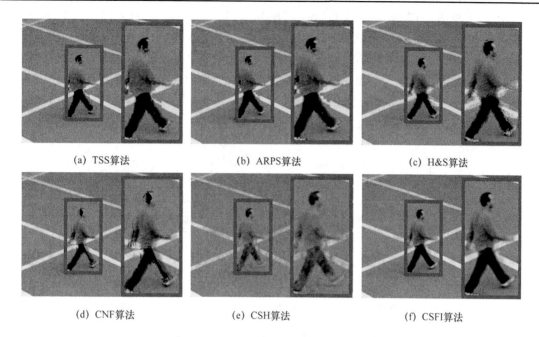

(a) TSS算法　　　　　　(b) ARPS算法　　　　　　(c) H&S算法

(d) CNF算法　　　　　　(e) CSH算法　　　　　　(f) CSFI算法

图 4-12　Walk 序列第 30 帧的不同算法帧插值效果对比图

光流算法 H&S 和 CNF 并不适用于运动偏移比较大的图像序列。图 4-12(e)在运动对象周围产生了灰色模糊区域,说明采用 CSH 算法的运动域中的插值像素灰度值会在很大程度上受到背景域像素的影响。图 4-12(f)展示了无瑕疵高质量的运动对象,说明提出的 CSFI 算法很好地预测了运动图像的插值像素值,得到了最好的视觉效果。

图 4-13 展示了标准序列"Daria_side"的六种算法帧插值效果对比。其中图 4-13(a)~图 4-13(f)分别展示了采用六种算法得到的第 48 帧重构效果。图 4-13(f)相比于图 4-13(a)~图 4-13(e)得到了最好运动图像视觉效果。

(a) TSS算法　　　　　　(b) ARPS算法　　　　　　(c) H&S算法

(d) CNF算法　　　　　　(e) CSH算法　　　　　　(f) CSFI算法

图 4-13　Daria_side 序列第 48 帧的不同算法帧插值效果对比图

图 4-14 和图 4-15 分别展示了"Walk"序列和"Daria_side"序列的不同算法的 PSNR、RMSE 和 MSSIM 指标值。对于标准运动序列中的任一插值帧,代表 CSFI 算法的黑色曲线获取了最高的 PSNR 值和 MSSIM 值和最低的 RMSE 值,说明提出的算法相比于其他五种对比算法,在标准运动图像序列插值结果的客观评价度量方面也取得了很好的效果,这与图 4-11 和图 4-12 的视觉效果对比相一致。

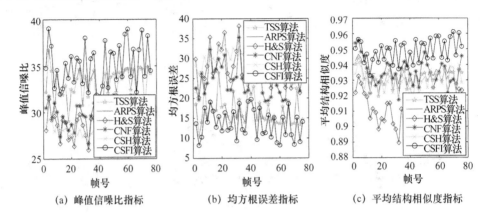

图 4-14　Walk 序列不同帧插值算法的客观评价指标值

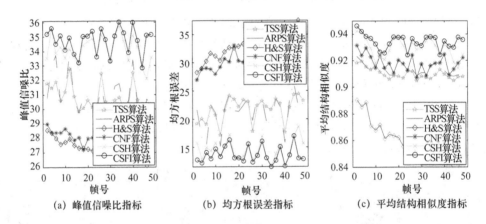

图 4-15　Daria_side 序列不同帧插值算法的客观评价指标值

表 4-3 归纳了采用六种算法得到的标准运动图像序列插值帧的客观评价指标平均值。相比于 TSS 算法、ARPS 算法、H&S 算法、CNF 算法和 CSH 算法,针对 Walk 序列提出的 CSFI 算法的 PSNR 值分别平均提升 7%、6%、22%、17% 和 23%;MSSIM 值分别平均提升 2%、2%、5%、2% 和 2%。针对 Daria_side 序列提出的 CSFI 算法的 PSNR 值分别平均提升 12%、11%、25%、24% 和 2%;MSSIM 值分别平均提升 3%、3%、9%、2% 和 1%。

表 4-3　标准运动图像序列不同帧插值算法的客观评价指标平均值

算法	评价指标	Walk 序列	Daria_side 序列
TSS	PSNR	32.97	30.80
TSS	RMSE	17.04	21.75
TSS	MSSIM	0.93	0.91

算法	评价指标	Walk 序列	Daria_side 序列
ARPS	PSNR	33.06	31.02
ARPS	RMSE	16.91	21.29
ARPS	MSSIM	0.93	0.91
H&S	PSNR	28.62	27.65
H&S	RMSE	28.36	31.43
H&S	MSSIM	0.90	0.86
CNF	PSNR	29.78	27.82
CNF	RMSE	24.84	30.86
CNF	MSSIM	0.93	0.92
CSH	PSNR	28.49	34.12
CSH	RMSE	28.71	14.58
CSH	MSSIM	0.93	0.93
CSFI	PSNR	35.10	34.72
CSFI	RMSE	13.55	13.70
CSFI	MSSIM	0.95	0.94

CFSI 算法的复杂度为 $O(len \times T_M \times s_{num})$，其中 len 表示运动图像序列的帧数，$T_M$ 为任意帧运动域所包含 ST 的总数，s_{num} 为 ST 所包含的像素数。实验结果表明，相比目前已有的插值算法，CSFI 算法无论对于空间运动图像序列还是对于标准运动图像序列，所获取的帧插值结果都得到了最好的视觉效果。另外，客观评价指标值也有较大的提升。针对全部的运动图像序列，提出的 CSFI 算法相比于 TSS 算法、ARPS 算法、H&S 算法、CNF 算法和 CSH 算法，PSNR 值分别平均提升 16%、15%、22%、21% 和 12%，同时 MSSIM 值分别平均提升 4%、3%、7%、3% 和 2%。

4.3　区域导向运动图像序列插值算法的提出

本节以 CSFI 算法为基础，结合运动图像的跨尺度描述方法，提出了区域导向图像序列插值（RGSI）算法，改变运动图像序列分辨率尺度，得到最优的高分辨率运动图像序列。

4.3.1　RGSI 算法研究动机

基于一致性敏感哈希的帧插值算法能获取到流畅的运动图像序列，而如何实现分辨率尺度的改变，将它们转换成高分辨运动图像序列是这节需要研究的问题。传统的解决方法是将整个运动图像序列按照相同的插值方法进行放大显示，但得到的插值结果存在运动细节不清晰的问题，所以需要提出一种新的运动图像序列插值算法，实现运动目标细节的高质量展示。

本节提出的区域导向运动图像序列插值算法主要解决两个问题：一是如何设计灵活的插

值模式,突出运动目标的插值区域;二是如何清晰刻画目标的运动细节。对于第一个问题,采用提出的基于视觉对应的运动域探测方法,实现序列中运动域和背景域的划分,构建基于区域的运动序列插值模式,并采用基于曲率能量计算的插值方法实现运动域的高质量插值。对于第二个问题,提出基于引导滤波的运动域增强方法,对插值后的运动域进行加强处理,增加运动域的细节,进一步提升运动域的清晰度,最终获取高质量的运动图像插值序列。

4.3.2 RGSI 算法描述

RGSI 算法是在 CSFI 算法的基础上,将得到的运动图像序列进行整体分辨率的提升,其算法框架如图 4-16 所示。

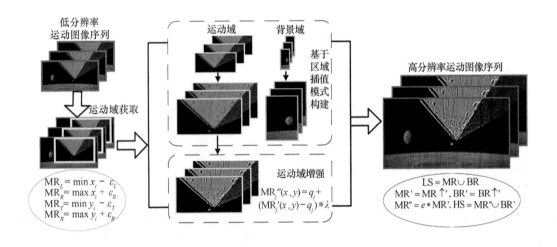

图 4-16 RGSI 算法框架图

RGSI 算法首先使用基于视觉对应的探测方法来捕获运动图像序列的运动域,然后对运动域进行高质量的插值放大,实现运动目标边缘细节的保持。并在此基础上,进行基于引导滤波的像素增强处理,加强插值像素的颜色对比度,提升运动域插值细节的清晰度。对运动图像序列的背景域,只采用待插像素的相邻像素信息进行插值计算,从而快速地重构放大的背景域。最后,融合插值后的运动域和背景域,得到高分辨率运动图像序列。该算法过程采用式(4-18)归纳:

$$
\begin{aligned}
&\mathrm{LS}=\mathrm{MR}\cup\mathrm{BR}, \mathrm{MR}'=\mathrm{MR}\uparrow^s, \mathrm{BR}'=\mathrm{BR}\uparrow^s \\
&\mathrm{MR}''=e*\mathrm{MR}', \mathrm{HS}=\mathrm{MR}''\cup\mathrm{BR}'
\end{aligned}
\tag{4-18}
$$

其中 LS 表示分辨率为 $m\times n$ 的空间运动图像序列,MR 和 BR 分别表示 LS 的运动域和背景域,并且满足 $\mathrm{MR}\cap\mathrm{BR}=\phi$,$s$ 表示向上采样因子,e 表示运动域增强处理函数,HS 表示分辨率为 $(m\times s)\times(n\times s)$ 的空间运动图像序列插值结果。

(1) 基于区域的插值模式构建

对于任意一帧 LS_t 中的像素 $p(x,y)$,采用式(4-19)计算插值像素 ν_p:

$$
\nu_p=\begin{cases}\mathrm{MR}_t''(2x+1,2y+1), & p\in\mathrm{MR}_t \\ \mathrm{BR}_t'(2x+1,2y+1), & p\in\mathrm{BR}_t\end{cases}
\tag{4-19}
$$

其中 MR_t 表示运动域,它采用基于视觉对应的运动域探测方法进行计算,BR_t 表示背景域,且 $\mathrm{BR}_t=\mathrm{LS}_t-\mathrm{MR}_t$,$\mathrm{MR}_t''(2x+1,2y+1)$ 和 $\mathrm{BR}_t'(2x+1,2y+1)$ 分别表示在运动域和背景域中的

未知像素值。

$MR''_t(2x+1,2y+1)$ 的初始插值像素 $MR_t(2x+1,2y+1)$ 计算为：

$$MR_t(2x+1,2y+1)=\begin{cases}0.5MR_t(2x,2y)+0.5MR_t(2x+2,2y+2),j_1<j_2\\0.5MR_t(2x+2,2y)+0.5MR_t(2x,2y+2),j_1\geqslant j_2\end{cases} \quad (4\text{-}20)$$

其中 j_1 和 j_2 表示判断函数，计算公式如式(4-21)所示：

$$j_1=MR_t(2x+4,2y)+MR_t(2x+2,2y-2)+MR_t(2x,2y+4)+MR_t(2x-2,2y+2)$$
$$+MR_t(2x+2,2y+2)+MR_t(2x,2y)-3MR_t(2x,2y+2)-3MR_t(2x+2,2y)$$
$$(4\text{-}21)$$
$$j_2=MR_t(2x+4,2y+2)+MR_t(2x+2,2y+4)+MR_t(2x,2y-2)+MR_t(2x-2,2y)$$
$$+MR_t(2x+2,2y)+MR_t(2x,2y+2)-3MR_t(2x,2y)-3MR_t(2x+2,2y+2)$$

在此基础上，计算插值像素 $MR_t(2x+1,2y+1)$ 的能量值 $ME_t(2x+1,2y+1)$，实现初始像素值的迭代修改，其能量计算公式：

$$ME_t(2x+1,2y+1)=\phi_1E_1+\phi_2E_2+\phi_3E_3 \quad (4\text{-}22)$$

其中 E_1、E_2 和 E_3 分别表示运动域的曲率连续能量、曲率加强能量和曲率平滑能量，$\phi_i(i=1,2,3)$ 表示调整参数，且 $\sum_{i=1}^{3}\phi_i=1$。

对于背景域中的像素，采用四个相邻像素来快速计算插值像素 $BR'_t(2x+1,2y+1)$，即：

$$BR'_t(2x+1,2y+1)=0.25BR_t(2x,2y)+0.25BR_t(2x+2,2y)$$
$$+0.25BR_t(2x,2y+2)+0.25BR_t(2x+2,2y+2) \quad (4\text{-}23)$$

根据式(4-23)，获取背景域的插值后区域 BR'。

(2) 运动域增强

采用引导滤波方法进行运动域像素的增强处理，计算公式为：

$$MR''_r(2x+1,2y+1)=(MR'_r(2x+1,2y+1)-q_r)*\lambda+q_r$$
$$MR''_g(2x+1,2y+1)=(MR'_g(2x+1,2y+1)-q_g)*\lambda+q_g \quad (4\text{-}24)$$
$$MR''_b(2x+1,2y+1)=(MR'_b(2x+1,2y+1)-q_b)*\lambda+q_b$$

其中 $MR'_r(2x+1,2y+1)$、$MR'_g(2x+1,2y+1)$ 和 $MR'_b(2x+1,2y+1)$ 分别为插值像素 $MR'_t(2x+1,2y+1)$ 的红色分量、绿色分量和蓝色分量；$MR''_r(2x+1,2y+1)$、$MR''_g(2x+1,2y+1)$ 和 $MR''_b(2x+1,2y+1)$ 分别为 $MR''_t(2x+1,2y+1)$ 的红色分量、绿色分量和蓝色分量；$q_j=\overline{x_j}MR'_j(2x+1,2y+1)+\overline{y_j}$，且 $j=r,g,b$；$\overline{x_j}$ 与 $\overline{y_j}$ 为过滤窗口的平均系数，λ 为增强系数，设定 $\lambda=10$。

最后融合区域 MR'' 和 BR'，得到高分辨率空间运动图像序列 HS。区域导向运动图像序列插值计算过程如表 4-4 所示。

表 4-4　区域导向运动图像序列插值计算过程

算法：区域导向运动图像序列插值算法
输入：$m\times n$ 低分辨率图像序列 LS，放大倍数 s
输出：$(m\times s)\times(n\times s)$ 高分辨率图像序列 HS
(1) 读取 LS 的长度 len；
(2) 读取 LS 第一帧，设为当前帧 l_1；
(3) 读取 LS 下一帧 l_2，按照式(4-2)计算 l_1 和 l_2 的初始运动域；
(4) 分别对初始运动域建立视觉对应关系；
(5) 按照式(4-11)计算 l_1 的运动域 MR_1，并计算背景域 BR_1；

(6) 按照式(4-20)~式(4-22)计算 MR_1 中的插值像素值,获取插值后的区域 MR_1';

(7) 将 MR_1' 中像素进行 R、G 和 B 三通道分解;

(8) 按照式(4-23)计算 BR_1 中的插值像素值,获取插值后的区域 MR_1';

(9) 按照式(4-24)计算 MR_1' 中的增强像素值,获取增强后的区域 MR_1'';

(10) 计算 $MR_1'' \cup BR'$,生成当前帧的高分辨率插值图像;

(11) $l_2 \rightarrow l_1$,重复步骤(3)~步骤(10),直到当前帧的帧号为(len-1);

(12) 合并所有生成的高分辨率插值图像,得到新的图像序列 HS。

4.3.3 RGSI 算法实验结果与分析

本节将提出的 RGSI 算法与 BI 算法和 ICBI 算法进行性能比较。实验中用到的运动测试图像序列来自 CSFI 算法实验结果,包括"航天器探测""航天器发射""航天器 1 追踪"和"航天器 2 追踪"四个运动图像序列和"Walk"和"Daria_side"两个标准运动图像序列。

(1) 实验一:不同算法在运动图像上的插值序列结果对比实验

RGSI 算法实验用的图像序列基本信息如表 4-5 所示,包括每个序列的初始分辨率、帧数、插值倍数和目标分辨率。

表 4-5　RGSI 算法实验用的图像序列基本信息

序列名称	初始分辨率	帧数	插值倍数	目标分辨率
航天器探测	352×240	157	2	704×480
航天器发射	352×240	101	4	1 408×960
航天器 1 追踪	256×110	127	8	2 048×880
航天器 2 追踪	256×110	143	8	2 048×880

图 4-17 展示了当插值倍数为 2 的情况下不同算法的插值结果比较。在图中,第一排依次显示了采用 RGSI 算法得到的对应帧的运动域,第二排至第四排依次显示了 RGSI 算法、BI 算法和 ICBI 算法得到的对应帧的插值结果,并在每个子图的左部,采用矩形区域放大显示每帧的插值结果细节。

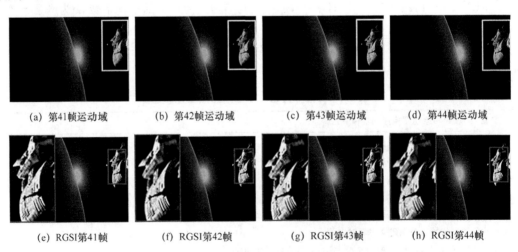

(a) 第41帧运动域　　(b) 第42帧运动域　　(c) 第43帧运动域　　(d) 第44帧运动域

(e) RGSI第41帧　　(f) RGSI第42帧　　(g) RGSI第43帧　　(h) RGSI第44帧

图 4-17　航天器探测序列不同算法 2 倍插值效果对比图

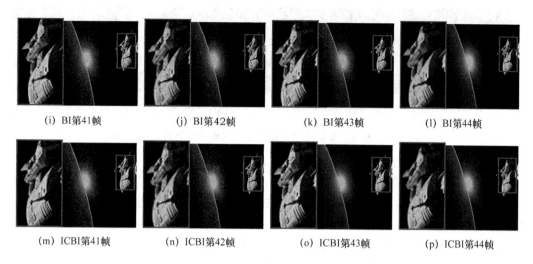

(i) BI第41帧　　　(j) BI第42帧　　　(k) BI第43帧　　　(l) BI第44帧

(m) ICBI第41帧　　(n) ICBI第42帧　　(o) ICBI第43帧　　(p) ICBI第44帧

图 4-17　航天器探测序列不同算法 2 倍插值效果对比图(续图)

从图中可以看出以下三点:其一,RGSI 算法实现了运动域和背景域的有效划分。例如图 4-17(a)～图 4-17(d)很好地标出了运动中的航天器,这为构建基于区域的运动序列插值模式奠定了基础;其二,RGSI 算法得到了最清晰的插值细节。例如,图 4-17(e)、图 4-17(i)和图 4-17(m)展示的不同算法的第 41 帧插值细节。对比可知,BI 算法得到的插值细节比较模糊,ICBI 算法能够减轻这种模糊,但是细节纹理不够清晰。而 RGSI 算法细节边缘更加锐利,说明算法中采用的基于引导滤波的运动域增强方法能够较大程度地提高插值细节的清晰度;其三,RGSI 算法得到了最好的整体插值效果。通过观察图 4-17(e)～图 4-17(p),发现相比于BI 算法和 ICBI 算法,RGSI 算法描绘了最逼真的航天器探测运动画面,说明 RGSI 算法中通过构建分区插值模式,获取了高质量的 2 倍插值效果的图像序列。

图 4-18 展示了当插值倍数为 4 的情况下的序列"航天器发射"的第 33 帧～第 36 帧的插值结果比较。可以看出,对于具有光照特点的运动图像序列,BI 算法得到的插值效果存在明显的光晕现象,ICBI 算法在航天器的周围引入了大量的瑕疵,而 RGSI 算法得到了清晰的航天器升空效果。说明相比于其他的插值算法,提出的算法对于复杂的运动图像序列仍然得到了更好的插值视觉效果。

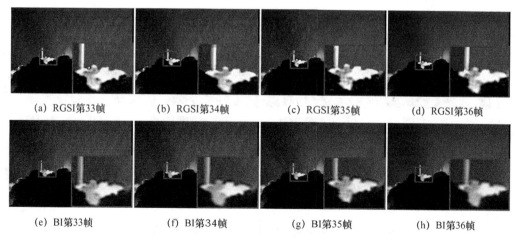

(a) RGSI第33帧　　(b) RGSI第34帧　　(c) RGSI第35帧　　(d) RGSI第36帧

(e) BI第33帧　　　(f) BI第34帧　　　(g) BI第35帧　　　(h) BI第36帧

图 4-18　航天器发射序列不同算法 4 倍插值效果对比图

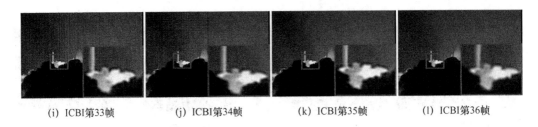

(i) ICBI第33帧　　(j) ICBI第34帧　　(k) ICBI第35帧　　(l) ICBI第36帧

图 4-18　航天器发射序列不同算法 4 倍插值效果对比图(续图)

图 4-19 和图 4-20 分别展示了序列"航天器 1 追踪"的第 11 帧～第 14 帧,及空间序列"航天器 2 追踪"的第 133 帧～第 136 帧的不同算法的 8 倍插值结果比较。观察每个子图中放大的插值细节图,发现在高插值倍数的情况下,RGSI 算法性能优势也很显著。例如,图 4-20(a)相比于图 4-20(e)和图 4-20(i),采用 RGSI 算法插值放大后的航天器机身的纹理更加清晰、细腻,尤其在高光照的影响下,也很好地保持了初始帧细节。通过对以上运动图像序列插值结果的分析表明,提出的 RGSI 算法在不同的插值倍数下都取得了更好的视觉效果。采用平均梯度(MG)、边缘强度(EI)、空间频率(SF)和清晰度(ID)等评价指标对插值帧进行客观结果校验。图 4-21 和图 4-22 分别展示了 2 倍和 4 倍的插值序列的客观评价指标值。

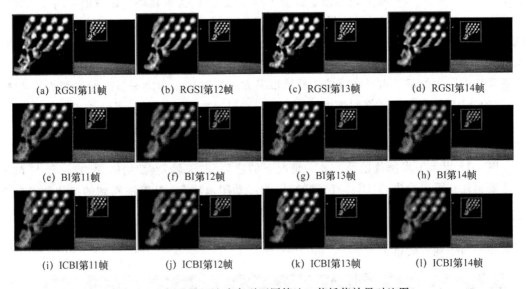

(a) RGSI第11帧　　(b) RGSI第12帧　　(c) RGSI第13帧　　(d) RGSI第14帧

(e) BI第11帧　　(f) BI第12帧　　(g) BI第13帧　　(h) BI第14帧

(i) ICBI第11帧　　(j) ICBI第12帧　　(k) ICBI第13帧　　(l) ICBI第14帧

图 4-19　航天器 1 追踪序列不同算法 8 倍插值效果对比图

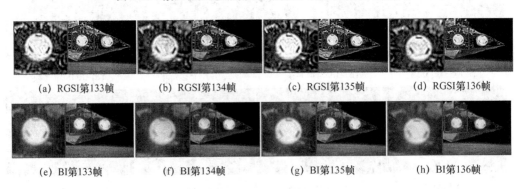

(a) RGSI第133帧　　(b) RGSI第134帧　　(c) RGSI第135帧　　(d) RGSI第136帧

(e) BI第133帧　　(f) BI第134帧　　(g) BI第135帧　　(h) BI第136帧

图 4-20　航天器 2 追踪序列不同算法 8 倍插值效果对比图

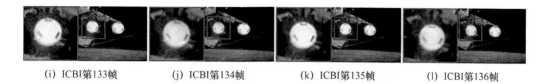

(i) ICBI第133帧　　　(j) ICBI第134帧　　　(k) ICBI第135帧　　　(l) ICBI第136帧

图 4-20　航天器 2 追踪序列不同算法 8 倍插值效果对比图(续图)

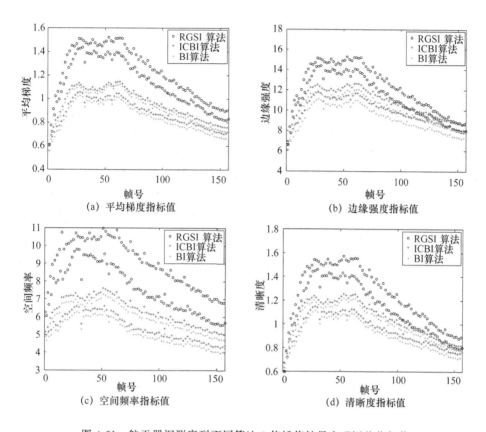

(a) 平均梯度指标值

(b) 边缘强度指标值

(c) 空间频率指标值

(d) 清晰度指标值

图 4-21　航天器探测序列不同算法 2 倍插值结果客观评价指标值

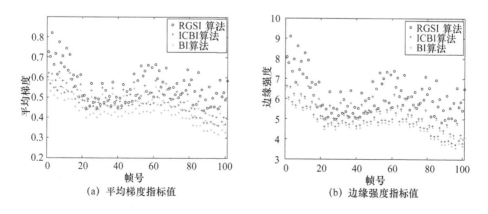

(a) 平均梯度指标值

(b) 边缘强度指标值

图 4-22　航天器发射序列不同算法 4 倍插值结果客观评价指标值

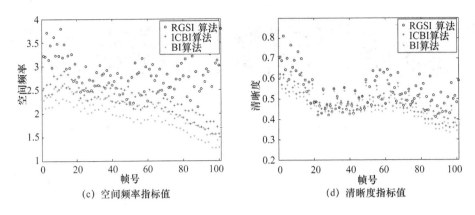

(c) 空间频率指标值　　　　　　　　(d) 清晰度指标值

图 4-22　航天器发射序列不同算法 4 倍插值结果客观评价指标值(续图)

　　根据图 4-21 可知,对于航天器探测序列 2 倍插值结果的客观评价指标值,RGSI 算法相比于 BI 算法和 ICBI 算法取得了最高的 MG 值、EI 值、SF 值和 ID 值,说明 RGSI 算法相比其他对比算法,得到的插值图像层次最多,细节对比的表达能力最高,图像的清晰程度最高。根据图 4-22 可知,对于航天器发射序列 4 倍插值结果,RGSI 算法相比于其他对比算法也取得了最高的 MG 值、EI 值、SF 值和 ID 值,这与图 4-18 的不同算法视觉效果对比相一致。

　　图 4-23 展示了在插值倍数为 8 的情况下的序列"航天器 1 追踪"的插值结果的客观评价指标值,图 4-24 展示了序列"航天器 2 追踪"的插值结果的客观评价指标值。观察图 4-23 和图 4-24,可以看出在较高的插值倍数下,RGSI 算法相比于其他对比算法也取得了最高的 MG

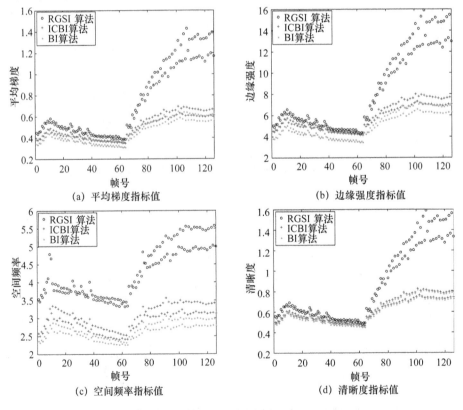

(a) 平均梯度指标值　　　　　　　　(b) 边缘强度指标值

(c) 空间频率指标值　　　　　　　　(d) 清晰度指标值

图 4-23　航天器 1 追踪序列不同算法 8 倍插值结果客观评价指标值

值、EI 值、SF 值和 ID 值,说明提出的 RGSI 算法获取的插值序列在客观评价指标方面也取得了很好的性能。与图 4-19 和图 4-20 的 8 倍插值效果对比相一致,主要是因为提出的算法不仅实现了运动图像的高质量插值放大,同时增强了运动细节,进一步提升了插值序列的清晰度。

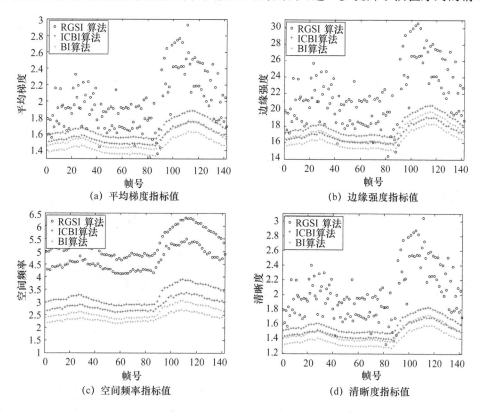

图 4-24　航天器 2 追踪序列不同算法 8 倍插值结果客观评价指标值

表 4-6 归纳了每个运动图像序列在不同的插值倍数下的客观指标平均值。相比于 BI 算法和 ICBI 算法,提出的 RGSI 算法在不同的插值倍数下,平均梯度指标值分别平均提升 26％和 19％,边缘强度指标值分别平均提升 25％和 19％,空间频率指标值分别平均提升 35％和 22％,图像清晰度指标值分别平均提升 34％和 29％。

表 4-6　运动图像序列插值结果的客观评价指标平均值

序列名称	插值倍数	算法	平均梯度	边缘强度	空间频率	清晰度
航天器探测	2	RGSI	1.08	11.70	7.20	0.85
航天器探测	2	BI	0.83	9.03	5.37	0.70
航天器探测	2	ICBI	0.88	9.80	6.06	0.74
航天器发射	4	RGSI	0.55	6.16	2.83	0.64
航天器发射	4	BI	0.42	4.70	1.93	0.36
航天器发射	4	ICBI	0.48	5.01	2.27	0.43
航天器 1 追踪	8	RGSI	0.66	8.01	4.16	1.23
航天器 1 追踪	8	BI	0.45	5.05	2.33	0.60
航天器 1 追踪	8	ICBI	0.49	5.77	3.32	0.61

序列名称	插值倍数	算法	平均梯度	边缘强度	空间频率	清晰度
航天器2追踪	8	RGSI	1.99	21.06	4.87	2.15
航天器2追踪	8	BI	1.49	16.88	2.79	1.55
航天器2追踪	8	ICBI	1.51	17.10	3.07	1.65

(2) 实验二:不同算法在标准运动图像上的插值序列结果对比实验

图 4-25 展示了标准运动图像序列"Walk"的不同算法插值效果对比。其中图 4-25(a)～图 4-25(c)分别为采用 BI 算法、ICBI 算法和 RGSI 算法对"Walk"第 71 帧进行插值得到的结果图像。可以看出,图 4-25(c)相比于图 4-25(a)和图 4-25(b),行走的人更加清晰,说明 RGSI 算法获取到了最清晰的运动图像序列视觉效果。

(a) BI算法   (b) ICBI算法   (c) RGSI算法

图 4-25 Walk 序列第 71 帧不同算法插值效果对比图

图 4-26 展示了标准运动图像序列"Daria_side"的不同算法插值效果对比。其中图 4-26(a)至图 4-26(c)分别为以上三种算法对"Daria_side"第 25 帧的插值结果。可以看出,图 4-26(c)相比于图 4-26(a)和图 4-26(b),人物轮廓更加细腻,说明提出的 RGSI 算法相比于 BI 算法和 ICBI 算法得到了最好的视觉效果。

(a) BI算法   (b) ICBI算法   (c) RGSI算法

图 4-26 Daria_side 序列第 25 帧不同算法插值效果对比图

表 4-7 归纳了"Walk"序列和"Daria_side"序列的不同算法插值结果的客观评价指标平均值,相比于 BI 算法和 ICBI 算法,提出的 RGSI 算法在不同的插值倍数下,平均梯度指标值分别提升 21% 和 11%;边缘强度指标值分别提升 23% 和 15%;空间频率指标值分别提升 24% 和 15%;清晰度指标值分别提升 26% 和 17%。

表 4-7　标准运动图像序列插值结果的客观评价指标平均值

标准序列名称	初始分辨率	目标分辨率	算法	平均梯度	边缘强度	空间频率	清晰度
Walk	640×480	1 280×960	RGSI	1.39	15.26	5.06	1.48
Walk	640×480	1 280×960	BI	1.08	11.79	3.96	1.18
Walk	640×480	1 280×960	ICBI	1.23	13.05	4.21	1.30
Daria_side	180×144	1 440×1 152	RGSI	1.07	12.08	4.66	1.2
Daria_side	180×144	1 440×1 152	BI	0.84	8.97	3.33	0.81
Daria_side	180×144	1 440×1 152	ICBI	0.95	9.98	3.97	0.92

RGSI 算法复杂度为 $O(len×m×n×s)$,其中 len 为帧数,s 为插值倍数,$m×n$ 为低分辨运动序列的图像分辨率。实验结果表明,相比目前已有的图像序列插值算法 BI 算法和 ICBI 算法,RGSI 算法在不同的插值倍数下都取得了更好的视觉效果和更高的客观评价指标值,包括平均梯度指标值、边缘强度指标值、空间频率指标值和图像清晰度指标值。

4.4　本章小结

本章研究运动图像序列插值方法,利用运动图像的时空信息,结合特征空间、搜索空间、搜索策略和相似度策略,有效地捕获和描述了空间运动图像的边缘和纹理等几何特征,构建了一个综合的多帧插值框架,提出了基于一致性敏感哈希的帧插值算法 CSFI 和区域导向运动图像序列插值算法 RGSI,生成最优的符合视觉感知特性的高分辨率运动图像序列。CSFI 算法基于视觉对应的运动域探测方法,有效地缩小插值帧的预测范围,提出了基于一致性敏感哈希的插值像素计算方法,提高了插值像素的预测准确性。RGSI 算法构建了基于区域的运动序列插值模式,实现了运动域的高质量插值放大,提出了基于引导滤波的运动域增强方法,提高了插值细节的清晰度。

参 考 文 献

[1]　Datar M, Immorlica N, Indyk P, et al. Locality-Sensitive Hashing Scheme Based on P-Stable Distributions [C]. Proceedings of the Twentieth Annual Symposium on Computational Geometry (SCG), New York, USA. 2004: 253-262.

[2]　Barnes C, Adviser-Finkelstein A. Patchmatch: a Fast Randomized Matching Algorithm with Application to Image and Video [M]. Princeton University, 2011.

[3]　Hamood M T, Boussakta S. Fast Walsh-Hadamard-Fourier Transform Algorithm [J]. IEEE Transactions on Signal Processing, 2011, 59(11): 5627-5631.

[4]　Hel-Or Y, Hel-Or H. Real-Time Pattern Matching Using Projection Kernels [J]. IEEE Transactions on Pattern Analysis and Machine Intelligence, 2005, 27(5): 1430-1445.

[5] Cho Y H, Lee H Y, Park D S. Temporal Frame Interpolation Based on Multiframe Feature Trajectory [J]. IEEE Transactions on Circuits and Systems for Video Technology, 2013, 23(12): 2105-2115.

[6] Guo D, Shao L, Han J. Feature-Based Motion Compensated Interpolation for Frame Rate Up-Conversion[J]. Neurocomputing, 2014, 123: 390-397.

[7] Cabodi G, Nocco S, Quer S. Interpolation Sequences Revisited [C]. Processing's of the Design, Automation & Test in Europe Conference & Exhibition (DATE), Grenoble, France, 2011: 1-6.

[8] Barjatya A. Block Matching Algorithms for Motion Estimation[J]. IEEE Transactions on Evolution Computation, 2004, 8(3): 225-239.

[9] Nie Y, Ma K K. Adaptive Rood Pattern Search for Fast Block-Matching Motion Estimation[J]. IEEE Transactions on Image Processing, 2002, 11(12): 1442-1449.

[10] Tamgade S N, Bora V R. Motion Vector Estimation of Video Image by Pyramidal Implementation of Lucas Kanade Optical Flow [C]. Proceedings of the Second International Conference on Emerging Trends in Engineering and Technology (ICETET), Nagpur, Maharashtra, India. 2009: 914-917.

[11] Sun D, Roth S, Black M J. Secrets of Optical Flow Estimation and Their Principles. Proceedings ofthe 2010 IEEE Conference on Computer Vision and Pattern Recognition (CVPR), San Francisco, USA. 2010: 2432-2439.

[12] Stich T, Linz C, Wallraven C, et al. Perception-Motivated Interpolation of Image Sequences[J]. ACM Transactions on Applied Perception, 2011, 8(2): 1-25.

[13] Zhang Y, Wang H, Zhao D. Up-Sampling Oriented Frame Rate Reduction[J]. Signal Processing: Image Communication, 2013, 28(3): 254-266.

[14] Yin H, Chai Y, Yang S X, et al. Fast-Moving Target Tracking Based on Mean Shift and Frame-Difference Methods[J]. Journal of Systems Engineering and Electronics, 2011, 22(4): 587-592.

[15] Favorskaya M, Pyankov D, Popov A. Motion Estimations Based on Invariant Moments for Frames Interpolation in Stereovision[J]. Procedia Computer Science, 2013, 22: 1102-1111.

[16] Javier Traver V, Bernardino A. A Review of Log-Polar Imaging for Visual Perception in Robotics[J]. Robotics and Autonomous Systems, 2010, 58(4): 378-398.

[17] Ambai M, Yoshida Y. CARD: Compact and Real-Time Descriptors [C]. Proceedings of the 13th IEEE Conference on Computer Vision (ICCV), Barcelona, Spain. 2011: 97-104.

[18] Brun E, Guittet A, Gibou F. A Local Level-Set Method Using a Hash Table Data Structure[J]. Journal of Computational Physics, 2012, 231(6): 2528-2536.

[19] Korman S, Avidan S. Coherency Sensitive Hashing [C]. Proceedings of the 13th IEEE Conference on Computer Vision (ICCV), Barcelona, Spain. 2011: 1607-1614.

第5章 基于分区插值的感知驱动
运动图像缩放方法研究

5.1 引　言

图像缩放技术是插值的进一步延伸,它将运动图像进行任意尺寸地缩放,并显示到不同分辨率的目标屏幕上。基于内容感知的图像缩放技术是缩放领域新的研究热点。

基于线裁剪的缩放方法是通过连续删除或插入裁剪线(Seam)实现图像的缩放[1]。雕刻线[2](Seam Carving)方法被提出,它被认为是最早的图像缩放方法。该方法首先根据图像的梯度、亮度等信息来衡量每个像素的重要性,然后用动态规划方法寻找最优的雕刻线的位置。此后,研究人员提出了很多改进算法。本章参考文献[3]考虑由于删除像素而使非相邻像素点成为新相邻像素点时产生了能量的因素,采用图分割算法在像素体中寻找切割能量最小的二维面。本章参考文献[4]提出在视频空间和时间上抽取非连续的雕刻线的方法,消除了本章参考文献[3]中雕刻线八联通的限制,并用像素之间的梯度变化量代替了原来的亮度变化量,产生了很好的视觉效果。本章参考文献[5]提出一种基于区域匹配的时空能量调整方案,使得每帧的雕刻线都移除掉合适的像素来保证缩放视频的时空连续性。本章参考文献[6]将雕刻线方法扩展到立体图像,同时考虑梯度强度和视觉融合区域来确保重要对象不发生变形。本章参考文献[7]为一组连续视频帧设置共同的雕刻线,有效地减轻了视频的颤动性。基于线裁剪的缩放方法具有像素级离散操作的特点,然而这种方法并不适用于所有图像,在某些情形下不能保护图像中的重要物体,容易产生图像的失真现象。

基于变形的缩放方法是将缩放问题转化为求解一个带约束条件的全局最优化问题。本章参考文献[8]提出一种基于四边形网格化的缩放和延展算法。该算法通过结合图像梯度图和视觉显著性图计算图像内容的形变量,采用迭代方法计算每个局部区域的最优缩放因子,将形变向图像中的各个方向扩散。本章参考文献[9]提出句柄(Handle)的定义来描述图像的局部区域和边缘区域,采用计算所有 Handle 的二次变形能量权重的最小值来得到缩放结果。本章参考文献[10]对本章参考文献[9]进行改进,提出基于混合能量的优化函数来消除重要内容的扭曲现象,这种方法适合主体纹理复杂、背景纹理简单、主体与背景对比鲜明的图像。本章参考文献[11]提出了一种拉伸感知的块变形方法。

本章参考文献[12]采用动态变形映射将图像内容失真与网格优化过程进行结合,实现图像自适应。本章参考文献[13]提出一种基于对象重要性估计的对象保护变形方案来避免缩放中的对象变形。这类缩放方法的优点是在一定程度上保持了图像或视频内容的主要特征,缺点是不太适合实时处理,当网格退化为一个点或一条线时会产生图像内容的不连续现象。

基于多操作的缩放方法的基本思想是通过结合一般缩放、剪切等操作,设计出一种好的度量方法来确定各个操作的顺序及数量,从而实现对图像的有效缩放。本章参考文献[14]基于用户满意度调查,发现一般情况下多操作的缩放结果高于单一操作结果。在此基础上提出一种结合雕刻线、均匀缩放和裁剪的多操作缩放方法。该方法将缩放空间定义为一个多维空间,将每条路径定义为融合多种方法的操作序列,并使用基于动态时间变形的图像相似度度量方法计算最优规则路径。本章参考文献[15]提出先用缝隙抽取,后用均匀缩放的操作。本章参考文献[16]定义了基于运动信息的视频内容时间持续性和时间一致性约束,结合裁剪和变形的方法实现了视频的重定位。

本章参考文献[17]提出一种新颖的多操作图像适应方法,引入累积能量雕刻线操作符(Accumulated Energy Seam Carving,ACESC)来加强全局结构保护,避免挤压或者拉伸效果。本章参考文献[18]结合最优化剪切和变形操作,设计了具有线性不等约束的逐点二次能量函数来度量原始位置和变形位置之间的距离,用于评估缩放图像。本章参考文献[19]结合变形和归纳操作构建统一的交互视频重定位系统,并取得了很好的效果。本章参考文献[20]提出了采用图像能量和导向颜色描述符的消耗函数,并在此基础上联合雕刻线和剪切操作,实现了高效内容感知的图像缩放。总之,这类方法采用了多种缩放操作,并在对象变形、结构信息破坏、人工噪声、图像内容丢失等情况下对整体效果的影响程度进行权衡,取得了比较好的缩放效果。

基于剪切的缩放方法是在分析视频内容基础上进行合理的剪切操作,最早由 Liu 等提出[21],使用虚拟扫描技术模拟相机的水平扫描过程,同时采用虚拟剪切技术通过各种约束条件寻找最优窗口。本章参考文献[22]采用聚类算法计算活动窗口集合,并基于重要度图剪切该窗口到目标大小。但是得出的缩放结果会显得不自然。本章参考文献[23]通过基于艺术的剪切(Aesthetic-Based)产生最优化的重构坐标,得到的重构坐标被统一缩放来获取目标尺寸的重构图像。总之,基于剪切的缩放方法对于场景复杂的视频剪切效果不太理想。

另外,研究学者提出了一些新思路来解决图像缩放问题。本章参考文献[24]构建了流视频缩放系统(CVRIS),该系统首先采用半自动方法,将图像重要特征抽取和用户交互式的定义相结合,获取图像重要区域,然后利用二维椭圆形加权平均融合方法减轻视频结果中的时间不连续性现象,从而得到了高质量的视频缩放结果。缺点是对于存在运动对象的视频处理效果不太好。本章参考文献[25]将内容感知的缩放操作扩展到频域中,并提出了比 CVRIS 复杂度低的缩放算法。本章参考文献[26]将缩放问题转换为非线性优化问题,采用帧校正和基于网格的优化框架,实现了视频时空的一致性。本章参考文献[27]将缩放问题转换为图论问题。本章参考文献[28]通过全局最优化问题的求解,完成视频缩放的扩展性和一致性。本章参考文献[29]提出了一种基于最优化图像距离方法实现了内容感知的图像缩放。本章参考文献[30]构架了一个具有领域加强的时空网格优化的视频适应混合框架。以上这些方法实现了比较好的缩放效果[31]。

5.2　基于分区插值的感知驱动运动图像缩放算法的提出

针对已有的图像缩放方法不能对运动图像的重点关注区域进行尺度变换的缺陷,提出感知驱动运动图像缩放(IPDR)算法,在确保全局视觉效果的基础上,提高了运动图像关注区域的清晰度。提出的分区插值方法对运动图像的不同区域采用不同的插值策略;提出的基于雕刻线切割关注区域能量保护方法移除具有低能量的雕刻线,提升了缩放过程中的运动图像目标清晰度,最终得到不同分辨率下的高质量缩放图像。

5.2.1　IPDR 算法研究动机

运动图像有时需要频繁地显示在具有不同尺寸的显示设备上。因此,需要提出一种缩放算法来高质量地展示不同分辨率的运动图像序列。常用的缩放方法包括一般缩放法(IR)和最佳剪切法(IC)等。IR 算法使用相同的比例来缩放图像,容易导致描述对象出现明显的变形。IC 算法可以产生更为清晰的图像,但是容易丢失图像的背景信息。为了克服以上方法的缺点,人们提出了基于线裁剪的缩放方法,这种方法通过移除或者复制雕刻线来缩放图像,例如改进的雕刻线算法[32](ISC 算法),取得了很好的缩放效果。然而以上几种方法都没有从用户的视角进行运动图像缩放,影响用户观看的视觉体验。因此,本章提出一种新颖的感知驱动运动图像缩放算法 IPDR,其目的是在确保全局视觉缩放效果的基础上强调运动目标。

为了完成这个目的,需要解决两个问题:一是从用户的角度进行运动目标区域的确定;二是在缩放的过程中提高运动目标区域的清晰度。对于第一个问题,采用运动图像序列跨尺度描述算法来解决;对于第二个问题,提出基于雕刻线切割的区域能量保护方法来完成图像缩放任务,最终得到高质量的缩放运动图像序列。

5.2.2　IPDR 算法描述

令 $DI[1,m]=\langle DI_t\rangle_{t=1}^m$ 为运动图像序列 DI,DI 定义在三维空间 O 上,O 被划分为关注区域 O_{ar} 和一般区域 O_{gr},并满足下式:

$$O=O_{ar}\bigcup O_{gr},O_{ar}\bigcap O_{gr}=\phi \tag{5-1}$$

则 DI 被分解为 $DI_t^O=(DI_t^{O_{ar}},DI_t^{O_{gr}})$。提出的 IPDR 算法是将 DI_t^O 从原尺寸 $H_{initial}\times W_{initial}$ 放大到目标尺寸 $H_{new}\times W_{new}$,同时满足 $H_{new}>H_{initial}$ 和 $W_{new}>W_{initial}$。IPDR 的算法框架如图 5-1 所示。

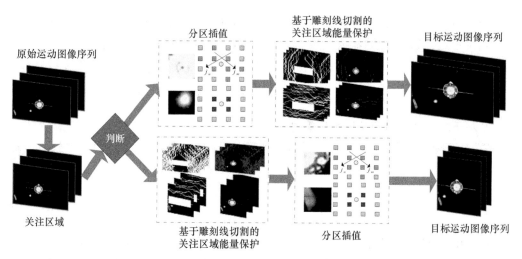

图 5-1　IPDR 算法框架图

根据运动图像序列跨尺度描述方法,输入原始运动图像 DI_t^O,计算运动图像的关注区域,

获取 $DI_t^{O_{ar}}$。分为两种情况进行处理。

情况一:如果$(H_{initial}-W_{initial})(H_{new}-W_{new})>0$,则构建分区插值来描述人眼的视觉感知效果,得到具有缩放尺度为 2^r 的插值图像 IDI_t^O,其中 r 的计算公式如下:

$$r=\min[s_H,s_W],s_H=\lfloor H_{new}/H_{initial}\rfloor,s_W=\lfloor W_{new}/W_{initial}\rfloor \tag{5-2}$$

在此基础上,提出基于雕刻线切割的关注区域能量保护方法,得到目标尺寸为 $H_{new}\times W_{new}$ 的运动图像序列。

情况二:如果$(H_{initial}-W_{initial})(H_{new}-W_{new})\leqslant0$,则首先采用基于雕刻线切割的关注区域能量保护方法,去除相对不重要的切割线,再实施分区插值,从而得到目标运动图像序列。

1. 分区插值

对于 DI_t^O 中的关注区域和一般区域分别采用不同的插值策略。对于 $DI_t^{O_{ar}}$,计算插值像素 $AP(2x_a+1,2y_a+1)$,即:

$$AP(2x_a+1,2y_a+1)$$

$$=\begin{cases} \frac{1}{2}(AP(2x_a,2y_a)+AP(2x_a+2,2y_a+2)),当 j_m(2x_a+1,2y_a+1)<j_n(2x_a+1,2y_a+1) \\ \frac{1}{2}(AP(2x_a+2,2y_a)+AP(2x_a,2y_a+2)),其他 \end{cases} \tag{5-3}$$

其中 $x_a\in O_{ar},y_a\in O_{ar}$,判断函数 $j_m(2x_a+1,2y_a+1)$ 和 $j_n(2x_a+1,2y_a+1)$ 的计算如式:

$$j_m(2x_a+1,2y_a+1)=Q_1-3Q_2+Q_3$$
$$j_n(2x_a+1,2y_a+1)=-3Q_1+Q_2+Q_4 \tag{5-4}$$

其中 $Q_i(i=1,2,3,4)$ 的计算如式:

$$Q_1=AP(2x_a,2y_a)+AP(2x_a+2,2y_a+2)$$
$$Q_2=AP(2x_a,2y_a+2)+AP(2x_a+2,2y_a)$$
$$Q_3=AP(2x_a+4,2y_a)+AP(2x_a+2,2y_a-2)+AP(2x_a,2y_a+4)+AP(2x_a-2,2y_a+2)$$
$$Q_4=AP(2x_a+4,2y_a+2)+AP(2x_a+2,2y_a+4)+AP(2x_a,2y_a-2)+AP(2x_a-2,2y_a)$$
$$\tag{5-5}$$

根据关注区域中的曲率连续能量、曲率加强能量和曲率平滑能量的计算,对 $AP(2x_a+1,2y_a+1)$ 进行迭代修改,提高插值区域的平滑性,实现关注区域中未知像素的预测。

对于 $DI_t^{O_{gr}}$,使用 ν 个相邻像素来快速得到插值像素 $GP(2x_g+1,2y_g+1)$,$GP(2x_g+1,2y_g+1)=\sum_{i=1}^{\nu}GP_i/\nu$,其中 $x_g\in O_{gr},y_g\in O_{gr}$,$GP_i$ 表示第 i 个相邻像素,设置 $\nu=4$。

2. 基于雕刻线切割的关注区域能量保护

首先定义水平雕刻线和垂直雕刻线,水平雕刻线 $h_{DI_t}^y$ 是 IDI_t^O 或 DI_t^O 中从左到右能量值最小像素点的八联通路径,即:

$$h_{DI_t}^y=\{h_\mu^y\}_{\mu=1}^{H'}=\{\mu_{DI_t},y_{DI_t}(\mu)\}_{\mu=1}^{H'}$$
$$s.t. \ \forall\mu,|y_{DI_t}(\mu)-y_{DI_t}(\mu-1)|\leqslant1 \tag{5-6}$$

对于 IDI_t^O,$H'=2^rH_{initial}$;对于 DI_t^O,$H'=H_{initial}$。

垂直雕刻线 $v_{DI_t}^x$ 是 IDI_t^O 或 DI_t^O 中从上到下能量值最小的像素点的八联通路径,即:

$$v_{DI_t}^x=\{v_\phi^x\}_{\phi=1}^{W'}=\{(x_{DI_t}(\phi),\phi_{DI_t})\}_{\phi=1}^{W'}$$
$$s.t. \ \forall\phi,|x_{DI_t}(\phi)-x_{DI_t}(\phi-1)|\leqslant1 \tag{5-7}$$

对于 IDI_t^o，$W'=2^r W_{\mathrm{initial}}$；对于 DI_t^o，$W'=W_{\mathrm{initial}}$。

在此基础上，计算雕刻线能量函数 $e_{\mathrm{HoG}}(\cdot)$，用于保护关注区域中的像素，计算公式如下：

$$e_{\mathrm{HoG}}(\mathrm{AR})=\begin{cases}\max(H(\mathrm{AR}(x,y))),\ \text{当}(\zeta_l\leqslant x\leqslant\zeta_r)\text{and}(\zeta_b\leqslant y\leqslant\zeta_t)\\[2mm]\dfrac{\left|\dfrac{\partial}{\partial x}\mathrm{AR}\right|+\left|\dfrac{\partial}{\partial y}\mathrm{AR}\right|}{\max(H(\mathrm{AR}(x,y)))},\ \text{其他}\end{cases}\tag{5-8}$$

式(5-8)中，AR 表示关注区域，$H(\mathrm{AR}(x,y))$ 表示 AR 的定向梯度直方图，ζ_l、ζ_r、ζ_b 和 ζ_t 分别为 AR 的四个边界值。

对于第一种情况，AR 为 IDI_t^o，其四个边界值为：

$$\zeta_l=2^r\times\text{left},\ \zeta_r=2^r\times\text{right},\ \zeta_b=2^r\times\text{bottom},\ \zeta_t=2^r\times\text{top}\tag{5-9}$$

其中 left、right、bottom 和 top 分别为 $DI_t^{o_{ar}}$ 的边界值。通过这种能量保护计算方法，在插值图像 IDI_t^o 的一般区域中移除具有低能量像素的 $(H_{\mathrm{new}}-2^r H_{\mathrm{initial}})$ 个水平雕刻线和 $(W_{\mathrm{new}}-2^r W_{\mathrm{initial}})$ 个垂直雕刻线。

对于第二种情况，AR 为 DI_t^o，其边界值分别为 $DI_t^{o_{ar}}$ 的对应边界值。根据式(5-8)，在 DI_t^o 的一般区域中移除 $(H_{\mathrm{initial}}-H_{\mathrm{new}}/2^r)$ 个水平雕刻线和 $(W_{\mathrm{initial}}-W_{\mathrm{new}}/2^r)$ 个垂直雕刻线，剪切后的 DI_t^o 再通过分区插值得到目标图像。

图 5-2 和图 5-3 展示了"探测器"序列第 97 帧的垂直雕刻线和水平雕刻线移除算法效果。其中图 5-2(a)和图 5-2(c)分别展示了插值图像的能量计算图，重点区域能量用白色显示；图 5-2(b)和图 5-2(d)分别用曲线显示了删的垂直雕刻线和水平雕刻线。可以看出，删除的雕刻线都在空间运动目标区域之外，说明提出的基于雕刻线切割的关注区域能量保护方法在缩放的过程中很好地保护了运动目标。感知驱动运动图像缩放计算过程如表 5-1 所示。

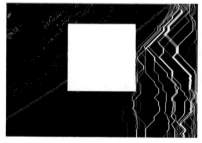 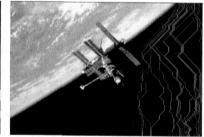

(a) 垂直雕刻线能量图　　　　　　(b) 垂直雕刻线展示

图 5-2　IPDR 算法中的垂直雕刻线删除

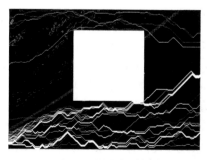 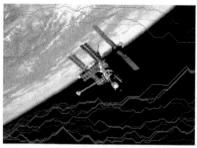

(a) 水平雕刻线能量图　　　　　　(b) 水平雕刻线展示

图 5-3　IPDR 算法中的水平雕刻线删除

表 5-1　基于分区插值的感知驱动运动图像缩放计算过程

算法:基于分区插值的感知驱动运动图像缩放算法(IPDR)

输入:运动图像序列 DI,原始尺寸 $W_{initial} \times H_{initial}$,目标尺寸 $W_{new} \times H_{new}$

输出:新运动图像序列 TDI

(1) 读取 DI 的长度 len;

(2) 按照式(5-2)计算 r;

(3) 读取 DI 第一帧,设为当前帧 DI_1;

(4) 读取 DI 下一帧 DI_2,计算关注区域 DI_1^{Oar},并记录边界值;

(5) IF$(H_{initial} - W_{initial})(H_{new} - W_{new}) > 0$

　　按照式(5-3)~式(5-5),计算关注区域内的插值像素值;

　　采用相邻平均法,计算一般区域内的插值像素值;

　　区域合并,得到插值图像 IDI_1^O;

　　$IDI_1^O \rightarrow AR$,并按照式(5-9)计算 AR 边界值;

　　按照式(5-8)计算 IDI_1^O 中雕刻线能量值;

　　删除具有低能量的水平雕刻线和垂直雕刻线,得到缩放帧 TDI_1;

　　ELSE

　　　　$DI_2 \rightarrow AR$,并计算 AR 边界值;

　　　　按照式(5-8)计算当前帧的雕刻线能量值;

　　　　删除具有低能量的水平雕刻线和垂直雕刻线;

　　　　按照分区插值策略,得到缩放帧 TDI_1;

　　END IF

(6) $DI_2 \rightarrow DI_1$,重复步骤(3)~步骤(5),直到当前帧为(len-1);

(7) 合并所有缩放帧,输出新的图像序列 TDI。

5.3　IPDR 算法实验结果与分析

本节将提出的 IPDR 算法与 IR 算法、IC 算法和 ISC 算法进行运动图像序列缩放结果进行比较。用于实验的运动图像序列包括"探测器""航天器对接""发射基地"和"航天器飞行"等序列和"Walk with dog"和"Bend"等标准图像序列。

5.3.1　运动图像缩放结果对比实验

图 5-4 展示了运动图像序列"探测器"不同算法缩放结果的视觉效果比较。图 5-4(a)展示了分辨率为 352×240 的原始帧,帧号分别是 1、21、41、61、81、101、121、141 和 161。图 5-4(b)、图 5-4(c)、图 5-4(e)和图 5-4(f)分别展示了采用 IR 算法、IC 算法、IPDR 算法和 ISC 算法得到的分辨率为 $1\,348 \times 900$ 的缩放结果。图 5-4(d)展示了使用 IPDR 算法的第一帧的中间过程图,从上至下分别显示了关注域、删除的垂直雕刻线图和删除的水平雕刻线图。可以看出,IR 算法将探测器和空间背景同比例进行放大,致使探测器细节没有完全显示,如图 5-4(b)所示。IC 算法造成了探测器的部分信息丢失,如图 5-4(c)所示。ISC 算法展示了发生变形的探测器,如图 5-4(f)所示。IPDR 算法采用基于雕刻线切割的关注区域能量保护方法,所以在保证整体缩放结果的前提下,更加强了运动目标,如图 5-4(e)所示。

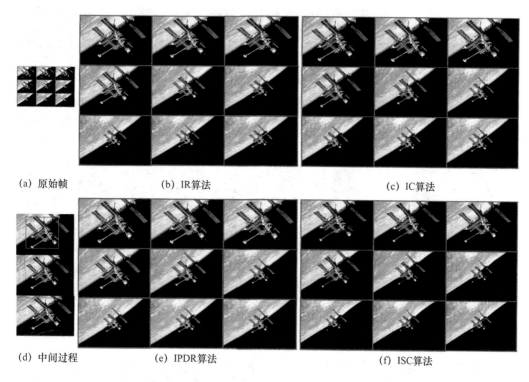

図 5-4　探测器序列不同算法缩放结果视觉效果对比图

図 5-5 展示了采用四种算法得到的运动图像序列"探测器"第 81 帧的缩放结果细节比较。可以更加清晰地看出，图 5-5(d)相比于图 5-5(a)～图 5-5(c)，展示了更加清晰的探测器边缘，说明相比于 IR 算法、IC 算法和 ISC 算法，IPDR 算法能使运动目标细节质量得到较大程度的提高。

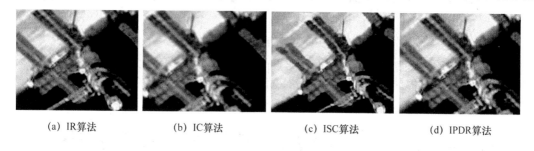

図 5-5　探测器序列第 81 帧不同算法缩放结果细节对比图

图 5-6 展示了运动图像序列"航天器对接"采用四种算法得到的缩放结果的视觉效果比较。图 5-6(a)展示了分辨率为 352×240 的原始帧，帧号分别为 137、145、153、161、169、177、185、193 和 201。这些原始帧可以比较全面地反映不同缩放算法对于整个运动序列的缩放效果。图 5-6(b)、图 5-6(c)、图 5-6(e)和图 5-6(f)分别展示了采用 IR 算法、IC 算法、IPDR 算法和 ISC 算法得到的分辨率为 600×440 的缩放结果。可以看出，IR 算法不能强调对接动作，IC 算法丢失了对接航天器上部分区域，ISC 算法造成了航天器整体变小，而 IPDR 算法很好地描绘了航天器的对接动作。

图 5-7 展示了运动图像序列"航天器对接"第 169 帧缩放结果的细节比较图。可以看出，图 5-7(d)相比于图 5-7(a)～图 5-7(c)，航天器纹理更加清晰，边缘更加锐化，说明 IPDR 算法通过分区插值策略的实施得到了细节效果更加细腻的运动图像。

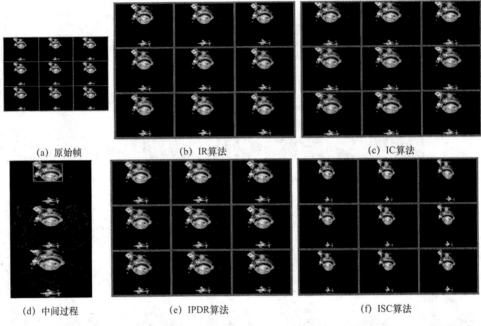

图 5-6　航天器对接序列不同算法缩放结果视觉效果对比图

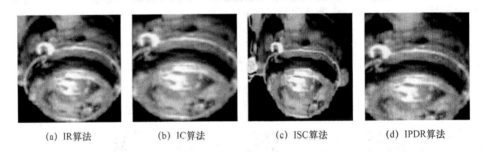

(a) IR算法　　　　(b) IC算法　　　　(c) ISC算法　　　　(d) IPDR算法

图 5-7　航天器对接序列第 169 帧不同算法缩放结果细节对比图

　　图 5-8 展示了运动图像序列"发射基地"四种算法缩放结果的视觉效果。图 5-8(a)展示了分辨率为 320×145 的原始帧,分别为第 131 帧、第 138 帧、第 147 帧、第 151 帧、第 174 帧、第 179 帧、第 189 帧、第 203 帧和第 208 帧。根据图 5-8(b)~图 5-8(f)中不同算法得到的分辨率为500×

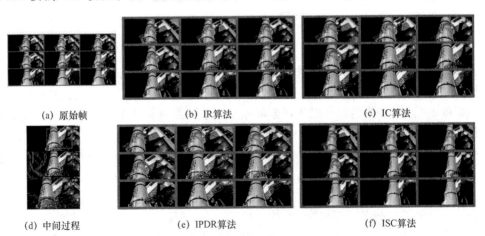

图 5-8　发射基地序列不同算法缩放结果视觉效果对比图

230 的缩放结果,可知 IPDR 算法在背景相对复杂的情况下也取得了很好的缩放效果。

图 5-9 展示了"发射基地"第 147 帧的四种算法的缩放结果的细节比较。可以看出,图 5-9(d)相比于图 5-9(a)～图 5-9(c),缩放后的文字更加清晰,说明 IPDR 算法相比于 IR 算法、IC 算法和 ISC 算法能够进一步提高文字细节的清晰度。

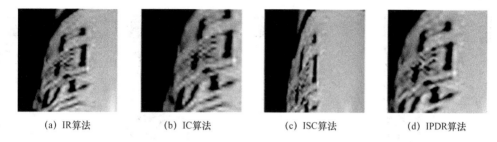

(a) IR算法　　　　　(b) IC算法　　　　　(c) ISC算法　　　　　(d) IPDR算法

图 5-9　发射基地序列第 147 帧不同算法缩放结果细节对比图

当目标尺寸的长宽比例发生显著变化时,图 5-10 展示了空间"航天器飞行"序列从原始分辨率 576×432 到目标分辨率 600×800 的缩放效果比较图。图 5-10(a)展示了航天器飞行的原始帧,分别为第 1 帧、第 21 帧、第 41 帧、第 61 帧、第 81 帧、第 101 帧、第 121 帧、第 141 帧和第 161帧。可以发现,使用 IR 算法航天器飞行的细节没有显示出来;使用 IC 算法只是部分展示了航天器;使用 ISC 算法缩小了航天器图像,而 IPDR 算法很好地展示了航天器飞行的动作。

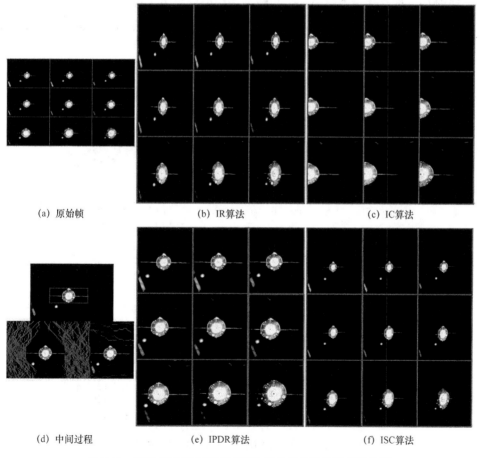

(a) 原始帧　　　　　　(b) IR算法　　　　　　(c) IC算法

(d) 中间过程　　　　　(e) IPDR算法　　　　　(f) ISC算法

图 5-10　航天器飞行序列不同算法缩放结果视觉效果对比图

图 5-11 展示了"航天器飞行"序列第 41 帧缩放结果的细节比较图。可以看出,提出的 IPDR 算法相比于 IR 算法、IC 算法和 ISC 算法,得到了最清晰的航天器细节。通过对以上运动图像序列缩放结果的分析,说明提出的 IPDR 算法在不同的缩放情况下都取得了更好的视觉缩放效果和更高的空间目标运动细节清晰度。

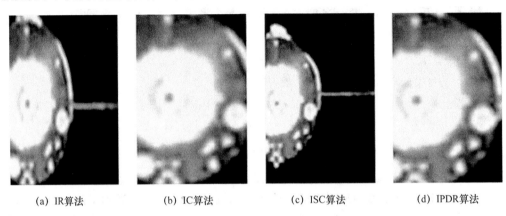

|(a) IR算法|(b) IC算法|(c) ISC算法|(d) IPDR算法|

图 5-11　航天器飞行序列第 41 帧不同算法缩放结果细节对比图

采用多种评价指标对图像序列缩放结果进行客观比较。图 5-12 展示了每个运动图像序列的前 80 帧的不同算法缩放结果的平均梯度指标值比较图。从中可以看出,代表 IPDR 算法的黑色曲线一直高于其他颜色曲线,说明 IPDR 算法相比其他对比算法得到的缩放图像层次最多,细节对比的表达能力最高,图像最为清晰。

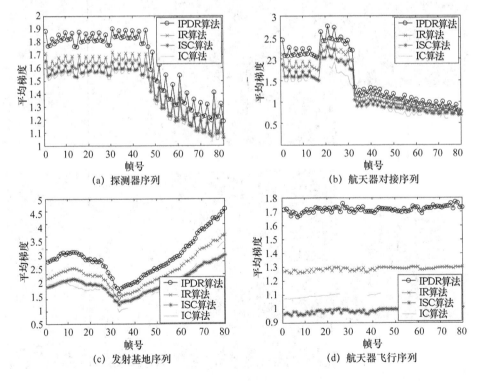

图 5-12　运动图像序列不同算法缩放结果平均梯度指标值

边缘强度是衡量图像轮廓清晰程度的重要指标,其值越大,图像轮廓描绘越清晰。图 5-13 展示了运动图像序列的前 80 帧的缩放结果的边缘强度指标值比较图。对于序列中的每一帧,代表 IPDR 算法的黑色曲线一直高于其他颜色曲线,说明 IPDR 算法相比 IR 算法、IC 算法和 ISC 算法,缩放结果的边缘变化的敏锐程度最高。

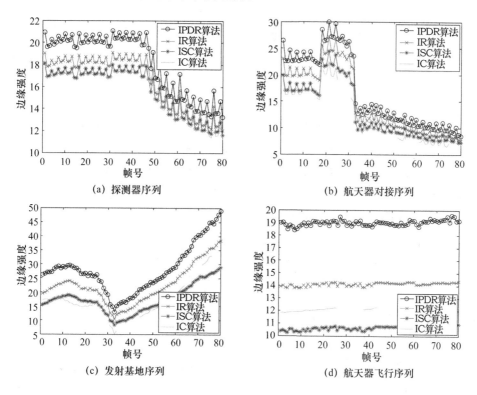

图 5-13 运动图像序列不同算法缩放结果边缘强度指标值

图像信息熵是衡量图像信息丰富程度的重要指标,其值越大,图像包含的信息量越大。图 5-14 展示了不同算法的前 80 帧的缩放结果的信息熵指标值比较图。可以看出,黑色曲线在其他曲线的上方,说明采用 IPDR 算法得到的缩放图像携带的信息量最大,从而更好地展示了缩放后图像的内容。

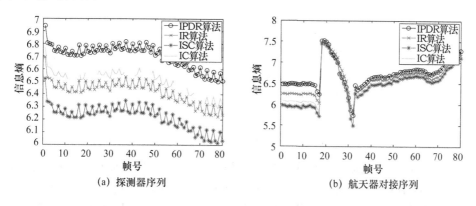

图 5-14 运动图像序列不同算法缩放结果信息熵指标值

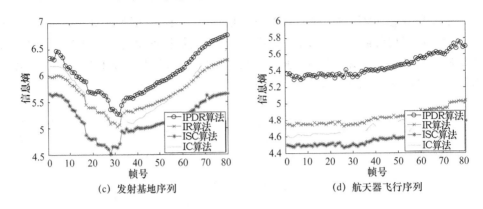

图 5-14 运动图像序列不同算法缩放结果信息熵指标值(续图)

图像的频率是表征图像中灰度变化剧烈程度的指标,功率谱体现频域特征,其值越大,图像清晰度越高。图 5-15 展示了不同算法的前 80 帧的缩放结果的功率谱指标值比较图。可以看出,对于空间序列中的每一帧,代表 IPDR 算法的黑色曲线一直高于其他颜色曲线,说明采用 IPDR 算法得到的缩放图像从频域角度也取得了最好的图像质量。

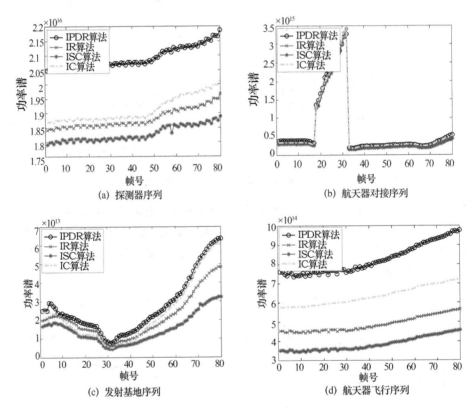

图 5-15 运动图像序列不同算法缩放结果功率谱指标值

使用 IC 算法会引起运动图像序列的缩放结果内容的缺失,所以将 IPDR 算法、IR 算法和 ISC 算法在缩放结果质量分数评价指标上进行了比较,如图 5-16 所示。可以看出对于所有的运动图像序列,代表 IPDR 算法的黑色曲线始终在其他曲线的上方,说明 IPDR 算法在图像序列整体质量评价方面也取得了最高的分数。

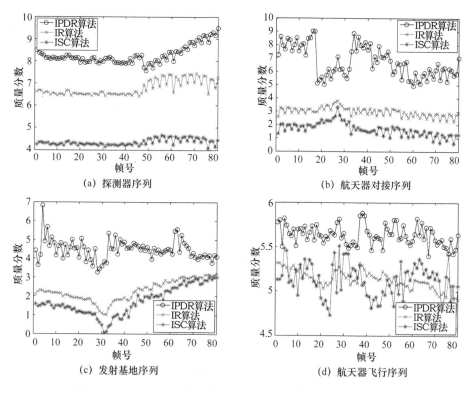

图 5-16　运动图像序列不同算法缩放结果质量分数指标值

表 5-2 总结了运动图像序列缩放结果的客观评价指标平均值。IPDR 算法相比于 IR 算法、IC 算法和 ISC 算法,平均梯度指标值分别提升 14%、24%和 19%;边缘强度指标值分别提升 10%、21%和 24%;信息熵指标值分别提升 5%、4%和 10%;功率谱指标值分别提升 18%、9%和 24%。

表 5-2　运动图像序列不同算法缩放结果客观评价指标平均值

序列名称	算法	平均梯度	边缘强度	信息熵	功率谱
探测器	IR	1.22	13.64	6.22	1.92×10^{16}
探测器	IC	1.13	12.54	6.26	1.93×10^{16}
探测器	ISC	1.19	13.01	5.99	1.84×10^{16}
探测器	IPDR	1.35	15.04	6.44	2.15×10^{16}
航天器对接	IR	1.52	16.72	6.08	3.95×10^{14}
航天器对接	IC	1.32	14.57	6.07	4.35×10^{14}
航天器对接	ISC	1.44	14.27	5.78	3.88×10^{14}
航天器对接	IPDR	1.75	17.62	6.32	4.44×10^{14}
发射基地	IR	3.67	38.75	6.42	6.56×10^{13}
发射基地	IC	3.08	33.10	6.54	7.89×10^{13}
发射基地	ISC	2.99	30.96	5.98	5.29×10^{13}
发射基地	IPDR	4.37	43.46	6.84	8.64×10^{13}
航天器飞行	IR	1.42	15.58	5.15	6.19×10^{14}

续表

序列名称	算法	平均梯度	边缘强度	信息熵	功率谱
航天器飞行	IC	1.22	13.51	5.17	7.01×10^{14}
航天器飞行	ISC	1.42	12.03	4.90	5.72×10^{14}
航天器飞行	IPDR	1.74	19.26	5.80	8.75×10^{14}

5.3.2 标准运动图像缩放结果对比实验

采用魏茨曼科学研究所（http://www.wisdom.weizmann.ac.il/~vision/SpaceTimeActions.html）的"Walk with dog"和"Bend"序列作为标准运动图像序列对不同算法的缩放结果进行对比实验。图 5-17 为"Walk with dog"序列从 180×144 缩放至 200×288 视觉效果。图 5-17(a)~图 5-17(d)分别展示了采用 IR 算法、IC 算法、ISC 算法和 IPDR 算法得到的缩放结果。可以看出,IR 算法将人和绿荫背景同比例进行放大,致使行人的细节没有完全显示,IC 算法造成了人行走部分信息丢失,ISC 算法展示了发生变形的人,IPDR 算法采用基于雕刻线切割的关注区域能量保护方法,在保证整体缩放结果的前提下,更加强调了运动中的人。表 5-3 为图 5-17 中不同算法缩放结果的客观标准评价,包括平均梯度指标、边缘强度指标、信息熵指标和功率谱指标。

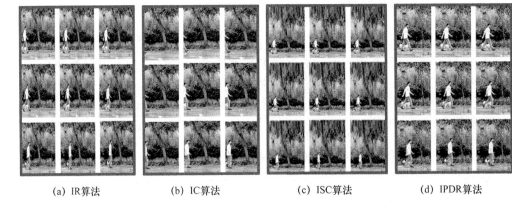

(a) IR算法　　　　(b) IC算法　　　　(c) ISC算法　　　　(d) IPDR算法

图 5-17　Walk with dog 序列不同算法缩放结果视觉效果对比

表 5-3　Walk with dog 序列不同算法缩放结果客观评价指标平均值

评价指标	IR 算法	IC 算法	ISC 算法	IPDR 算法
平均梯度	10.98	8.60	9.82	11.63
边缘强度	107.85	88.33	97.49	116.61
信息熵	14.20	11.66	13.58	14.39
功率谱	5.37×10^{13}	5.06×10^{13}	5.07×10^{13}	5.80×10^{13}

图 5-18 为"Bend"序列从 180×144 缩放至 220×277 的视觉缩放效果,表 5-4 为图 5-18 中不同算法结果的客观标准评价。可以看出,IPDR 算法既保证了运动图像序列的整体缩放效果,同时又提高了运动目标的清晰度。此外,相比于 IR 算法、IC 算法和 ISC 算法,IPDR 算法的缩放结果取得了更高的客观评价指标值。

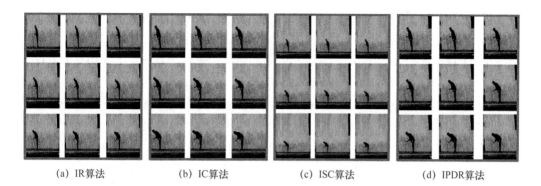

(a) IR算法　　　　　(b) IC算法　　　　　(c) ISC算法　　　　　(d) IPDR算法

图 5-18　Bend 序列不同算法缩放结果视觉效果对比

表 5-4　Bend 序列不同算法缩放结果客观评价指标平均值

评价指标	IR 算法	IC 算法	ISC 算法	IPDR 算法
平均梯度	3.68	3.07	3.39	4.05
边缘强度	37.99	32.22	33.98	42.17
信息熵	4.65	3.39	4.51	4.89
功率谱	6.42×10^{13}	6.32×10^{13}	6.81×10^{13}	7.34×10^{13}

IPDR 算法复杂度为 $O(\text{len} \times H_{\text{initial}} \times W_{\text{initial}})$，其中 len 为运动图像序列的帧数，$H_{\text{initial}} \times W_{\text{initial}}$ 为原始帧的分辨率。实验结果表明，从缩放的视觉效果和客观评价指标值来看，提出的 IPDR 算法在确保运动图像序列整体缩放效果的前提下，提高了关注区域的图像质量。对于全部的运动图像序列，IPDR 算法相比于 IR 算法、IC 算法和 ISC 算法，平均梯度指标值分别提升 9％、24％和 16％，边缘强度指标值分别提升 8％、22％和 19％，信息熵指标值分别提升 3％、17％和 7％，功率谱指标值分别提升 12％、11％和 13％。

5.4　本章小结

本章研究运动图像缩放方法，提出了基于分区插值的感知驱动空间运动图像缩放（IPDR）算法。提出了分区插值策略，对于运动图像的不同区域采用不同的插值方法，即对于一般区域直接采用相邻像素插值未知像素，而对于关注区域，采用基于曲率的迭代方法计算曲率连续项、曲率加强项和曲率平滑项，精确计算未知像素的值。提出了基于雕刻线切割的关注区域能量保护方法，移除具有低能量的雕刻线，实现缩放过程中的运动图像目标的清晰度提升，得到高质量的缩放结果。实验结果表明，IPDR 算法在确保运动图像序列整体缩放效果的前提下，提高了关注区域的图像质量。

参 考 文 献

[1]　Dekkers E, Kobbelt L. Geometry Seam Carving[J]. Computer-Aided Design, 2014，46：120-128.

[2] Avidan S, Shamir A. Seam Carving for Content-Aware Image Resizing[J]. ACM Transactions on Graphics, 2007, 26(3): Article 10.

[3] Rubinstein M, Shamir A, Avidan S. Improved Seam Carving for Video Retargeting [J]. ACM Transactions on Graphics, 2008, 27(3): Article 10.

[4] Grundmann M, Kwatra V, Han M, et al. Discontinuous Seam-Carving for Video Retargeting [C]. Proceedings of the 2010 IEEE Conference on Computer Vision and Pattern Recognition (CVPR), San Francisco, USA. 2010: 569-576.

[5] Yan B, Sun K, Liu L. Matching-Area-Based Seam Carving for Video Retargeting[J]. IEEE Transactions on Circuits and Systems for Video Technology, 2013, 23(2): 313-321.

[6] Yue B, Hou C, Zhou Y. Improved Seam Carving for Stereo Image Resizing [J]. EURASIP Journal on Wireless Communications and Networking, 2013, 2013(1): 1-6.

[7] Nguyen H T, Won C S. Video Retargeting Based on Group of Frames[J]. Journal of Electronic Imaging, 2013, 22(2): Article 023023.

[8] Wang Y S, Tai C L, Sorkine O, et al. Optimized Scale-and-Stretch for Image Resizing [J]. ACM Transactions on Graphics, 2008, 27(5): Article 118.

[9] Zhang G X, Cheng M M, Hu S M, et al. A Shape-Preserving Approach to Image Resizing[J]. Computer Graphics Forum, 2009, 28(7): 1897-1906.

[10] 雷励星. 基于混合能量的内容敏感图像缩放新方法[J]. 计算机学报, 2010, 33(10): 2015-2021.

[11] Du H, Liu Z, Jiang J, et al. Stretchability-Aware Block Scaling for Image Retargeting[J]. Journal of Visual Communication and Image Representation, 2013, 24(4): 499-508.

[12] Zhang X, Hu Y, Rajan D. Dynamic Distortion Maps for Image Retargeting[J]. Journal of Visual Communication and Image Representation, 2013, 24(1): 81-92.

[13] Lin S, Lin C, Yeh I, et al. Content-Aware Video Retargeting Using Object-Preserving Warping [J]. IEEE Transactions on Visualization and Computer Graphics, 2013, 19(10): 1677-1686.

[14] Rubinstein M, Shamir A, Avidan S. Multi-Operator Media Retargeting[J]. ACM Transactions on Graphics, 2009, 28(3): Article 23.

[15] Dong W, Zhou N, Paul J C, et al. Optimized Image Resizing Using Seam Carving and Scaling[J]. ACM Transactions on Graphics, 2009, 28(5): Article 125.

[16] Wang Y S, Lin H C, Sorkine O, et al. Motion-Based Video Retargeting with Optimized Crop-and-Warp[J]. ACM Transactions on Graphics, 2010, 29(4): Article 90.

[17] Luo S, Zhang J, Zhang Q, et al. Multi-Operator Image Retargeting With Automatic Integration of Direct and Indirect Seam Carving[J]. Image and Vision Computing, 2012, 30(9): 655-667.

[18] Jin Y, Wu Q, Liu L. Aesthetic Photo Composition by Optimal Crop-and-Warp[J]. Computers & Graphics, 2012, 36(8): 955-965.

[19] Nie Y, Zhang Q, Wang R, et al. Video Retargeting Combining Warping and Summarizing Optimization[J]. Visual Computer, 2013, 29(6-8): 785-794.

[20] Dong W M, Bao G B, Zhang X P, et al. Fast Multi-Operator Image Resizing and Evaluation [J]. Journal of Computer Science and Technology, 2012, 27(1): 121-134.

[21] Liu F, Gleicher M. Video Retargeting: Automating Pan and Scan [C]. Proceedings of the 14th Annual ACM International Conference on Multimedia, Santa Barbara, CA, USA. 2006: 241-250.

[22] Tao C, Jia J, Sun H. Active Window Oriented Dynamic Video Retargeting [C]. Proceedings of ICCV Workshop on Dymanical Vision, Rio de Janeiro, Brazil. 2007: 1-11.

[23] Liang Y, Su Z, Wang C, et al. Optimised Image Retargeting Using Aesthetic-Based Cropping and Scaling[J]. Image Processing, 2013, 7(1): 61-69.

[24] Krähenbühl P, Lang M, Hornung A, et al. A System for Retargeting of Streaming Video[J]. ACM Transactions on Graphics, 2009, 28(5): Article 126.

[25] Kim J S, Jeong S G, Joo Y, et al. Content-Aware Image and Video Resizing Based on Frequency Domain Analysis[J]. IEEE Transactions on Consumer Electronics, 2011, 57(2): 615-622.

[26] Wang Y S, Fu H, Sorkine O, et al. Motion-Aware Temporal Coherence for Video Resizing[J]. ACM Transactions on Graphics, 2009, 28(5): Article 127.

[27] Han D, Wu X, Sonka M. Optimal Multiple Surfaces Searching for Video/Image Resizing-A Graph-Theoretic Approach [C]. Proceedings of IEEE 12th International Conference on Computer Vision (ICCV), Kyoto, Japan, 2009: 1026-1033.

[28] Wang Y S, Hsiao J H, Sorkine O, et al. Scalable and Coherent Video Resizing with Per-Frame Optimization [J]. ACM Transactions on Graphics, 2011, 30 (4): Article 4.

[29] Liang Y, Su Z, Luo X. Patchwise Scaling Method for Content-Aware Image Resizing [J]. Signal Processing, 2012, 92(5): 1243-1257.

[30] Wang J, Xu M, He X, et al. A Hybrid Domain Enhanced Framework for Video Retargeting with Spatial-Temporal Importance and 3D Grid Optimization[J]. Signal Processing, 2014, 94:33-47.

[31] Ma L, Lin W, Deng C, et al. Image Retargeting Quality Assessment: A Study of Subjective Scores and Objective Metrics[J]. IEEE Journal of Selected Topics in Signal Processing, 2012, 6(6): 626-639.

[32] Conge D D, Kumar M, Miller R L, et al. Improved Seam Carving for Image Resizing [C]. In Proceedings of 2010 IEEE Workshop on Signal Processing Systems (SIPS), San Francisco, USA, 2010: 345-349.

第6章 跨尺度自适应运动图像去噪研究

6.1 引　言

目前在图像去噪研究领域中,基于多尺度分析的变换域方法能够取得较为理想的效果[1,2]。Blu T 等[3]提出了基于 SURE-LET 的方法来实现小波域图像去噪,该方法将去噪的过程描述为求解基元阈值函数最优化线性组合的过程。Luisier F 等[4,5]在 SURE-LET 思想的基础上,针对泊松和高斯混合噪声分布在小波域进行图像去噪处理。然而,目前对于SURE-LET 思想指导下的去噪机制均是在小波域处理的,虽然小波变换具有较好的时频域局部分析能力,但在高维情况下并不能"最优逼近"具有线或面奇异性的函数,因而无法更有效地刻画图像边缘细节信息。另外目前算法没有考虑利用图像不同尺度间的相关性来区分图像的噪声和边缘细节,因此算法的性能尚有进一步的提升空间。

为了更好地描述图像边缘细节特征,研究者提出一些多尺度几何分析方法以克服二维或更高维奇异性问题。如 Curvelet 变换[6-8]、Contourlet 变换[9-11]以及非下采样轮廓波变换[12,13]等。非下采样轮廓波变换能够有效地对边缘及轮廓信息进行精确稀疏化表示,同时具有多尺度、多方向、平移不变特性等特点,因而成为当前的研究热点。在 SURE-LET 去噪思想的基础上,Li 等[14]提出了一种基于非下采样轮廓波和 SURE-LET 的图像去噪方法,然而该方法没有充分考虑尺度间相关性,因而无法更有效地区分噪声和边缘细节。为此,可考虑在 SURE-LET 思想的基础上,运用多尺度几何分析方法实现图像的跨尺度描述,从而更有效地捕捉图像边缘细节,同时结合尺度间相关性来对噪声和图像的边缘细节进行有效的区分,进一步提升图像的去噪质量和算法的时效性。基于以上分析,本章提出了基于尺度相关 SURE-LET 的跨尺度自适应去噪(NCTSD)算法,进一步提升运动图像噪声滤除效果,以获取高分辨率质量和高细节清晰度的运动图像。

6.2 基于尺度相关 SURE-LET 的跨尺度自适应去噪算法的提出

6.2.1 NCTSD 算法研究动机

在实际应用中,拍摄到的运动图像往往由于噪声的干扰而导致视觉质量降低甚至部分运动细节信息丢失。因此需要研究高效的自适应去噪算法实现高质量的运动图像增强。现有的去噪方法往往在噪声滤除的同时,模糊或者钝化了图像的边缘细节信息。一种基于 SURE-LET 的去噪思想[5]可实现高质量的去噪处理,该方法是基于小波分析对图像信号进行描述,小波在高维情况下会导致大量无效分解,因而无法更好地刻画图像边缘细节信息,同时该方法没能利用图像不同频率分解尺度间的相关性来对图像的噪声和边缘细节进行更有效的区分,因而去噪的同时无法更好地保持运动图像的边缘细节。

为实现更有效的运动图像去噪处理,面临两方面问题:第一个问题是如何建立运动图像的跨尺度特征描述,实现对图像边缘轮廓和细节信息的更有效刻画;第二个问题是结合运动图像在变换域频率尺度上的跨尺度相关性,如何建立高效的跨尺度自适应算法来实现去噪的同时更有效地保持边缘细节信息。

针对以上问题,本章对小波域 SURE-LET 去噪思想进行了改进,提出了基于尺度相关 SURE-LET 的跨尺度自适应去噪算法。针对问题一,本章基于非下采样轮廓波数学变换构建了运动图像的跨尺度特征描述,在多尺度空间实现了图像边缘细节特征的更有效表达;针对问题二,提出了一种新的局部自适应阈值策略,对不同尺度不同方向的各个变换系数进行判定,并构建了基于局部自适应阈值的跨尺度相关性计算方法。结合跨尺度相关性,提出了基于尺度相关 SURE-LET 的去噪方法。在 Stein's 无偏风险估计(SURE)和阈值线性扩展(LET)的思想指导下,将去噪过程描述为求解基元阈值函数的最优化线性组合。该算法在滤除噪声的同时,更有效地保持了图像边缘细节信息。

6.2.2　含噪图像成像模型

设 y 表示含噪图像, s 表示噪声干扰, x 表示无噪声图像,则含噪图像的成像模型可以形式化表示如下:

$$y = x + s \tag{6-1}$$

视觉传感器所拍摄的运动图像往往包含多种类型的噪声,本章的去噪算法重点对服从高斯分布的白噪声进行了研究,同时也在泊松噪声以及泊松-高斯混合噪声模型下进行了实验。

高斯白噪声的数学模型描述如下:

$$g(m) = \frac{1}{\sqrt{2\pi}\sigma} \exp\left[-(m-\mu)^2/2\sigma^2\right] \tag{6-2}$$

其中, m 表示高斯白噪声的幅值, μ 为噪声的数学期望, σ 为噪声的标准差。当 m 满足高斯分布时,噪声灰度值分布在 $[(\mu-3\sigma),(\mu+3\sigma)]$ 范围内。

6.2.3　无偏风险估计

基于 SURE 无偏风险估计最小值来实现图像阈值去噪,即寻求原图像和去噪图像均方误差(MSE)的最小无偏估计。该机制不依赖于原始无噪图像的大量训练学习,不需要构造无噪图像的随机过程模型,而只需从含噪图像中进行估计。根据含噪图像成像模型,从含噪图像 y 中获取无噪图像 $x = \{x_n\}(n=1,\cdots,N)$ 的无偏估计 $\hat{x}$,即寻求 x 的一个估计值 $\hat{x} = t(y) = (t_n(y))(n=1,2,\cdots,N)$,满足式(6-3)取值最小化,其中 $t(y)$ 表示去噪过程, $t_n(y)$ 表示基元去噪过程。

$$\text{MSE} = \frac{1}{N}\sum_{n=1}^{N}|\hat{x}_n - x_n|^2 \Leftrightarrow \text{MSE} = \frac{1}{N}\parallel\hat{x} - x\parallel^2 \tag{6-3}$$

由 Stein 推论[3]可知,假设 $t(y)=(t_n(y))(n=1,2,\cdots,N)$ 为一个 N 维的向量函数,且满足 $\{|\partial t_n(y)/\partial y_n|\}<\infty, n=1,\cdots,N$,那么对于高斯白噪声统计模型,$t(y)^\mathrm{T}x$ 和 $t(y)^\mathrm{T}y-\sigma^2\mathrm{div}\{t(y)\}$ 具有相同的期望值,即:

$$E\Big\{\sum_{n=1}^{N}t_n(y)x_n\Big\} = E\Big\{\sum_{n=1}^{N}t_n(y)y_n\Big\} - \sigma^2 E\Big\{\sum_{n=1}^{N}\frac{\partial t_n(y)}{\partial y_n}\Big\} \tag{6-4}$$

结合式(6-4)和式(6-4),对式(6-3)所示的 MSE 的期望进行扩展,可以得到:

$$
\begin{aligned}
E\{\parallel t(y)-x\parallel^2\} &= E\{\parallel t(y)\parallel^2\} - 2E\{t(y)^\mathrm{T}x\} + E\{\parallel x\parallel^2\} \\
&= E\{\parallel t(y)\parallel^2\} - 2E\{t(y)^\mathrm{T}y\} + 2\sigma^2 E\{\mathrm{div}\{t(y)\}\} + E\{\parallel x\parallel^2\}
\end{aligned} \tag{6-5}
$$

在与式(6-4)相同的假设下,噪声 s 均值为 0,于是可将 $E\{\parallel x\parallel^2\}$ 替换为 $E\{\parallel y\parallel^2\}-N\sigma^2$,从而可以得到下面的 SURE 估计的随机变量:

$$\varepsilon = \frac{1}{N}\parallel t(y)-y\parallel^2 + \frac{2\sigma^2}{N}\mathrm{div}\{t(y)\} - \sigma^2 \tag{6-6}$$

$$E\{\varepsilon\} = \frac{1}{N}E\{\parallel t(y)-x\parallel^2\} \tag{6-7}$$

6.2.4 NCTSD 算法描述

在图像跨尺度特征描述基础上,提出了基于尺度相关 SURE-LET 的跨尺度自适应去噪算法。该算法首先基于非下采样轮廓波变换提取不同尺度的特征信息,建立运动图像的跨尺度描述,提出了一种基于局部自适应阈值的跨尺度相关性计算方法。在不同的频率分解尺度上,基于 Stein's 无偏风险估计(SURE)和阈值线性扩展(LET)的思想,通过求解基元阈值函数的最优化线性组合,实现跨尺度自适应去噪。不同于传统去噪算法,本章提出的去噪算法无须通过大量无噪图像的训练学习建立无噪图像的统计模型,避免了任何原始无噪图像的先验假设,而只依赖于含噪图像的最小化估计。NCTSD 算法框架如图 6-1 所示,去噪流程主要包括基于非下采样轮廓波变换的图像跨尺度描述和基于尺度相关 SURE-LET 的跨尺度自适应去噪两个过程。

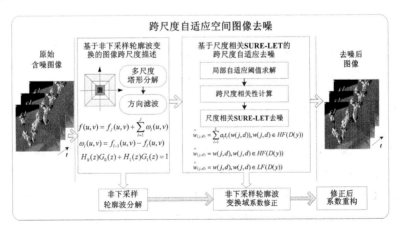

图 6-1 基于尺度相关 SURE-LET 的跨尺度自适应去噪算法框架

1. 基于非下采样轮廓波变换的图像跨尺度描述

非下采样轮廓波变换（NSCT）即非下采样 Contourlet 变换，是加入平移不变特性的 Contourlet 变换的改进版本，作为一种多尺度几何分析方法，具有多分辨率局部化、多方向、平移不变等特征，可以克服传统 Contourlet 变换中存在的频谱混淆问题。相比传统的小波变换，NSCT 变换系数比小波系数能更精确地刻画图像中的边缘轮廓细节信息，可以获得更好的频率选择性和频率定位，以便实现更好的子带分解，用最少的系数稀疏化表示具有线或面奇异等高维函数。作为一种具有固定框架的数学变换，NSCT 的尺度和方向参数的选择和调整比较灵活，因而适用性较强。

本章基于 NSCT 多尺度几何分析方法来实现图像的多分辨率分解，在频率域对图像中的高频分量 HF 和低频分量 LF 进行不同程度的分离，从而建立图像的跨尺度特征描述，实现图像由粗糙尺度到精细尺度的逐层分解，以便后续对不同的分解层、不同的频带进行处理。构建图像的跨尺度描述，提取图像的多尺度特征信息，可以有效地实现对图像中的边缘细节和噪声成分的区分，进一步提高图像的去噪质量。

通过 NSCT 多尺度几何分析方法建立图像的跨尺度特征描述，基本原理是在 Contourlet 变换的基础上去掉图像的下采样操作，并利用非下采样多级塔形分解和非下采样多级方向滤波器组，实现图像的不同尺度分解和各尺度上的方向子带分解。通过非下采样拉普拉斯塔形分解（NSLP）实现非下采样多级塔形分解，并通过非下采样方向滤波器组（NSDFB）实现非下采样多级方向滤波器。

图 6-2 为 NSCT 变换总体框架图，图 6-3 为 NSCT 变换频带分解示意图。首先利用 NSLP 实现多尺度分解，获取不同的频率尺度。在每个分解得到的高频尺度上，经过 NSDFB 进行方向滤波，将高频尺度分解到不同的方向子带。方向子带数可为 2 的任意次幂。NSCT 变换的核心结构为二维双通道非下采样滤波器组，且满足如下关系：

$$H_0(z)G_0(z) + H_1(z)G_1(z) = 1 \tag{6-8}$$

其中 $H_0(z)$ 和 $H_1(z)$ 分别表示低通和高通分析滤波器，$G_0(z)$ 和 $G_1(z)$ 分别表示低通和高通合成滤波器。

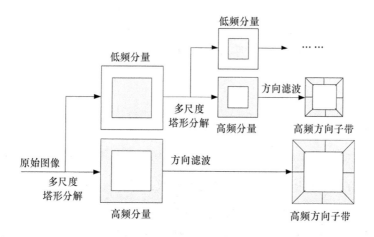

图 6-2　NSCT 变换总体框架图

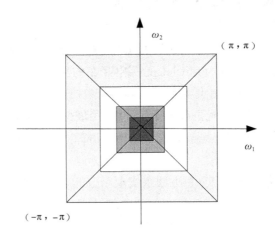

图 6-3　NSCT 变换频带分解图

对信号进行 J 层 NSLP 分解的等价滤波器由式(6-9)给出：

$$H_l^{\text{eq}}(z) = \begin{cases} H_1(z^{2^{J-1}}) \prod\limits_{j=0}^{J-2} H_0(z^{2j}) & 1 \leqslant l < 2^J \\ \prod\limits_{j=0}^{J-1} H_0(z^{2j}) & l = 2^J \end{cases} \tag{6-9}$$

其中 z^j 代表 $[z_1^j, z_2^j]$，$H_1(\cdot)$ 表示高通滤波，$H_0(\cdot)$ 表示低通滤波，将信号与相应的滤波器进行卷积，便可以获得图像的多尺度分析。

NSLP 是基于 à trous 算法设计的双通道滤波器组来组建的[15]。à trous 算法具有良好的平移不变性特征，可以有效地避免伪吉布斯效应。计算方法如下：

$$f(u,v) = f_J(u,v) + \sum_{l=1}^{J} \omega_l(u,v) \tag{6-10}$$

其中 $f_J(u,v)$ 表示尺度 J 上的低频部分，$\omega_l(u,v)$ 表示尺度 l 上的高频部分，且满足式(6-11)。

$$\omega_l(u,v) = f_{l-1}(u,v) - f_l(u,v) \tag{6-11}$$

NSDFB 由一组双通道滤波器组成，将频率平面分解为楔形高频方向子带，通过迭代 NSDFB 可获取更细化的方向分解，且通过梅花形矩阵 $\boldsymbol{U}$ 对所有的滤波器进行上采样，方法如下：

$$\boldsymbol{U} = \begin{pmatrix} 1 & -1 \\ 1 & -1 \end{pmatrix} \tag{6-12}$$

低通滤波器尺度 j 上的频域范畴为 $[-(\pi/2^j), -(\pi/2^j)]$，高通滤波器的频域范畴为 $[-(\pi/2^{j-1}), -(\pi/2^{j-1})] \times [-(\pi/2^j), -(\pi/2^j)]$。NSCT 域的总体图像冗余度为 $1 + \sum\limits_{j=1}^{J} 2^{l_j}$，其中 l_j 表示 NSDFB 在尺度 j 上的分解层数。

2. 基于尺度相关 SURE-LET 的跨尺度自适应去噪

为进一步提升 SURE-LET 去噪算法的边缘细节保持能力，本章结合跨尺度相关性和局部自适应阈值策略，对现有的 SURE-LET 去噪思想进行改进，提出了基于尺度相关 SURE-LET 的跨尺度自适应去噪算法(NCTSD)。

基于 SURE-LET 的自适应阈值去噪过程是一个 Stein's 无偏风险估计的过程,该过程只取决于含噪图像,无须对无噪图像进行训练学习构建其统计模型。通过 SURE 进行线性参数估计,构建已知基元阈值函数的最优化线性组合:阈值线性扩展(LET)。基于 SURE-LET 的去噪过程如下:

定义 $t(y)$ 为基元阈值函数去噪过程的 $t_l(y)$ 的线性组合,即:

$$t(y) = \sum_{l=1}^{L} a_l t_l(y) \tag{6-13}$$

其中,参数 L 表示基元阈值函数的个数,线性参数 a_l 通过最小化无偏风险估计 SURE 来获取。构造 LET 方法中的最优化线性组合,需要满足两个基本条件:一是基元阈值函数 $t_l(y)$ 具有可微性;二是参数个数 L 不能选取过大,以保证获取尽可能小的 SURE 估计值。

通过 LET 方法实现自适应阈值去噪,关键一步是通过最小化 SURE 估计获取最佳的线性参数 a_l,由此可将图像去噪过程抽象为一个求解线性方程系统的数学问题。a_l 可视为方程系统 $Ka=c$ 的解,因此求解最小化 SURE 的参数 a_l 的过程等同于求解式(6-14)所示的线性系统。根据 T. Blu 论文[3]中相同的规律,由于 SURE 最小估计值总是存在的,因此可保证下列线性方程式(6-14)总有解。

$$\sum_{l=1}^{L} t_k(y)^{\mathrm{T}} t_l(y) a_l = t_k(y)^{\mathrm{T}} y - \sigma^2 \mathrm{div}\{t_k(y)\} \quad (k=1,2,\cdots,L) \tag{6-14}$$

$$t_k(y)^{\mathrm{T}} t_l(y) = K_{l,k} \tag{6-15}$$

$$t_k(y)^{\mathrm{T}} y - \sigma^2 \mathrm{div}\{t_k(y)\} = c_l \tag{6-16}$$

本章基于非下采样轮廓波变换建立运动图像的跨尺度描述。假设 D 为 NSCT 正变换,R 为 NSCT 逆变换。采用 D 变换将图像分解为高频尺度 $HF(D(y))$ 和低频尺度 $LF(D(y))$。

(1)非下采样轮廓波变换域跨尺度相关性计算过程

对于高频尺度上的变换系数,根据这种变换域跨尺度相关性,可根据其父系数的幅值判定是噪声还是边缘细节,从而更好地保留有效的图像边缘细节信息。设位于尺度 j 和方向 d 的 NSCT 变换系数为 $w_{j,d}(u,v)$,$u \in [0, P_j]$,$v \in [0, Q_j]$,$P_j \in Z$,$Q_j \in Z$,则位于尺度 $j-1$ 和同一方向 d 的系数为 $w_{j-1,d}(u,v)$,$u \in [0, P_{j-1}]$,$v \in [0, Q_{j-1}]$,$P_{j-1} \in Z$,$Q_{j-1} \in Z$。尺度 j 上的变换系数 $w_{j,d}(\eta,\gamma)$ 可以通过式(6-17)找到尺度 $j-1$ 上对应位置的父系数 $w_{j-1,d}(\eta_m,\gamma_m)$。

$$\eta_m = \lfloor \eta P_{j-1}/P_j \rfloor, \quad \gamma_m = \lfloor \gamma Q_{j-1}/Q_j \rfloor \tag{6-17}$$

通过分析 NSCT 变换系数的特点,可以看出噪声对于图像的影响主要表现在较大的尺度上,而在更小尺度上受噪声的影响已经很小,因此对第一尺度上的变换系数直接采用阈值收缩处理即可,对于其他不同尺度、不同方向子带的 NSCT 变换系数,需要首先通过尺度间相关性计算来决定该系数是直接保留还是进行阈值收缩处理。如果当前系数的父系数判定为边缘细节信息,则直接保留当前系数不做处理;如果当前系数的父系数判定为噪声,则对当前系数基于 SURE-LET 策略进行阈值收缩处理。

对于 $HF(D(y))$ 尺度当前系数的父系数是属于噪声成分还是图像边缘细节信息,本章提出了一种新的局部自适应阈值来对其进行有效判定,该方法充分利用尺度内的系数统计相关性,结合局部区域能量来实现局部自适应阈值的最优化求解,从而不同尺度不同方向的各个

NSCT 系数均对应一个自适应阈值。计算方法如下：

$$\mathrm{Thr}(j,d,p) = \frac{\sqrt{3}\,\hat{\sigma}_n^2}{\sqrt{\max(\frac{1}{\mathrm{Num}}\sum_{w_1(j,d,l)\in M(p)} w_1^2(j,d,l) - \hat{\sigma}_n^2, 0)}} \tag{6-18}$$

其中，$\mathrm{Thr}(j,d,p)$ 为位于 NSCT 域不同分解尺度 j 和不同方向 d 上的系数 $w_1(j,d,p)$ 所对应的自适应阈值。$\hat{\sigma}_n^2$ 是噪声方差估计函数，计算方法如式(6-19)所示。Num 为 $w_1(j,d,p)$ 局部邻域窗口 $M(p)$ 中包含的 NSCT 系数的数量，$w_1(j,d,l)$ 是以 $w_1(j,d,p)$ 为中心的邻域窗口中的 NSCT 系数。

$$\hat{\sigma}_n^2 = \frac{\mathrm{Median}(|\omega(j,d)|)}{\tau} \tag{6-19}$$

其中 $w(j,d)$ 是位于尺度 j 和方向 d 上的 NSCT 变换域高频系数。τ 通常设置为 0.6745。

通过上述局部自适应阈值判定方法来对 $\mathrm{HF}(D(y))$ 尺度当前系数 $w(j,d)$ 的父系数 $P(w(j,d))$ 进行判定。充分利用 NSCT 变换尺度间的相关性，可使去噪后的图像保留更多的图像细节信息。若父系数 $P(w(j,d)) < \mathrm{Thr}(j,d,P(w(j,d)))$，则判定其为噪声成分；若父系数 $P(w(j,d)) \geqslant \mathrm{Thr}(j,d,P(w(j,d)))$，则判定其为边缘细节信息。

(2) 基于尺度相关 SURE-LET 的自适应去噪过程

基于尺度相关 SURE-LET 的自适应去噪算法将去噪过程 $t(y)$ 描述为求解基元阈值去噪函数的最优化线性组合。对于最小化 SURE 估计的参数的确定过程等同于求解式(6-14)所示的线性系统。基于尺度相关 SURE-LET 的跨尺度自适应去噪函数定义如下：

$$\hat{w}_{(j,d)} = t(w(j,d)) = \begin{cases} \sum_{l=1}^{L} a_l t_l(w(j,d)), & \text{当} \quad w(j,d) \in \mathrm{HF}(D(y)), \\ & \qquad P(w(j,d)) < \mathrm{Thr}(j,d,P(w(j,d))) \\ w(j,d), & \text{当} \quad w(j,d) \in \mathrm{HF}(D(y)), \\ & \qquad P(w(j,d)) \geqslant \mathrm{Thr}(j,d,P(w(j,d))) \\ w(j,d), & \text{当} \quad w(j,d) \in \mathrm{LF}(D(y)) \end{cases} \tag{6-20}$$

其中 $w(j,d)$ 表示 NSCT 域变换系数，$\hat{w}_{(j,d)}$ 表示去噪后变换系数，a_l 表示线性参数，$t(w(j,d))$ 表示自适应去噪函数，$t_l(w(j,d))$ 表示基元阈值去噪函数，L 表示基于阈值函数的个数。

构造的基于尺度相关 SURE-LET 的去噪函数 $t(w(j,d))$，即基元阈值函数 $t_1(w(j,d))$ 和 $t_2(w(j,d))$ 的线性扩展，如下所示：

$$t(w(j,d)) = a_1 t_1(w(j,d)) + a_2 t_2(w(j,d)) \tag{6-21}$$

$$t_1(w) = w \tag{6-22}$$

$$t_2(w) = w(1 - e^{-\left(\frac{w}{3\sigma}\right)^8}) \tag{6-23}$$

3. NCTSD 算法实现步骤

基于尺度相关 SURE-LET 的跨尺度自适应去噪算法的计算流程如图 6-4 所示，算法的具体实现步骤如表 6-1 所示。

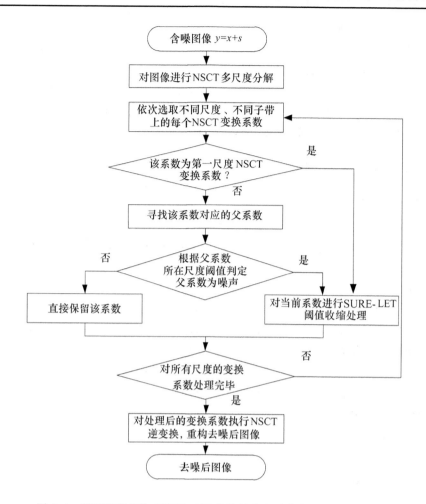

图 6-4 基于尺度相关 SURE-LET 的跨尺度自适应去噪算法计算流程

表 6-1 基于尺度相关 SURE-LET 的跨尺度自适应去噪算法

算法：NCTSD 算法

输入：去噪前运动图像 $I_{ori} = \{I_1, \cdots, I_{t-1}, I_t, I_{t+1}, \cdots, I_n\}$ 及相关参数

输出：去噪后运动图像 $I_{den} = \{I'_1, \cdots, I'_{t-1}, I'_t, I'_{t+1}, \cdots, I'_n\}$

（1）采用非下采样轮廓波变换 D 对各个含噪图像 I_t 进行多尺度分解，分解为低频尺度 LF 和高频尺度 HF，获取其变换域系数 $w = Dy = (w_i), i \in [1, M]$；

（2）在不同的分解尺度上，根据式(6-20)中自适应去噪函数，基于尺度相关 SURE-LET 自适应阈值收缩方法进行图像去噪。对于 LF 尺度的变换系数直接保留；对于 HF 尺度的变换系数，若其位于第一尺度，则直接进行阈值收缩处理；否则，通过如下子步骤 A～D 来进行变换域系数处理：

A. 根据式(6-17)找到当前系数 $w(j, d)$ 的父系数 $P(w(j, d))$；

B. 根据式(6-18)计算父系数所在尺度的阈值 $\mathrm{Thr}(j, d, P(w(j, d)))$。若父系数 $P(w(j, d)) < \mathrm{Thr}(j, d, P(w(j, d)))$，则判定其为噪声；若父系数 $P(w(j, d)) \geqslant \mathrm{Thr}(j, d, P(w(j, d)))$，则判定其为边缘细节信息；

C. 如果父系数判定为噪声，则对当前系数 $w(j, d)$ 利用 SURE-LET 去噪函数 $\hat{w}_{(j, d)} = t(w(j, d)) = \sum_{l=1}^{L} a_l t_l(w(j, d))$ 进行处理，决定当前系数是否保留；

D. 如果父系数判定为边缘细节，则直接保留当前系数；

（3）对于去噪处理后的变换系数，通过非下采样轮廓波逆变换 R 过程，重构去噪后的图像，获取去噪后的图像估计 I'_t，即：$I'_t = R(t(Dy))$

4. NCTSD 算法时间复杂度分析

首先在基于非下采样轮廓波变换建立图像的跨尺度描述阶段,假设运动图像序列的帧数为 N_{ds},非下采样轮廓波变换分解的尺度数为 S,每一尺度下分解的方向数为 D,则该阶段的时间复杂度为 $O(N_{ds}SD)$。在基于尺度相关 SURE-LET 的跨尺度自适应去噪阶段,假设同一尺度下不同方向下的变换域系数的平均数目为 N_c,则该阶段的时间复杂度为 $O(N_cN_{ds}SD)$,从而整个 NCTSD 算法的时间复杂度为 $O(N_{ds}SD)+O(N_cN_{ds}SD)$。

6.2.5 NCTSD 算法实验结果及分析

1. 实验数据集和客观评价指标

为了验证提出的 NCTSD 去噪算法的有效性,在空间图像(来自 http://www.youku.com/网站)和 USC-SIPI 标准图像(来自 http://sipi.usc.edu/database/网站)上均进行了实验对比分析。选取了两组空间图像(空间图像Ⅰ和空间图像Ⅱ)和两组标准图像(Lena 和 Barbara)进行实验。本章设计了三组实验。实验一主要是比较不同算法在高斯白噪声不同噪声级别下的去噪效果。实验二验证提出的基于局部自适应阈值的跨尺度相关性计算方法的有效性。真实的空间运动图像中往往包含多种类型的噪声,本章重点对高斯白噪声、泊松噪声以及泊松-高斯混合噪声类型进行了去噪性能的实验。

本实验对于图像去噪的效果优劣从主观视觉效果图和客观定量评价指标(峰值信噪比 PSNR 和基于视觉特性的平均结构相似度 MSSIM)两方面进行评价。具体的 PSNR 和 MSSIM 指标计算方法如下。

(1) PSNR 指标

PSNR 值越大,说明去噪后的图像与原图像越接近。PSNR 定义为:

$$PSNR = 10\lg\frac{255^2}{\frac{1}{M\times N}\sum_{m=1}^{M}\sum_{n=1}^{N}(g(m,n)-u(m,n))^2}dB \tag{6-24}$$

其中 M 和 N 分别表示图像的长和宽,函数 $g(m,n)$ 和 $u(m,n)$ 分别表示去噪后图像和原始图像。

(2) MSSIM 指标

MSSIM($0\leqslant$MSSIM$\leqslant1$)的值越接近于 1,说明去噪后的图像与原始图像的结构越相似。MSSIM 定义为:

$$SSIM(x,y)=\frac{(2\eta_x\eta_y+e_1)(2\sigma_{xy}+e_2)}{(\eta_x^2+\eta_y^2+e_1)(\sigma_x^2+\sigma_y^2+e_2)} \tag{6-25}$$

$$MSSIM(x(i),\hat{x}(i))=\frac{1}{L}\sum_{i=1}^{L}SSIM(x(i),\hat{x}(i)) \tag{6-26}$$

其中 η_x 和 η_y 分别表示原始图像和去噪后图像的均值,σ_x 和 σ_y 分别表示二者的标准差,σ_{xy} 表示原始图像和去噪后图像的协方差,e_1 和 e_2 是常量,L 表示图像块的数目。

2. NCTSD 算法实验结果及分析

(1) 实验一:不同算法在不同级别高斯白噪声下的去噪效果对比实验

在实验一中,为了验证提出的自适应去噪算法的效果,将本章 NCTSD 算法分别与小波域 SURE-LET 算法(WT_SURE-LET)[3]、BayesShrink[16]、BiShrink[17]、中值滤波去噪算法(MFD)进行实验对比分析。其中 NCTSD、WT_SURE-LET、BiShrink 和 BayesShrink 均是频域的去噪算法,MFD 是空域的去噪算法。本实验中,添加噪声类别为高斯白噪声,噪声级别分别为 5、10、15、20、25、30。对于每幅图像,均在不同的噪声级别下分别采用不同的去噪算法进行了实验。对于实验参数的选择,在小波变换中,选择了 Haar 小波基函数;在 NSCT 变换中,选择了"maxflat"非下采样塔型分解和"dmaxflat7"非下采样方向滤波器组。本章实验均在变换域对图像执行由粗到精的三尺度分解。下面将分别给出空间图像和标准图像上的去噪效果及结果分析。

1) 空间图像去噪实验结果及分析

五种不同去噪算法对不同噪声级别下的空间图像的去噪效果客观量化指标对比如图 6-5、表 6-2 和表 6-3 所示。当噪声级别为 20 时,五种算法的去噪视觉效果如图 6-6 和图 6-7 所示。通过对比和分析空间图像的去噪处理实验结果,可以得出如下结论。

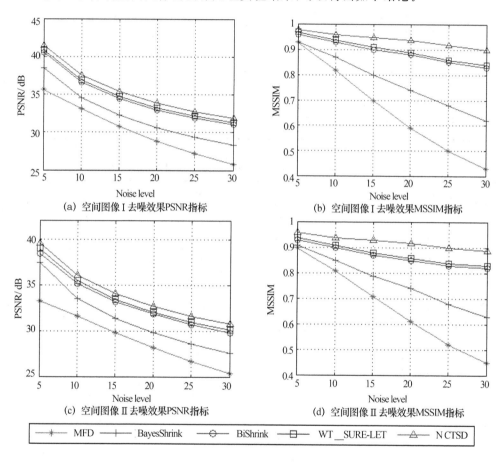

图 6-5　不同算法对不同噪声级别下的空间图像的去噪效果客观评价指标对比

和空间域的 MFD 算法相比较,频率域的多尺度分析去噪算法(NCTSD、WT_SURE-LET、BiShrink 和 BayesShrink),无论从主观视觉效果,还是从定量客观评价指标 PSNR 和MSSIM 上看,均取得了更好的去噪效果。特别是当噪声级别较高的情况下,频率域法具有一定的优势。这主要是因为基于多尺度分析的频域算法可以在不同的分解尺度上根据分解系数分布特点实现对图像边缘细节特征和噪声成分的有效区分。而空域算法很难做到这一点,因而频域算法能够在滤除噪声的同时更好地保持图像的弱小边缘和纹理细节信息。相比之下,空域算法去噪效果中存在一定的颗粒感和细节模糊现象。

表 6-2　不同算法对不同噪声级别下的空间图像去噪效果 PSNR 指标值

| 图像 | 噪声级别 | PSNR/dB | | | | |
		MFD	BayesShrink	BiShrink	WT_SURE-LET	NCTSD
空间图像Ⅰ	5	35.63	38.48	40.58	40.89	41.49
	10	33.08	34.55	36.60	36.92	37.52
	15	30.76	32.28	34.42	34.73	35.34
	20	28.81	30.63	32.96	33.26	33.88
	25	27.18	29.38	31.90	32.17	32.79
	30	25.78	28.31	31.07	31.31	31.93
空间图像Ⅱ	5	33.27	37.46	38.43	38.98	39.57
	10	31.58	33.52	35.17	35.47	36.08
	15	29.78	31.34	33.16	33.45	34.06
	20	28.14	29.78	31.83	32.05	32.66
	25	26.68	28.58	30.74	30.99	31.60
	30	25.39	27.58	29.81	30.15	30.77

表 6-3　不同算法对不同噪声级别下的空间图像去噪效果 MSSIM 指标值

| 图像 | 噪声级别 | MSSIM | | | | |
		MFD	BayesShrink	BiShrink	WT_SURE-LET	NCTSD
空间图像Ⅰ	5	0.93	0.94	0.96	0.97	0.98
	10	0.82	0.87	0.93	0.94	0.96
	15	0.70	0.80	0.90	0.91	0.95
	20	0.59	0.74	0.88	0.89	0.94
	25	0.50	0.68	0.85	0.86	0.92
	30	0.43	0.62	0.83	0.84	0.90
空间图像Ⅱ	5	0.90	0.91	0.93	0.94	0.96
	10	0.81	0.85	0.90	0.91	0.94
	15	0.71	0.79	0.87	0.88	0.93
	20	0.61	0.74	0.85	0.86	0.92
	25	0.52	0.68	0.83	0.84	0.90
	30	0.45	0.63	0.82	0.83	0.89

从图 6-5(a)和表 6-2 的 PSNR 指标值可以看出,提出的 NCTSD 算法、WT_SURE-LET 和 BiShrink 在任何噪声级别下的 PSNR 指标值明显高于 BayesShrink 和 MFD 算法,尤其是当噪声级别较大时,也保持在一个较高的水平。而 BayesShrink 算法和 MFD 算法在噪声级别相对较小时,表现出较好的性能,PSNR 值较高。在噪声级别较大的情况下,例如当噪声级别增长到 20 的时候性能较差。可见,这两种算法对噪声强度的适应性不是很强,而且这两种算法在噪声强度为 30 时,PSNR 值也仅维持在 28 dB 左右,而 NCTSD、WT_SURE-LET 和

（a）含噪图像
（PSNR: 22.11 dB;
MSSIM: 0.27）

（b）MFD去噪效果
（PSNR: 28.81 dB;
MSSIM: 0.59）

（c）BayesShrink去噪效果
（PSNR: 30.63 dB;
MSSIM: 0.74）

（d）BiShrink去噪效果
（PSNR: 32.96 dB;
MSSIM: 0.88）

（e）WT_SURE-LET去噪效果
（PSNR: 33.26 dB;
MSSIM: 0.89）

（f）NCTSD去噪效果
（PSNR: 33.88 dB;
MSSIM: 0.94）

图 6-6　不同算法对空间图像 I 的去噪效果图

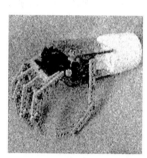
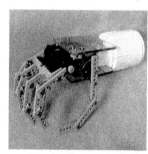
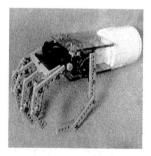

（a）含噪图像
（PSNR: 22.11 dB;
MSSIM: 0.31）

（b）MFD去噪效果
（PSNR: 28.14 dB;
MSSIM: 0.61）

（c）BayesShrink去噪效果
（PSNR: 29.78 dB;
MSSIM: 0.74）

（d）BiShrink去噪效果
（PSNR: 31.83 dB;
MSSIM: 0.85）

（e）WT_SURE-LET去噪效果
（PSNR: 32.05 dB;
MSSIM: 0.86）

（f）NCTSD去噪效果
（PSNR: 32.66 dB;
MSSIM: 0.92）

图 6-7　不同算法对空间图像 II 的去噪效果图

BiShrink 算法则依然保持在 30 dB 以上。

从 PSNR 评价指标看来,本章提出的 NCTSD 算法在各种噪声强度下均高于 WT_SURE-LET 算法。相比 MFD、BayesShrink、BiShrink 和 WT_SURE-LET 算法,PSNR 指标分别平均提升了 18%、10%、3% 和 2%。尤其是当噪声级别较大的情况下,去噪的性能优势更为显著。由此可见,采用 NSCT 多尺度几何分析方法和跨尺度相关性计算方法的 SURE-LET 去噪算法对现有的小波域 SURE-LET 去噪算法是一个较大的改进,进一步提升了去噪质量。图 6-5(c) 和表 6-2 中所列出的关于空间图像 II 的 PSNR 数据也呈现出与此相似的规律。

从图 6-5(b) 和表 6-3 中的 MSSIM 指标值可以看出,WT_SURE-LET 和 NCTSD 算法在各种噪声级别下的 MSSIM 指标要明显优于 BiShrink、BayesShrink 和 MFD 算法。尤其是当噪声级别比较大的情况下,WT_SURE-LET 和 NCTSD 算法更占有优势。例如,从图 6-5(b) 中可以看出,当噪声级别由 20 增长到 30 的过程中,WT_SURE-LET 算法的 MSSIM 值由 0.89 降为 0.84,NCTSD 算法由 0.94 降为 0.90,下降幅度较小,且均稳定在 0.84 以上,而 BayesShrink 算法从 0.76 下降到了 0.62,MFD 算法从 0.59 下降到了 0.43,这两种算法下降幅度则相对较大一些。

由此可见,WT_SURE-LET 和 NCTSD 算法对噪声强度的适应性较强,在噪声强度较大时也能表现出较好的性能。对比 WT_SURE-LET 算法,发现本章提出的 NCTSD 算法的性能更优一些。MSSIM 值保持在 0.90 以上,且相比 MFD、BayesShrink、BiShrink 和 WT_SURE-LET 算法,在 MSSIM 指标方面分别平均提升了 49%、23%、7% 和 5%。对于图 6-5(d) 和表 6-3 所示的关于空间图像 II 的 MSSIM 统计数据,则呈现出同样的规律。

分析图 6-6 和图 6-7 所示的空间图像去噪视觉效果可以发现,MFD 和 BayesShrink 算法中尚有较多未滤除的噪声点且目标和背景中瑕疵较多。BiShrink 算法处理后背景中仍有一些瑕疵现象。虽然视觉上很难区别出 WT_SURE-LET 和本章 NCTSD 算法的去噪效果,但从 PSNR 和 MSSIM 客观评价指标来看,NCTSD 算法仍优于 WT_SURE-LET 算法。说明在微小的细节处理方面 NCTSD 算法仍然占有优势,进一步提升了边缘细节信息及背景信息的保持度和清晰度。这主要得益于采用了 NSCT 多尺度几何分析方法对边缘轮廓及纹理细节信息进行了更好地表征,且不易在边缘附近产生抖动。同时,考虑了尺度间相关性,对图像细节和噪声成分进行了更有效的区分,从而有选择地保留了正确的信息。

2) 标准图像去噪实验结果及分析

为了验证提出的算法的普遍适用性,对 USC-SIPI 标准图像数据库的 Lena(512×512) 和 Barbara(512×512) 图像进行了实验和客观指标评价分析。图 6-8 和表 6-4 给出了不同算法对不同噪声级别下的 PSNR 和 MSSIM 指标值。当噪声级别为 20 时,五种算法所取得的 Lena 和 Barbara 的去噪视觉效果分别如图 6-9 和图 6-10 所示。

分析图 6-8 和表 6-4 中的实验结果,可以看出对于标准图像的去噪处理,相比 MFD、BayesShrink、BiShrink 和 WT_SURE-LET 算法,提出的 NCTSD 算法在 PSNR 指标方面分别平均提升了 19%、8%、3% 和 2%,在 MSSIM 指标方面分别平均提升了 34%、13%、6% 和 4%。且在提高 PSNR 和 MSSIM 指标值的同时,去噪后的边缘细节信息更加清晰而丰富,尤其是对于包含更多纹理细节信息的 Barbara 图像的去噪处理,本章算法体现了更好的优越性。

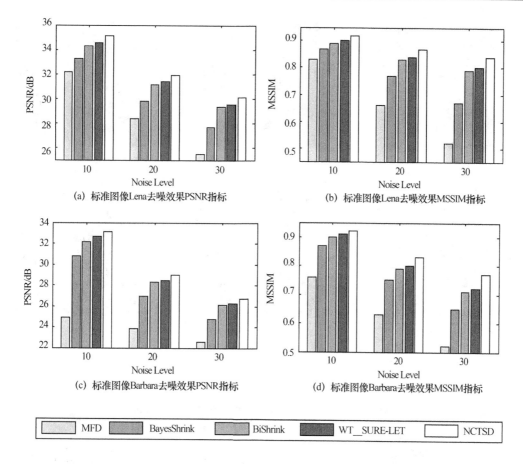

图 6-8　不同算法对标准图像的去噪效果 PSNR 和 MSSIM 指标对比

表 6-4　不同算法对不同噪声级别下的标准图像的去噪效果的客观指标值

图像	噪声级别	客观指标	MFD	BayesShrink	BiShrink	WT_SURE-LET	NCTSD
标准图像 Lena	10	PSNR	32.16	33.25	34.32	34.56	35.12
		MSSIM	0.83	0.87	0.89	0.90	0.92
	20	PSNR	28.37	29.79	31.17	31.37	31.93
		MSSIM	0.66	0.77	0.83	0.84	0.87
	30	PSNR	25.51	27.66	29.36	29.56	30.10
		MSSIM	0.52	0.67	0.79	0.80	0.84
标准图像 Barbara	10	PSNR	24.93	30.79	32.14	32.65	33.16
		MSSIM	0.76	0.87	0.90	0.91	0.92
	20	PSNR	23.84	26.95	28.27	28.45	28.96
		MSSIM	0.63	0.75	0.79	0.80	0.83
	30	PSNR	22.60	24.79	26.14	26.23	26.75
		MSSIM	0.52	0.65	0.71	0.72	0.77

(a) 含噪图像
(PSNR: 22.11 dB)

(b) MFD 去噪效果
(PSNR: 28.37 dB)

(c) BayesShrink 去噪效果
(PSNR: 29.79 dB)

(d) BiShrink 去噪效果
(PSNR: 31.17 dB)

(e) WT_SURE-LET 去噪效果
(PSNR: 31.37 dB)

(f) NCTSD 去噪效果
(PSNR: 31.93 dB)

图 6-9　不同算法对标准图像 Lena 的去噪效果图

(a) 含噪图像
(PSNR: 22.11 dB)

(b) MFD 去噪效果
(PSNR: 23.84 dB)

(c) BayesShrink 去噪效果
(PSNR: 26.95 dB)

(d) BiShrink 去噪效果
(PSNR: 28.27 dB)

(e) WT_SURE-LET 去噪效果
(PSNR: 28.45 dB)

(f) NCTSD 去噪效果
(PSNR: 28.96 dB)

图 6-10　不同算法对标准图像 Barbara 的去噪效果图

　　观察图 6-10 所示的五种不同算法去噪后的 Barbara 图像局部细节效果图,可以看出相较于其他算法,本章算法在滤除噪声的同时可以更有效地保持边缘和细节信息。去噪后纹理细节更加清晰,视觉效果更好。而 MFD 和 BayesShrink 算法中仍存在尚未滤除的噪声点,且对细节信息的保持能力不太理想,导致部分细节信息丢失、背景瑕疵较多。BiShrink 算法中也有部分细节信息丢失现象。

虽然本章的 NCTSD 算法和 WT_SURE-LET 算法的去噪效果从视觉上很难分辨,但从 PSNR 和 MSSIM 客观评价指标来看,NCTSD 算法相比 WT_SURE-LET 算法仍占有优势,进一步提升了微小细节及背景信息的保持能力。这说明本章基于非下采样轮廓波变换和跨尺度相关性的 SURE-LET 去噪方法能够很好地抓住图像信息的几何特性,并能很好地区分噪声和细节特征,因而获取了更高的去噪质量,尤其是在处理纹理信息丰富的图像时表现出更为显著的优势。

综合空间图像和标准图像的去噪实验结果分析,相比 MFD、BayesShrink、BiShrink 和 WT_SURE-LET 算法,本章提出的 NCTSD 算法从主观视觉效果和定量客观指标评价两方面均优于其他四种算法。在 PSNR 指标方面分别平均提升了 19%、9%、3% 和 2%;在 MSSIM 指标方面分别平均提升了 42%、18%、7% 和 5%。

3)非下采样轮廓波变换域跨尺度相关性计算实验

为验证非下采样轮廓波变换域跨尺度相关性计算方法在提出的 NCTSD 算法中的有效性,分别在空间和标准图像上进行了实验,并和未考虑跨尺度相关性的 NTSL 算法[14]进行了比较分析。表 6-5 列出了在噪声级别为 20 时不同算法的去噪效果客观 PSNR 和 MSSIM 指标值。分析表 6-5 中数据可以发现,提出的 NCTSD 算法表现更优。在 PSNR 和 MSSIM 指标方面相比 NTSL 算法分别平均提升了 2% 和 4%。虽然提出的 NCTSD 算法与 NTSL 算法均是在非下采样轮廓波变换域做的去噪处理,然而由于提出的算法充分考虑了轮廓波变换域不同频率尺度间的跨尺度相关性,并可以进行自适应相关性计算,所以更有效地对图像的边缘细节和噪声进行了区分,进一步提升了去噪质量,去噪的同时更有效地保持了边缘细节信息。而 NTSL 算法没有考虑变换域不同尺度间的跨尺度相关性,因而边缘细节信息和噪声无法得到更有效的区分,在去噪的同时模糊了部分边缘细节,因而在边缘细节的保持能力方面不如提出的 NCTSD 算法。

表 6-5　噪声级别 20 下的不同算法去噪效果 PSNR 和 MSSIM 指标

图像	PSNR(dB)/MSSIM			
	NTSL[14]		NCTSD	
	PSNR	MSSIM	PSNR	MSSIM
空间图像 Ⅰ	33.30	0.90	33.88	0.94
空间图像 Ⅱ	32.09	0.88	32.66	0.92
标准 Lena	31.45	0.85	31.93	0.87
标准 Barbara	28.64	0.82	28.96	0.83

(2)实验二:不同算法在不同噪声类别下的去噪效果对比实验

在实验二中,对提出的 NCTSD 去噪算法在各种不同的噪声类别(高斯白噪声 White Gaussian、泊松噪声 Poisson 和泊松-高斯混合噪声 Mixed Poisson-Gaussian)下进行了性能比较,并和 MFD、BayesShrink、BiShrink 和 WT-SURE-LET 算法进行了对比,实验结果如图 6-11、表 6-6 和表 6-7 所示。

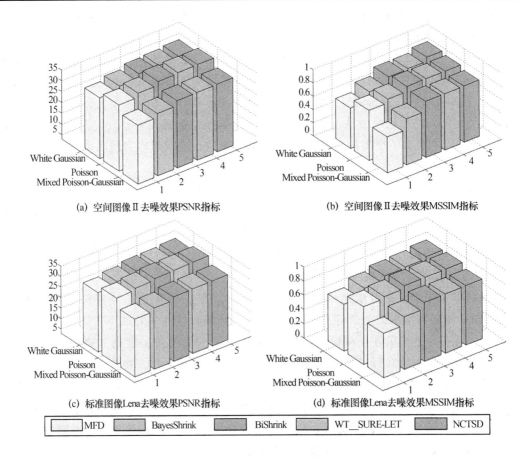

(a) 空间图像Ⅱ去噪效果PSNR指标   (b) 空间图像Ⅱ去噪效果MSSIM指标

(c) 标准图像Lena去噪效果PSNR指标   (d) 标准图像Lena去噪效果MSSIM指标

MFD   BayesShrink   BiShrink   WT_SURE-LET   NCTSD

图 6-11　不同算法在不同噪声类别下的去噪效果 PSNR 和 MSSIM 指标值

表 6-6　不同算法在不同噪声类别下的去噪效果 PSNR 指标值

噪声类别	图像	PSNR/dB				
		MFD	BayesShrink	BiShrink	WT_SURE-LET	NCTSD
高斯白噪声	空间图像Ⅱ	28.14	29.78	31.83	32.05	32.66
	标准图像 Lena	28.37	29.79	31.17	31.37	31.93
泊松噪声	空间图像Ⅱ	30.76	32.35	34.22	34.59	34.66
	标准图像 Lena	31.69	32.65	33.58	33.87	34.08
泊松-高斯混合噪声	空间图像Ⅱ	27.09	28.89	31.01	31.28	31.38
	标准图像 Lena	27.45	29.11	30.62	30.77	30.93

表 6-7　不同算法在不同噪声类别下的去噪效果 MSSIM 指标值

噪声类别	图像	MSSIM				
		MFD	BayesShrink	BiShrink	WT_SURE-LET	NCTSD
高斯白噪声	空间图像 II	0.612 5	0.745 7	0.853 8	0.865 0	0.922 5
	标准图像 Lena	0.667 5	0.774 5	0.835 2	0.843 2	0.873 8
泊松噪声	空间图像 II	0.766 5	0.812 1	0.890 7	0.891 5	0.893 2
	标准图像 Lena	0.819 5	0.845 7	0.875 8	0.879 3	0.884 9
泊松-高斯混合噪声	空间图像 II	0.545 7	0.708 5	0.848 2	0.848 4	0.852 0
	标准图像 Lena	0.626 8	0.744 5	0.827 4	0.827 9	0.832 1

通过分析实验结果发现提出的 NCTSD 算法不仅适用于高斯白噪声,而且也可以适用于其他的一些非高斯和混合性的噪声类别。相比 MFD、BayesShrink、BiShrink 和 WT_SURE-LET 算法,提出的 NCTSD 算法在各种不同的噪声类别下均表现出更好的性能,取得了更高的 PSNR 和 MSSIM 指标值。对于高斯白噪声的处理,NCTSD 算法相比其他四种算法中的最优者在 PSNR 指标方面平均提升了 2%,在 MSSIM 指标方面平均提升了 6%。对于泊松噪声的处理,NCTSD 算法相比其他四种算法中的最优者在 PSNR 和 MSSIM 指标方面分别平均提升了 1%。同样对于泊松-高斯混合噪声的处理,NCTSD 算法相比其他四种算法中的最优者在 PSNR 和 MSSIM 指标方面也分别平均提升了 1%。由此说明本章算法相比其他现有算法的优势更多地体现在对高斯白噪声的处理上,而对于非高斯和混合噪声类型的处理效果优势不是特别显著。

6.3　本章小结

本章提出了一种基于尺度相关 SURE-LET 的跨尺度自适应去噪算法(NCTSD),在滤除噪声的同时进一步提升了运动图像边缘细节信息的保持能力。NCTSD 算法基于非下采样轮廓波数学变换,提取不同频率尺度的特征信息,建立运动图像的跨尺度描述。提出了一种新的局部自适应阈值策略,对不同尺度不同子带方向的各个变换系数进行判定,并构建了基于局部自适应阈值的跨尺度相关性计算方法,进一步提升了细节信息和噪声的区分能力。结合跨尺度相关性,在 SURE 和 LET 的思想指导下,通过求解基元阈值函数的最优化线性组合,实现了跨尺度自适应去噪。将本章提出的 NCTSD 算法与 MFD、BayesShrink、BiShrink 和 WT_SURE-LET 算法进行了实验对比分析,并对结果进行了客观指标评价。实验结果表明,相比 MFD、BayesShrink、BiShrink 和 WT_SURE-LET 算法,提出的 NCTSD 算法不仅适用于高斯白噪声,而且也可以适用于非高斯和混合性的噪声类别。

参 考 文 献

［1］ 李杏梅. Contourlet 变换在图像去噪与边缘检测中的应用研究［D］. 华中科技大学,2011.

［2］ Shi J, Liu Z, Tian J. Bilateral Signal Variance Estimation for Wavelet-Domain Image Denoising［J］. SCIENCE CHINA Information Sciences, 2013, 56: 1-6.

［3］ BluT, Luisier F. The SURE-LET Approach to Image Denoising［J］. IEEE Transactions on Image Processing, 2007, 16(11): 2778-2786.

［4］ LuisierF, Vonesch C, T. Blu, et al. Fast Interscale Wavelet Denoising of Poisson-Corrupted Images［J］. Signal Processing, 2010, 90(2): 415-427.

［5］ LuisierF, Blue T, Unser M. Image Denoising in Mixed Poisson-Gaussian Noise［J］. IEEE Transactions on Image Processing, 2011, 20(3): 696-708.

［6］ Starck J, Cand E, Donoho D. The Curvelet Transform for Image Denoising［J］. IEEE Transactions on Image Processing, 2002, 11(6): 670-684.

［7］ 单昊,杨慧珠. 基于 Curvelet 的 Stein 无偏风险估计图像去噪［J］. 清华大学学报,2010, 50(8):1307-1310.

［8］ Zhang B, Fadili J, Starck W, Ridgelets and Curvelets for Poisson Noise Removal［J］. IEEE Transactions on Image Processing, 2008, 17: 1093-1108.

［9］ DoM, Vetterli M. The Contourlet Transform: An Efficient Directional Multiresolution Image Representation［J］. IEEE Transactions on Image Processing, 2005, 14(12): 2091-2106.

［10］ Wang X, Chen M, Song C, et al. Contourlet HMT Model with Directional Feature ［J］. SCIENCE CHINA Information Sciences, 2012, 55: 1563-1578.

［11］ 周先国,李开宁. 基于 Contourlet 变换的图像 DCT 去噪新方法［J］. 中国图像图形学报,2009,14(11):2212-2216.

［12］ Da C, Zhou J, Do M. The Nonsubsampled Contourlet Transform: Theory, Design and Applications［J］. IEEE Transactions on Image Processing, 2006, 15(10): 3089-3101.

［13］ LiS, Yang B. Hybrid Multiresolution Method for Multisensor Multimodal Image Fusion ［J］. IEEE Sensors Journal, 2010, 10: 1519-1526.

［14］ LiX, Xu J, Luo J, et al. Intensity Image Denoising for Laser Active Imaging System Using Nonsubsampled Contourlet Transform and SURE Approach［J］. International Journal for Light and Electron Optics, 2012, 123: 808-813.

［15］ Shensa M. The Discrete Wavelet Transform: Wedding the 'a Trous and Mallat Algorithms ［J］. IEEE Transactions on Signal Processing, 1992, 40: 2464-2482.

［16］ Chang S, Yu B, Vetterli M. Adaptive Wavelet Thresholding for Image Denoising and Compression［J］. IEEE Transactions on Image Processing, 2000, 9: 1532-1546.

［17］ SendurL, Selesnick I. Bivariate Shrinkage with Local Variance Estimation［J］. IEEE Signal Processing Letters, 2002, 9: 438-441.

第7章 跨尺度自适应运动图像增强研究

7.1 引 言

通过细节增强可进一步提升运动图像的视觉效果,使模糊了的细节信息和边缘轮廓更加清晰而突出。在图像的边缘轮廓及细节信息增强方面,Yun Ling 等[1]提出了一种自适应细节增强方法,在增强微小细节的同时,有效避免强边缘信息的过度放大。Gastal 和 Oliveira[2]提出了一种变换域边缘感知图像和视频增强方法,构建了快速的多尺度分解及增强框架。Paris 等[3]基于局部 Laplacian 滤波实现图像的多尺度分解,并在此基础上提出了一种边缘感知增强方法。Farbman 等[4]提出了一种基于加权最小二乘机制的图像细节增强方法,然而该方法存在一个限制,即需要求解大型的稀疏线性方程系统。白皓等[5]提出了一种基于曲波域的 SAR 图像特征增强方法,基于 Curvelet 变换提取图像边缘细节特征,并通过增强特征对应的 Curvelet 变换系数,实现特征增强。

然而,目前已有的图像增强方法往往不具有较好的自适应性,不同的图像往往需要设置不同的参数才能获取较好的增强效果。且这些方法在处理含噪图像时,由于无法有效地区分噪声和微小细节,因而无法有效地平衡抑制噪声和边缘细节增强这一对矛盾,增强的同时往往噪声也随之放大或者引入新的噪声干扰。此外,以上这些方法均是对图像进行全局处理,没有将人眼的视觉注意机制考虑进来,实现对人眼所重点关注的感兴趣区域的局部增强,因而增强后图像的视觉感知特性不强。

基于显著性的视觉注意模型[6,7]取得了较大发展,具有较高显著性值的区域意味着人眼对该区域的关注度更高。而基于显著性的视觉注意模型应用到增强领域的研究相对较少,如 Ke 等[8]提出了一种基于双边色调调整和显著性加权的对比度增强方法,只针对具有较高显著度的区域实现局部对比度增强,然而该方法在显著性计算中只是利用了单帧图像的视觉特征。而对于本章研究的运动图像,人眼所关注的往往是运动目标区域,而单纯基于单帧视觉显著性计算出的区域不一定是运动目标区域,因而需要针对运动图像的时空特性,综合空间域的视觉特征和时间域的运动信息两方面进行时空显著性计算,进而实现基于时空显著性的细节增强,构建视觉感知增强策略。

本章提出了基于时空显著性的跨尺度自适应增强算法(ST-CAE),进一步提升运动图像中运动目标细节增强效果,以获取高分辨率质量和高细节清晰度的运动图像。提出了一种基于多尺度变换的运动图像增强算法(NCTSD),充分利用 NSCT 变换在图像描述方面的优点,分析多尺度信息,利用相邻尺度间的相关性,有效地区分出图像细节和噪声,在去噪的过程中引入 SURE-LET 思想,达到在降噪过程中保持图像的边缘细节特征。

7.2 基于时空显著性的跨尺度自适应
增强(ST-CAE)算法的提出

7.2.1 ST-CAE算法研究动机

通过对运动图像细节特征的增强可进一步提升运动图像的视觉效果,增强模糊了的细节信息,可提供更清晰而丰富的运动细节信息。现有的增强方法仍然面临一些问题:不具有较好的自适应性,不同的图像往往需要设置不同的参数才能获取较好的增强效果;往往无法有效地平衡边缘细节增强和抑制噪声这一对矛盾,增强的同时引入新的噪声干扰;没有考虑到人眼的视觉注意机制,缺乏一定的视觉感知能力,因而增强后的图像不符合人眼的视觉感知特性。

针对如上问题,本节提出了基于时空显著性的跨尺度自适应增强(ST-CAE)算法,充分考虑人眼的视觉注意机制实现基于视觉感知的细节增强处理。该算法重点对人眼所关注的运动目标区域实现精细的增强,在保证增强效果的基础上进一步提升了增强效率。为达到这一目的,需要解决两方面问题:第一个问题是如何实现运动图像序列中人眼重点关注的时空显著性区域的检测;第二个问题是如何构建自适应的增强方法,实现显著性区域细节信息增强的同时,有效地抑制噪声。

针对问题一,目前最新的显著性检测技术如基于图论的视觉显著性检测方法[6]和基于情境的显著性检测方法[9]等,利用了单帧图像的颜色对比度、梯度、纹理等特征实现显著性计算。而对于运动图像序列,考虑到其时空特性,人眼所关注的目标区域往往是运动目标区域,而仅从单帧图像的空间尺度所获取的视觉显著性区域不一定就是运动区域,还需要结合运动图像在时间域的运动信息来进行运动显著性的计算。为此,需要从时间和空间两个维度来实现时空显著性的检测计算。本小节通过在空间域基于图论和相似性流行排序,进行视觉显著性检测以及在时间域进行压缩感知跟踪来实现时空显著性的检测,从而有效地提取时空显著性区域和非显著性区域。

针对问题二,构建局部自适应非高斯双变量统计,并在此基础上实现自适应阈值最优化求解,并提出基于时空显著性的自适应非线性增强函数,从而有效地解决问题二,在目标细节增强的同时有效地抑制噪声,并最终获取符合人类视觉感知特性的高分辨率运动图像。

7.2.2 ST-CAE算法描述

为了进一步增强运动图像的视觉效果,重点突出边缘轮廓和细节特征,增强模糊了的细节信息,本章对运动图像的特征增强方法进行了研究。为了有效地克服现有增强算子往往在增强的同时,噪声也随之放大或引入新的噪声干扰的问题,本章提出了一种基于时空显著性的跨尺度自适应增强算法,从而充分利用非下采样轮廓波变换(NSCT)域系数的尺度内和尺度间的统计相关性,更有效地将边缘细节信息和噪声能量进行区分,在实现特征增强的同时,有效地防止噪声放大。同时,结合人眼的视觉注意机制,该算法重点对人眼所关注的运动目标区域进行自适应增强处理,因而极大地提升了时间效率。

给定一个待增强的运动图像序列 $I_{ori} = \{I_1, \cdots, I_{t-1}, I_t, I_{t+1}, \cdots, I_n\}$,$n$ 表示序列中的运动

图像帧数。本章所构建的增强算法目的是对于每个 I_t，提取其时空显著性运动目标区域 $D_{st} \in D_{I_t}$，然后重点对显著性区域 D_{st} 进行自适应增强处理，获取增强后的图像 I_t'。如此逐帧处理后，获取增强后的运动图像序列 $I_{enh} = \{I_1', \cdots, I_{t-1}', I_t', I_{t+1}', \cdots, I_n'\}$。ST-CAE 算法框架如图 7-1 所示。整个增强流程主要包括时空显著性运动目标区域检测和提取以及基于时空显著性的跨尺度自适应增强两个过程。

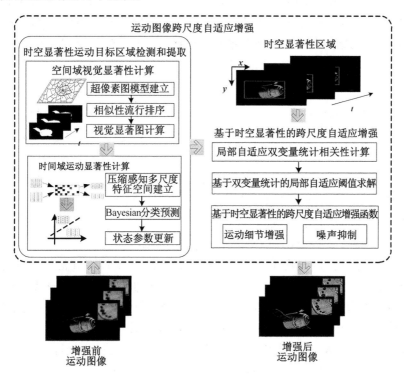

图 7-1　基于时空显著性的跨尺度自适应增强算法框架

1. 时空显著性运动目标区域检测和提取方法 (GC-STD) 的提出

本章结合运动图像序列在空间域的视觉特征和时间域的运动特征，通过空间域的视觉显著性计算和时间域的运动显著性计算，实现对人眼所重点关注的时空显著性运动目标区域的检测和提取，从而构建时空视觉注意机制。为进一步提升该机制下的增强方法的实时性能，提出了一种基于图论和压缩感知的时空显著性运动目标区域检测和提取方法 (GC-STD)。首先在图论的基础上，结合相似性排序方法对运动图像序列在空间域进行视觉特征的分析，从而检测出视觉显著性目标区域 D_v。将视觉显著性区域的检测问题描述为基于图论的流行排序问题。通过在图像的超像素构建的图模型上，计算各超像素结点与目标区域或非目标区域中给定的种子结点之间的相似性，并进行相似性排序来实现显著性目标区域的检测。

首先将待检测的图像进行超像素分割[10]构建一个超像素闭环图 $G = (V, E)$，其中 $V = \{x_1, x_2, \cdots, x_n\}$ 表示分割后的超像素结点集合，每个结点表示图像的一个局部块区域。E 表示两结点间的边缘，其权重通过矩阵 $\boldsymbol{W} = [\omega_{ij}]_{n \times n}$ 来度量，计算方法如下：

$$\omega_{i,j} = e^{-\frac{\|c_i - c_j\|}{\sigma^2}} \quad i, j \in V \tag{7-1}$$

其中 c_i 和 c_j 分别表示两超像素结点在 CIE LAB 颜色空间中的均值，σ 表示控制权重强度的常量。

在所构建的图模型 G 上采用二阶段策略和流行排序实现自下至上的显著性目标区域的检测。首先在第一阶段,分别选择图像四个边界区域中的结点作为非目标区域(背景区域)的种子结点,并将所有其他的结点与其进行相似性排序,以此分别构建四个显著图 S_t,S_b,S_l,S_r,并对其进行合并来获取最终的显著图 S_{bq}。以计算 S_t 为例,选择上边界结点为种子结点后,可获取到一个 N 维二值指示向量 $y=[y_1,y_2,\cdots,y_n]^T$,其中如果结点 i 为种子,则 $y_i=1$,否则 $y_i=0$。基于流行排序的显著性检测的过程等同于通过求解排序函数 $f:V \to R^n$(可记作向量 $f=[f_1,\cdots,f_n]^T$)来对其他所有非种子结点根据其与种子结点之间的相似性进行排序。f_i 表示排序得分,即为结点 i 的显著值,计算方法如下:

$$f_i=(D-\alpha W)^{-1}y \qquad (7\text{-}2)$$

其中矩阵 $D=\mathrm{diag}\{d_{11},\cdots,d_{m}\}$,$d_{ii}=\sum_j \omega_{ij}$,$\alpha=1/(1+\lambda)$,$W$ 为权重矩阵。

求解向量 f 后,对其在 $[0,1]$ 范围内进行归一化,获取其归一化向量 f',然后通过式(7-3)计算显著图 S_t。

$$S_t(i)=1-f'(i) \quad i=1,2,\cdots,N \qquad (7\text{-}3)$$

同理可用类似的方法分别求取显著图 S_b,S_l,S_r,并在此基础上通过式(7-4)获取最终的以非目标区域种子结点为先验的视觉显著图 S_{bq}。

$$S_{bq}(i)=S_t(i)\times S_b(i)\times S_l(i)\times S_r(i) \qquad (7\text{-}4)$$

在第二阶段,选取目标区域(前景区域)的种子结点,并对所有其他结点进行相似性排序,进一步提升显著性检测的精度。首先采用一个自适应阈值来对第一阶段获取的显著图进行二值化分割。为使得所选取的种子覆盖更多的目标区域,阈值确定为整个显著图的平均显著性。一旦显著性种子结点选取后,指示向量 y 便可确定,于是便可根据式(7-2)来求解排序向量 f,最终目标区域种子点获取的显著图 $S_{fq}(i)$ 通过对 f 在 $[0,1]$ 范围内进行归一化来获取,即:

$$S_{fq}(i)=f'(i) \quad i=1,2,\cdots,N \qquad (7\text{-}5)$$

在获取的视觉显著图 S_{fq} 的基础上,采用阈值 $T_f \in \lfloor 0,255 \rfloor$ 对其进行二值分割,从而获取空间域分析后的视觉显著性区域 D_v。

在视觉显著性检测的基础上,结合运动图像序列在时间域的运动信息来实现时空显著性的检测和提取。采用一种基于压缩感知的实时跟踪机制来提取时域的运动显著性目标区域 D_t。根据压缩感知理论,采用满足 RIP 条件的稀疏测量矩阵获取的低维压缩子空间可很好地保留原始高维特征空间的信息。为提升算法的实时性能,利用稀疏测量矩阵对前景目标和背景的特征进行压缩降维,并以此作为分类器训练学习的正样例和负样例,基于朴素贝叶斯分类器预测下一帧目标图像,从而确定目标区域位置。

在第 t 帧的时候,采样获取若干个目标(正样本 R^+)和背景(负样本 R^-)的图像块。对每个样本 $z \in R$,将其与式(7-6)定义的多尺度矩形滤波器 $\{h_{1,1},\cdots,h_{w,h}\}$ 进行卷积实现多尺度变换,从而获取各个图像块的多尺度 Haar-like 特征向量 $x=(x_1,\cdots,x_m)^T$。

$$h_{i,j}(x,y)=\begin{cases} 1, & 1\leqslant x\leqslant i,1\leqslant y\leqslant j \\ 0, & \text{其他} \end{cases} \qquad (7\text{-}6)$$

其中 i 和 j 分别是矩形滤波器的宽和高。

上述获取的 Haar-like 特征向量维度较高,因而对算法效率造成一定影响。为此,采用稀疏测量矩阵 $R \in R^{n\times m}$ 对高维特征空间 $x \in R^m$ 进行降维,采用特征映射 $Rx \to v$ 将其投影至低维特征空间 $x \in R^n (n \ll m)$。其中矩阵 R 满足高斯分布,即矩阵元素 $r_{ij} \sim N(0,1)$。定义如下:

$$r_{ij} = \sqrt{s} \times \begin{cases} 1, & P = \dfrac{1}{2s} \\ 0, & P = 1 - \dfrac{1}{s} \\ -1, & P = \dfrac{1}{2s} \end{cases} \tag{7-7}$$

设置 $s = m/4$ 构建矩阵 $\boldsymbol{R}$ 来实现 $\boldsymbol{Rx} \to \boldsymbol{v}$。在时间域中，目标区域的检测可抽象为运动目标和背景之间的二分类问题。本章采用降维后的特征去训练分类器。对于每个样本的低维特征向量 $\boldsymbol{v}$ 通过朴素贝叶斯分类器建模，如式(7-8)所示。为了实现算法的实时性能，这里假设 $\boldsymbol{v}$ 中各特征之间是相互独立的。

$$H(v) = \lg\left(\frac{\prod_{i=1}^{n} p(v_i \mid y = 1)p(y = 1)}{\prod_{i=1}^{n} p(v_i \mid y = 0)p(y = 0)} \right) = \sum_{i=1}^{n} \lg\left(\frac{p(v_i \mid y = 1)}{p(v_i \mid y = 0)} \right) \tag{7-8}$$

其中，$y \in \{0,1\}$ 表示样本标签，$y = 0$ 表示负样本，$y = 1$ 表示正样本。这里假设两个类的先验概率相等，即 $p(y = 1) = p(y = 0) = 0.5$。由于高维随机向量的随机投影已被证明是近似服从高斯分布的。因此分类器 $H(v)$ 中的条件概率 $p(v_i \mid y = 1)$ 和 $p(v_i \mid y = 0)$ 也近似服从高斯分布，可以用四个参数 $(\mu_i^1, \sigma_i^1, \mu_i^0, \sigma_i^0)$ 来描述。其中：

$$p(v_i \mid y = 1) \sim N(\mu_i^1, \sigma_i^1), \quad p(v_i \mid y = 0) \sim N(\mu_i^0, \sigma_i^0) \tag{7-9}$$

在由上一帧 $t-1$ 训练得到分类器 $H(v)$ 之后，在 $t-1$ 帧的目标区域 L_{t-1} 的相同位置采样第 t 帧的 n 个局部窗口，并对其进行滤波处理获取 Haar-like 特征向量。通过稀疏测量矩阵 $\boldsymbol{R}$ 进行降维，提取其低维特征向量。利用第 $t-1$ 帧学习好的朴素贝叶斯分类器进行预测，得到第 t 帧的目标区域 D_t 所在的位置状态 L_t。

通过合并以上空间域的目标区域 D_v 和时间域的目标区域 D_t，可检测并提取出最终的时空显著性运动目标区域 D_{st}。即：

$$D_{\text{st}} = D_v \bigcup D_t \tag{7-10}$$

随着运动图像序列内各帧图像的显著性运动目标区域 D_{st} 的确定，需要根据最新的目标位置状态信息，采用增量学习方法不断地更新分类器的参数，以进一步提升显著性目标区域检测和跟踪的精度。为了提升时间效率，每十帧更新一次分类器的参数。采用式(7-11)和式(7-12)对式(7-9)中的四个参数进行增量更新。

$$\mu_i^1 \leftarrow \lambda \mu_i^1 + (1 - \lambda)\mu^1 \tag{7-11}$$

$$\sigma_i^1 \leftarrow \sqrt{\lambda (\sigma_i^1)^2 + (1 - \lambda)(\sigma^1)^2 + \lambda(1 - \lambda)(\mu_i^1 - \mu^1)^2} \tag{7-12}$$

其中，学习因子 $\lambda > 0$，且 $\sigma^1 = \sqrt{\dfrac{1}{n} \sum_{k=0 \mid y=1}^{n-1} (v_i(k) - \mu^1)^2}$，$\mu^1 = \dfrac{1}{n} \sum_{k=0 \mid y=1}^{n-1} v_i(k)$。

2. 改进的局部自适应双变量统计相关性计算

Sendur 等[11]提出的双变量统计方法在去噪领域已取得了较好的效果，本章对其进行了改进，构建了局部自适应双变量统计相关性计算模型，并将其应用于图像细节特征增强。

为使现有双变量统计机制同时具备统计尺度内相关性的能力，借助局部空间能量对其进行了进一步的改进，基于局部自适应并设计合理的加权策略实现边缘方差的精确估计，使其同时具有尺度内空间相关性的计算能力，构建局部自适应非高斯双变量统计模型，从而建立 NSCT 域信号能量分布的层内层间混合统计模型。基于局部自适应估计的边缘方差的求解思想如下。

首先设定大小合适的当前观测系数 $y_1(k)$ 的局部区域窗口 $N(k)$，并基于该局部区域利用式(7-13)对当前系数 $y_1(k)$ 进行方差估计：

$$\hat{\sigma}_{y_1}^2(k) = 0.025 \times \frac{1}{\text{Num}} \sum_{y_1(j) \in N(k)} y_1{}^2(j) + \sqrt{\frac{1}{MN} \sum_{m=1}^{M} \sum_{n=1}^{N} (c_k^l(m,n) - \text{mean}_c)^2} \quad (7-13)$$

其中 Num 表示局部区域窗口中的 NSCT 系数的数量，$c_k^l(m,n)$ 是位于尺度 l 和子带方向 k 上的变换系数，mean_c 是子带 k 内的系数平均值，(M,N) 表示图像子带 k 的大小。

利用式(7-14)求解双变量统计相关性的边缘方差：

$$\hat{\sigma}_X^2(k) = \max(\hat{\sigma}_{y_1}^2(k) - \hat{\sigma}_n^2, 0) \quad (7-14)$$

对于噪声方差 $\hat{\sigma}_n^2$ 的计算，是根据不同尺度不同方向子带对应的系数自适应地确定，以取得更好的噪声估计效果。

$$\hat{\sigma}_n^2 = \frac{\text{Median}(|c_k^l(m,n)|)}{0.674\,5} \quad (7-15)$$

其中 $c_k^l(m,n)$ 是位于尺度 k 和方向 l 上的 NSCT 变换域高频系数。

利用非高斯双变量概率分布函数来刻画 NSCT 变换系数与其父系数之间的相关性 $P(w)$，如式(7-16)所示。

$$P(w) = \frac{3}{2\pi\sigma^2} \times \exp\left(-\frac{\sqrt{3}}{\sigma}\sqrt{w_c{}^2 + w_p^2}\right) \quad (7-16)$$

其中 σ^2 表示双变量统计相关性的边缘方差，$w = (w_c, w_p)$，w_p 为 w_c 的父系数，$P(w)$ 为 w_c 和 w_p 的联合概率密度。

3. 基于双变量统计的局部自适应阈值策略

通过采用局部自适应阈值策略，可实现对边缘细节信息和噪声更为精确的区分，从而进一步提升细节特征增强的效果。为此本章结合 NSCT 域系数的统计相关性，提出了一种局部自适应阈值策略，即改进后双变量阈值策略，具体计算方法如下：

$$T_{\text{adp}} = \frac{\sqrt{3}\hat{\sigma}_n^2}{\hat{\sigma}_X(k)} = \frac{\sqrt{3}\,\hat{\sigma}_n^2}{\sqrt{\max\left(0.025\,\frac{1}{\text{Num}}\sum_{y_1(j) \in N(k)} y_1{}^2(j) + \sqrt{\frac{1}{M \times N}\sum_{m=1}^{M}\sum_{n=1}^{N}(c_k^l(m,n) - \text{mean}_c)^2} - \hat{\sigma}_n^2, 0\right)}}$$

$$(7-17)$$

关于式(7-17)中各个参数描述的意义，参见 7.2.2 小节。

如果当前系数满足 $\sqrt{y_c^2 + y_p^2} \geqslant T_{\text{adp}}$ 时(其中 y_p 为 y_c 的父系数)，则该系数被认为是边缘细节信息，否则被认为是噪声。

4. 基于时空显著性的跨尺度自适应增强函数

分析人眼视觉系统的视觉特性发现，人眼视觉系统是一个多通道带通滤波非线性系统，对边缘轮廓及细节信息敏感度较高，而且人眼对图像平滑区的噪声敏感度要高于细节区。为此，结合以上人眼视觉特性设计了更符合视觉系统的增强算法，以使增强后的图像具有更好的视觉效果。在该增强算法中，对于运动目标区域的弱边缘和微小的细节特征的增强幅度要大一些，这是特征增强的关键。对于边缘轮廓信息和背景信息所对应的强边缘系数，增强幅度略小一些，这样可以避免过增强现象的发生。而对于相对较小的噪声系数，将其置为零，这样可以在特征增强的同时有效地抑制噪声。同时，为更有效地对边缘细节和噪声进行区分，防止伪吉布斯效应的发生，结合尺度内和尺度间的相关特性，来求解 NSCT 域的最优化阈值，并结合时

空显著性对增强方法进行改进,提出了一种基于时空显著性的跨尺度自适应增强函数,定义如下:

$$\hat{C}_{(s,d,m,n)} = \begin{cases} \dfrac{C_{(s,d,m,n)} \times M_{(s,d)}}{\left| C_{(s,d,m,n)} \right|} \times \left[\sin\left(\dfrac{\pi}{2} \times \dfrac{\left| C_{(s,d,m,n)} \right| - T}{M_{(s,d)} - T} \right) \right]^{P}, & 当\quad R \geqslant T_{\mathrm{adp}}, y_c \in \mathrm{HF}, y_c \in D_{\mathrm{st}} \\ K \times C_{(s,d,m,n)}, & 当\quad R \geqslant T_{\mathrm{adp}}, y_c \in \mathrm{HF}, y_c \notin D_{\mathrm{st}} \\ 0, & 当\quad R < T_{\mathrm{adp}}, y_c \in \mathrm{HF} \\ C_{(s,d,m,n)}, & 当\quad y_c \in \mathrm{LF} \end{cases}$$

$$(7\text{-}18)$$

其中 $R = \sqrt{y_c^2 + y_p^2}$,$y_c = \left| C_{(s,d,m,n)} \right|$,$y_p$ 为 y_c 的父系数。$C_{(s,d,m,n)}$ 表示尺度 s 和方向 d 对应的子带上位置 (m,n) 对应的 NSCT 系数,HF 和 LF 分别表示 NSCT 域的高频尺度和低频尺度。$\hat{C}_{(s,d,m,n)}$ 表示增强后的 NSCT 系数。$M_{(s,d)}$ 表示尺度 s 和方向 d 对应的子带上的最大系数的幅值。K 为增益因子,且 $K = f(y_c) = 4 \times \left[\sin\left(\dfrac{y_c}{3} \times \dfrac{\pi}{2} \right) \right]$,其值根据图像信号的强弱而自适应地确定,从而实现不同强度的非线性细节增强处理。T_{adp} 为相应子带对应的自适应阈值,基于该阈值设定,可有效地滤除噪声干扰,并防止噪声放大。该阈值随着 NSCT 域噪声级别和噪声分布的改变而自适应地确定。参数 p 是用于控制增强程度的一个常量。对于式(7-18)中用于对时空显著性运动目标区域细节增强的非线性增强函数曲线如图 7-2 所示。

如图 7-2 所示,非线性增强函数曲线的形状和增长幅度将随着参数 p 的变化而变化,且满足单调性和反对称性。为有效地增强弱边缘信息,参数 p 的值应该设定在 $p \in (0,1)$ 范围内,并且增强的程度将随着参数 p 的降低而增长。当 $C_{(s,d,m,n)} \in [T_{(s,d)}, M_{(s,d)}]$ 和 $C_{(s,d,m,n)} \in [-M_{(s,d)}, -T_{(s,d)}]$ 时,提出的非线性映射函数曲线的斜率绝对值将随着系数的增长而降低。因而,较小幅值对应的微小边缘和细节特征的增强幅度要大于强边缘,以防止发生过增强现象,而小于阈值 $T_{(s,d)}$ 的系数对应的噪声成分则被有效地进行抑制。

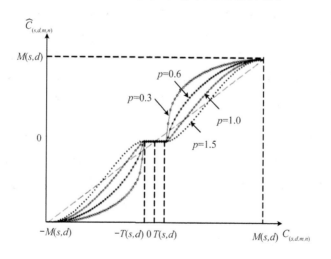

图 7-2　时空显著性运动目标区域非线性增强函数曲线图

5. ST-CAE 算法实现步骤

本章提出的基于时空显著性的跨尺度自适应增强算法(ST-CAE)的具体实现步骤如表 7-1 所示。

表 7-1 基于时空显著性的跨尺度自适应增强算法

算法：ST-CAE 算法

输入：增强前运动图像序列 $I_{ori} = \{I_1, \cdots, I_{t-1}, I_t, I_{t+1}, \cdots, I_n\}$ 及相关参数

输出：增强后运动图像序列 $I_{enh} = \{I'_1, \cdots, I'_{t-1}, I'_t, I'_{t+1}, \cdots, I'_n\}$

(1) 对于序列中的每个图像 I_t，进行超像素分割，并以分割后的超像素为结点构建图模型 $G = (V, E)$；

(2) 在图 G 上，分别选取四个边界为背景区域的种子结点，分别对其他结点根据式(7-1)计算与种子结点间的相似性值作为显著性值，并根据式(7-2)分别计算相应的显著图 S_t, S_b, S_l, S_r。根据式(7-3)获取以背景区域结点为种子的显著性区域 S_{bq}；

(3) 采用自适应阈值对 S_{bq} 进行二值化分割，选取目标区域结点为种子结点，再次根据式(7-2)和式(7-4)计算显著图 S_{fq}，并对 S_{fq} 采用阈值 $T_f \in [0, 255]$ 进行二值分割，获取空间域分析后的视觉显著性区域 D_v；

(4) 在 $t-1$ 帧图像检测到的目标区域 D_{t-1} 位置 L_{t-1} 的周围 $(D^\gamma = \{z \mid ||I(z) - I_{t-1}|| < \gamma\})$ 采样 n 个图像块，对这些图像块进行 Haar-like 特征提取，并基于稀疏测量矩阵进行特征压缩降维，得到每个图像块的特征向量 v；

(5) 采用式(7-8)中分类器 $H(v)$ 对提取的 v 进行分类，找到最大分类分数的图像块作为当前帧图像检测到的目标区域 D_t，位置为 L_t；

(6) 获取时空显著性运动目标区域 $D_{st} = D_v \bigcup D_t, D_{st} \in D_{I_t}$；

(7) 在目标位置 L_t 周围采样两个样本集 $D^\alpha = \{z \mid ||L(z) - L_t|| < \alpha\}$ 和 $D^{\delta, \beta} = \{z \mid \delta < ||L(z) - L_t|| < \beta\}, \alpha < \delta < \beta$。按照步骤(4)同样的方法提取上述两个样本集的特征，通过式(7-11)和式(7-12)来更新分类器参数；

(8) 基于非下采样轮廓波变换对图像 I_t 进行多尺度多方向分解，分解为高频尺度 HF 和低频尺度 LF，获取其变换域系数 w；

(9) 对于不同尺度不同方向的变换系数 w，根据式(7-17)求解相应的基于改进双变量统计的局部自适应阈值 T_{adp}，实现边缘细节信息和噪声的有效区分。并基于 T_{adp} 和式(7-18)所示的基于时空显著性的跨尺度自适应增强函数，实现图像的非线性细节增强和噪声滤除；

(10) 基于非下采样轮廓波逆变换进行重构，获取增强后的图像 I'_t。

6. ST-CAE 算法时间复杂度分析

在时空显著性 D_{st} 检测阶段，包含空间域视觉显著性区域 D_v 检测和时间域运动显著性区域 D_t 检测两个过程。其中在 D_v 检测过程，假设运动图像序列的帧数为 N_{ds}，超像素分割后构建的图模型结点数为 K_{sp}，选取的种子结点数为 N_q，则 D_v 检测过程的时间复杂度为 $O(N_{ds} N_q K_{sp})$。在 D_t 检测过程，假设各帧图像中采样的图像块数目为 N_b，每个图像块中提取的原始特征数为 M_f，压缩降维后的特征数为 N_f，则 D_t 检测过程的时间复杂度为 $O(N_{ds} N_b M_f) + O(N_{ds} N_b N_f)$，从而整个时空显著性检测阶段的时间复杂度为 $O(N_{ds} N_q K_{sp}) + O(N_{ds} N_b M_f) + O(N_{ds} N_b N_f)$。在跨尺度自适应增强阶段，假设每帧图像的大小为 $A \times B$，非下采样轮廓波变换分解的尺度数为 S，每一尺度下分解的方向数为 D，同一尺度下不同方向下的变换域系数的平均数目为 N_c，则跨尺度自适应增强阶段的时间复杂度为 $O(N_{ds} N_c SD) + O(N_{ds} AB)$。从而整个 ST-CAE 算法的时间复杂度为 $O(N_{ds} N_q K_{sp}) + O(N_{ds} N_b M_f) + O(N_{ds} N_b N_f) + O(N_{ds} N_c SD) + O(N_{ds} AB)$。

7.2.3 ST-CAE 算法实验结果及分析

1. 实验数据集和客观评价指标

实验数据主要来源于从优酷网站上下载的空间视频（来自 http://www.youku.com/网站），本章将其拆分成帧序列，从而构造了空间运动图像序列，包括"卫星1"（分辨率为320×240）、"卫星2"（分辨率为320×172）、"卫星3"（分辨率为640×345）、"卫星4"（分辨率为

592×256)和"机械手"等空间序列。为了验证提出的特征增强算法(ST-CAE)的有效性,设计了两组实验。实验一验证提出的 ST-CAE 增强算法的性能,从主观视觉效果和客观评价指标两方面进行评价,并与自适应反锐化掩膜锐化增强算法(AUMS)和局部 Laplacian 滤波细节增强算法(LLDE)[12]进行对比分析。实验二验证不同的阈值策略对于提出的增强算法性能的影响,从而验证改进后的阈值策略和本章提出的增强函数组合的有效性。本章采用三个客观评价指标,即信息熵、平均梯度和边缘能量对增强算法的性能进行评价。计算方法如下。

(1) 信息熵(IE)

IE 是度量图像中信息量丰富程度的重要指标,增强后图像的信息熵值越大,说明图像包含的信息量越多。假设图像的灰度分布为 $P=\{p_1,p_2,p_3,\cdots,p_i,\cdots,p_n\}$,$p_i$ 表示像素灰度值为 i 的概率,即灰度值为 i 的像素数 N_i 与总像素数 N 的比值,K 为图像总的灰度级数。IE 定义如下:

$$IE = -\sum_{i=1}^{K-1} P_i \log_2(P_i) \tag{7-19}$$

(2) 平均梯度(AG)

AG 指标用于度量图像的清晰度,反映图像中的微小细节反差与纹理变化特征。AG 值越大,说明增强后图像的质量越好。AG 定义为:

$$AG = \frac{1}{M \times N} \sum_{i=1}^{M} \sum_{j=1}^{N} [\Delta x f(i,j)^2 + \Delta y f(i,j)^2]^{1/2} \tag{7-20}$$

其中 M 和 N 分别表示图像的长和宽。函数 $f(i,j)$ 表示增强后的图像。$\Delta x f(i,j)$ 和 $\Delta y f(i,j)$ 分别为像素 (i,j) 在 x 和 y 方向上的一阶差分。

(3) 边缘能量(EE)

EE 指标衡量图像的边缘强度。该指标在对图像进行边缘提取的基础上,计算边缘信息的能量值。EE 值越大,说明图像包含的边缘信息量越多。EE 定义如下:

$$EE = \frac{1}{M \times N} \sum_{i=1}^{M} \sum_{j=1}^{N} \sqrt{G_x^2(f(i,j)) + G_y^2(f(i,j))} \tag{7-21}$$

其中 M 和 N 分别表示图像的长和宽。函数 $f(i,j)$ 表示增强后的图像。$G_x(f(i,j))$ 及 $G_y(f(i,j))$ 分别代表经横向 x 方向及纵向 y 方向进行 Sobel 边缘检测的图像。

2. ST-CAE 算法实验结果及分析

(1) 实验一:不同算法对运动图像序列的增强效果对比实验

1) 主观视觉效果对比

在实验一中,验证提出的 ST-CAE 增强算法的性能,并和 AUMS 和 LLDE 算法进行对比分析。

图 7-3、图 7-4、图 7-5 和图 7-6 分别展示了空间运动图像序列"卫星 1"(帧 50 和帧 300)、"卫星 2"(帧 5 和帧 153)、"卫星 3"(帧 12 和帧 63)和"卫星 4"(帧 24 和帧 57)中的显著性区域检测结果以及分别在 AUMS、LLDE 和 ST-CAE 算法下的增强视觉效果。

2) 客观评价指标对比

图 7-7 展示了提出的 ST-CAE 算法与另外两种对比算法的增强效果的客观指标值对比曲线,表 7-2 给出了不同算法增强效果的客观评价指标平均值。

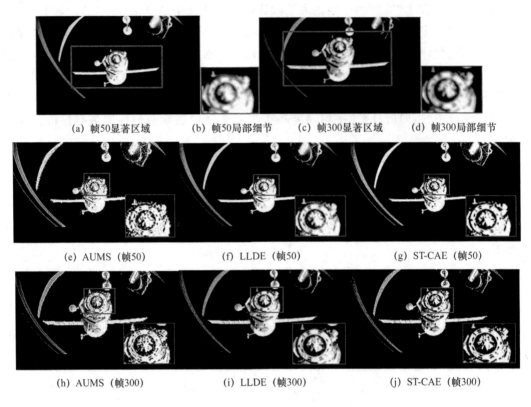

(a) 帧50显著区域　　(b) 帧50局部细节　　(c) 帧300显著区域　　(d) 帧300局部细节

(e) AUMS（帧50）　　　　(f) LLDE（帧50）　　　　(g) ST-CAE（帧50）

(h) AUMS（帧300）　　　　(i) LLDE（帧300）　　　　(j) ST-CAE（帧300）

图 7-3　空间运动图像序列"卫星 1"在不同算法下的增强效果图

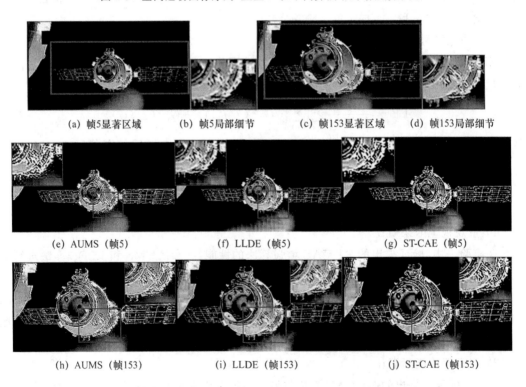

(a) 帧5显著区域　　(b) 帧5局部细节　　(c) 帧153显著区域　　(d) 帧153局部细节

(e) AUMS（帧5）　　　　(f) LLDE（帧5）　　　　(g) ST-CAE（帧5）

(h) AUMS（帧153）　　　　(i) LLDE（帧153）　　　　(j) ST-CAE（帧153）

图 7-4　空间运动图像序列"卫星 2"在不同算法下的增强效果图

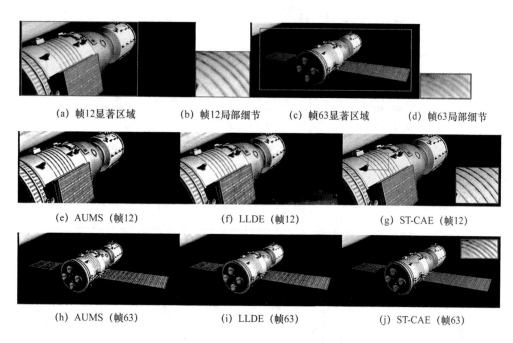

图 7-5　空间运动图像序列"卫星 3"在不同算法下的增强效果图

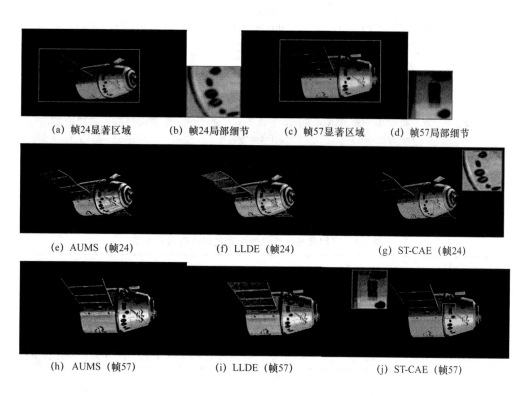

图 7-6　空间运动图像序列"卫星 4"在不同算法下的增强效果图

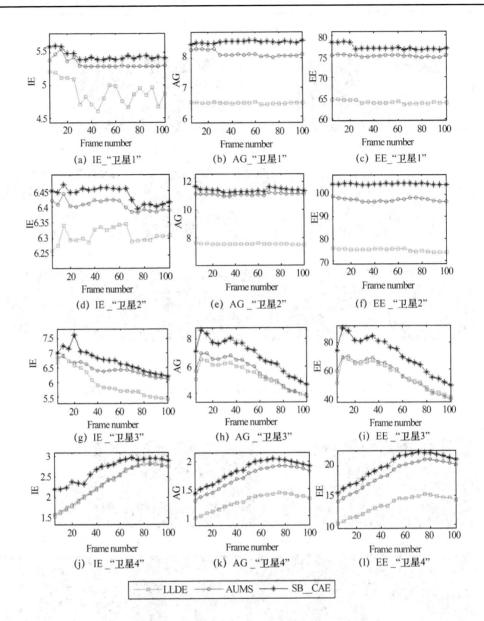

图 7-7　不同算法的增强效果客观评价指标对比

表 7-2　不同算法的增强效果客观评价指标平均值

空间运动图像序列	客观评价指标	AUMS	LLDE	ST-CAE
卫星 1	EE	75.868 9	64.643 5	77.665 1
	AG	8.180 4	6.547 5	8.662 3
	IE	5.304 1	4.196 0	5.415 7
卫星 2	EE	129.496 7	97.683 7	142.373 7
	AG	15.224 1	10.005 4	15.411 6
	IE	6.744 3	6.608 7	6.778 1

续表

空间运动 图像序列	客观 评价指标	AUMS	LLDE	ST-CAE
卫星 3	EE	54.689 3	54.429 0	68.979 1
	AG	5.411 6	5.191 2	6.587 8
	IE	6.423 2	5.929 4	6.653 5
卫星 4	EE	18.609 1	13.422 9	20.023 2
	AG	1.709 2	1.266 5	1.843 2
	IE	2.370 2	2.345 2	2.525 4

3）实验结果分析

图 7-3 中给出了空间运动图像"卫星 1"中帧 50 和帧 300 的原始帧及其局部细节放大效果以及 AUMS、LLDE 和 ST-CAE 三种算法分别对帧 50 和帧 300 的增强视觉效果图和局部细节放大效果图（见图中红色矩形框）。通过分析可以看出,相比图 7-3(b)和图 7-3(d)中原始帧的局部细节效果,三种算法均取得了一定的细节增强效果。然而 AUMS 算法的增强效果中存在明显的边缘毛刺现象,LLDE 算法的边缘锐化效果不是很明显,细节信息仍存在模糊现象,相比之下本章 ST-CAE 算法取得了更好的视觉效果,增强后使原始拍摄的细节信息模糊的图像细节信息更加清晰可见。

图 7-4 中给出了空间运动图像"卫星 2"中帧 5 和帧 153 的原始帧及其局部细节放大效果以及 AUMS、LLDE 和 ST-CAE 三种算法分别对帧 5 和帧 153 的增强视觉效果图和局部细节放大效果图。分析可见 AUMS 算法的增强效果中存在明显的边缘毛刺现象,且图像色彩的丰富程度明显减少,像素间颜色的过渡显得很不自然,存在色彩失真现象。LLDE 算法存在一定边缘模糊现象,且增强的同时,引入了新的噪声成分,如图 7-4(f)和图 7-4(i)中增强效果中产生了较严重的马赛克现象。而本章 ST-CAE 算法增强后的细节信息更加清晰,无色彩失真现象,且增强的同时在一定程度上实现了噪声抑制。

从图 7-5 和图 7-6 中 AUMS、LLDE 和 ST-CAE 算法对空间运动图像"卫星 3"（帧 12 和帧 63）和"卫星 4"（帧 24 和帧 57）的增强视觉效果和局部细节放大效果可以看出,相比原始帧的局部细节效果三种算法均对目标细节进行了增强。然而 AUMS 和 LLDE 算法在增强的同时产生了严重的色彩失真现象。且从图 7-5 来看,LLDE 算法对于"卫星 3"序列的处理,增强的同时在背景信息中引入了新的噪声瑕疵。而相比之下本章提出的 ST-CAE 算法增强后的视觉效果更加自然,原始模糊的细节信息变得更加清晰,且无色彩失真现象。

分析图 7-7 和表 7-2 中数据可以看出,相比 AUMS 和 LLDE 算法,提出的增强 ST-CAE 算法不论从主观视觉效果还是客观评价指标方面均占有优势。相比 LLDE 和 AUMS 算法,本章提出的 ST-CAE 算法在 EE 指标方面分别平均提升了 36％和 12％;在 AG 指标方面分别平均提升了 39％和 10％;在 IE 指标方面分别平均提升了 13％和 4％。

（2）实验二:不同的阈值策略对运动图像序列增强效果的对比实验

在实验二中,验证提出的基于双变量统计的局部自适应阈值策略（改进后双变量阈值）的有效性,并和简单自适应阈值、贝叶斯阈值、传统基于双变量统计的阈值（传统双变量阈值）进行对比。在四种不同的阈值策略下,采用提出的非线性增强算法分别进行验证。图 7-8 和

表 7-3 给出了空间序列"卫星 3"中的帧 82 和"机械手"在不同阈值策略下的增强效果客观评价指标,图 7-9 给出了不同阈值策略下的"机械手"增强视觉效果图。

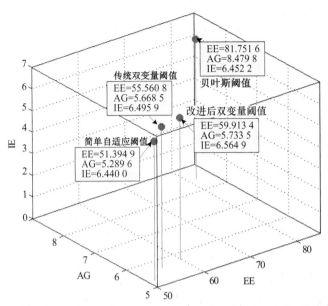

(a) 空间运动图像序列"卫星3"中的帧82在不同阈值策略下的增强效果客观指标

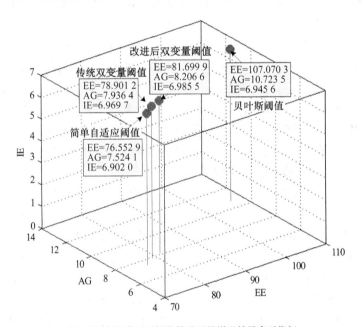

(b) "机械手"在不同阈值策略下的增强效果客观指标

图 7-8 不同阈值策略下的增强效果客观评价指标

观察图 7-8 和表 7-3 中数据可以看出,相比其他三种阈值策略,改进后的双变量阈值策略在提出的非线性增强算法下的性能更优,在 EE、AG、IE 三个客观评价指标方面均占有优势。改进后双变量阈值相比改进前 EE 指标提升了 6%,AG 指标提升了 3%,IE 指标提升了 1%。虽然贝叶斯阈值在 EE 和 AG 上比改进后的双变量阈值获取了更高的指标值,但是从图 7-9 所示的视觉效果图来看,贝叶斯阈值下的增强效果产生了明显的过增强现象。且从信息熵 IE 指标来看,改进后的策略仍然占有优势。相比之下提出的基于局部自适应双变量统计的非线性特征增强算法,即改进后的双变量阈值和提出的非线性增强函数的组合,整体性能更优。

表 7-3　不同阈值策略下的增强效果客观评价指标

图像帧	阈值策略	客观评价指标		
		EE	AG	IE
"卫星3"	简单自适应阈值	51.394 9	5.289 6	6.440 0
	贝叶斯阈值	81.751 6	8.479 8	6.452 2
	传统双变量阈值	55.560 8	5.668 5	6.495 9
	改进后双变量阈值	59.913 4	5.733 5	6.564 9
"机械手"	简单自适应阈值	76.552 9	7.524 1	6.902 0
	贝叶斯阈值	107.070 3	10.723 5	6.945 6
	传统双变量阈值	78.901 2	7.936 4	6.969 7
	改进后双变量阈值	81.699 9	8.206 6	6.985 5

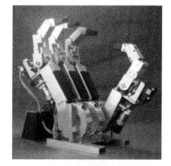

(a) 原始图像

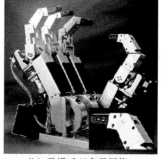

(b) 改进后双变量阈值

(c) 简单自适应阈值

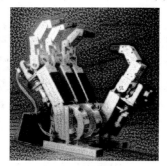

(d) 贝叶斯阈值

(e) 传统双变量阈值

图 7-9　不同阈值策略对"机械手"的增强效果图

对比图 7-9 中不同阈值策略下的"机械手"增强视觉效果图,可以发现基于简单自适应阈值的增强效果中有明显的白色颗粒瑕疵,视觉效果较差。基于贝叶斯阈值的增强效果中有明显的颗粒感和背景过增强现象。传统双变量阈值的增强效果中存在毛边,且边缘处出现光晕现象(见图 7-9 中红色矩形框内局部细节放大效果)。改进后的算法则呈现出更好的视觉效果,边缘及细节信息更加清晰,目标轮廓更加突出,且有效克服了传统双变量阈值下产生的毛边和光晕问题(见图 7-9 中红色矩形框内局部细节放大效果)。

7.3 基于多尺度变换的运动图像增强(NCTSD)算法的提出

7.3.1 非下采样 Contourlet 变换工具

非下采样 Contourlet 变换(NSCT)是 Contourlet 变换的一个重要分支,具有多尺度的分解特性以及平移不变性。作为一个几何特征分析的方法,NSCT 变换具有本地多分辨率以及多方向的特性[13],能够解决传统轮廓变换的频率混叠问题,可以消除图像边缘细节产生的伪吉布斯现象。和小波变换相比,NSCT 变换可以更精确地描述图像的边缘轮廓。在处理过程中有利于对尺度和子带进行选择,提升了方法的灵活性。图 7-10 是 NSCT 变换示意图。

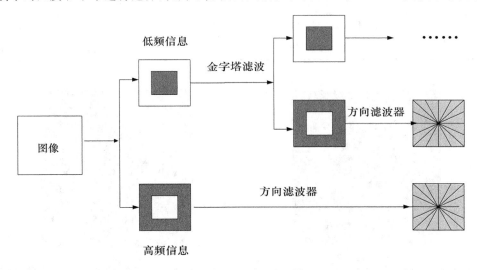

图 7-10　NSCT 变换示意图

NSCT 变换由两部分组成,拉普拉斯金字塔滤波器组(LPB)和方向滤波器组(DFB)[14],并在进行两种滤波操作的过程中移除掉下采样操作,先通过 LPB 将输入图像进行分解操作,由于去除了非向下采样操作,所以得到的多尺度的分解系数矩阵和原图像尺寸一致,在每个尺度上应用 DFB,得到相应尺度上不同方向的系数矩阵,得到对原始图像的多尺度多方向分解的系数矩阵。

1. 非下采样的金字塔分解

拉普拉斯金字塔分解是一种高效的图像采样分解方法,对图像进行一次分解操作,都会获得相应的低频部分和高频部分,由于要得到非向下采样的数据信息,就需要对滤波器进行上采样操作,利用得到的滤波器对图像进行滤波,其中每次操作都是在低频部分进行,得到下一尺度的高频信息和低频信息,如此迭代循环得到图像的多尺度分解系数。整个分解过程如图 7-11 所示,H_j 表示 j 尺度上的低通滤波器,G_j 表示 j 尺度上的高通滤波器,x_j 表示 j 尺度上的低频子带,y_j 表示 j 尺度上的带通方向子带。

2. 非下采样的方向滤波器组

非下采样的方向滤波器组(NSDFB)采用扇形方向滤波器组的思想,构造了一组双通道非下采样滤波器组,以实现对每个带通方向子带的多方向分解。NSDFB 的多方向分解过程如下：首先对上一级方向分解的滤波器进行旋转，再使用此滤波器对上一级方向分解的结果进行滤波，通过以上过程的迭代完成该尺度带通方向子带的多方向分解。使用双通道扇形滤波器组来实现四通道非采样方向滤波器组的示意图如图 7-12 所示。

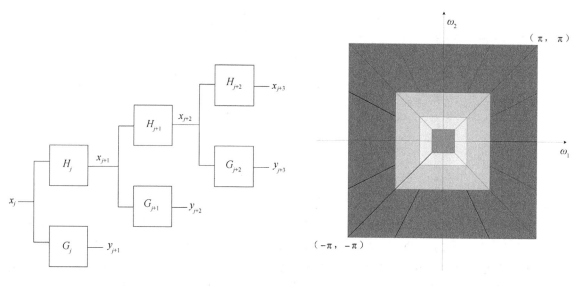

图 7-11 非下采样金字塔滤波   图 7-12 双通道滤波器示意图

非下采样的方向滤波组通过构造双通道的滤波组，对 LPB 得到的频率矩阵进行多方向分解。低通方向滤波器作用于低频信息，高通方向滤波器作用于高频信息，进而实现对多尺度分解系数的多方向分解。具体的分解过程是首先对上一尺度的滤波器进行旋转，对上一尺度的分解结果进行滤波。通过设定方向参数，得到该图像的多尺度和多方向分解。

7.3.2 NCTSD 算法描述

运动图像的细节信息能够反映出很多内容，特别是一些边缘细节信息，对于目标的跟踪、飞行器对接具有重要的作用。NSCT 变换能多尺度、多角度地刻画处理图像的信息，充分表达图像的特征，因此对图像进行 NSCT 变换后，求出理想的阈值，区分出图像边缘细节信息和噪声，这样对图像进行去噪就不会影响细节信息，使用增强函数得到最后增强的图像。本章提出一种基于多尺度变换的运动图像增强（NCTSD）算法，该算法流程图如图 7-13 所示。

1. 局部自适应阈值

为了能使求出的阈值更加接近理想阈值，需要综合考虑图像的特征信息，既要考虑图像的全局特征，又要考虑多尺度多角度的系数特征，这样求出的阈值才能更好地区分出图像边缘细节特征和噪声。阈值求解方法如式（7-22）所示：

$$\text{Thr}(j,d) = \frac{\sqrt{3}\,(\hat{\sigma}_n)^2}{\sqrt{\max\left(\dfrac{1}{\text{windows}}\sum_{w(j,d,l)} w(j,d,l) - (\hat{\sigma}_n)^2, 0\right)}} \tag{7-22}$$

$\text{Thr}(j,d)$ 表示在 NSCT 变换得到的尺度 j 和方向 d 的系数矩阵的自适应阈值，windows 表示邻域窗口的大小，$(\hat{\sigma}_n)^2$ 是图像的噪声方差估计，表征整幅图像的噪声特征，可以通过式（7-23）求得，该估计是假设噪声符合高斯正态分布，针对独立的正态联合分布趋于无穷时得到的结论，它是理想阈值的最大值，因此单纯用它来进行阈值计算，难免会造成高频信息的丢失，

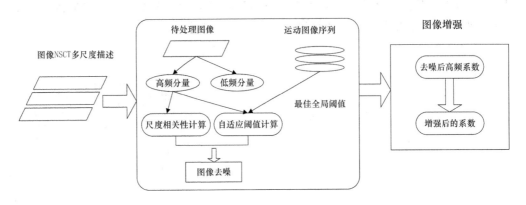

图 7-13　基于多尺度变换的运动图像增强算法流程图

即图像的边缘细节信息造成流失,所以考虑到具体子带的特征来对阈值的求法进行改进。在考虑子带系数矩阵时,单个频率系数很难判断出该系数对应的是高频细节信息还是噪声点,因此采用窗口邻域的思想,引入邻域系数的综合特征,可以避免单个特殊系数的影响。$w(j,d,l)$ 是尺度 j 和方向 d 的系数矩阵的邻域窗口矩阵,采用该矩阵求解公式,综合了全局噪声特点和子带的邻域系数的特点,因此该算式求解阈值更加接近于理想阈值。

$(\hat{\sigma}_n)^2$ 是对噪声方差的一个近似估计,计算方法如式(7-23)所示:

$$(\hat{\sigma}_n)^2 = \frac{\text{Median}(|w^h(u,v)|)}{\tau} \tag{7-23}$$

其中 $w^h(u,v)$ 表示 NSCT 变换的第一次尺度分解得出的高频信息,τ 根据经验值取 0.674 5。

通过应用上面的局部自适应阈值方法,更多的图像边缘细节信息在去噪后能保留下来,此外本章还应用 SUER-LET 的方法通过构建基本的最优线性组合来确定阈值收缩,因为它是均方差准则下的无偏估计,因此可以进一步提高图像去噪的效果。构造的阈值收缩函数如式(7-24)和式(7-25)所示。

$$\theta_j(\bar{\omega}) = a_{j,1} t_1(\omega) + a_{j,2} t_2(\omega) \tag{7-24}$$

$$t_1(\omega) = \omega, t_2(\omega) = \omega\left(1 - e^{-\left(\frac{\omega}{3\hat{\sigma}_n}\right)^8}\right) \tag{7-25}$$

其中 $a_{j,1}$ 和 $a_{j,2}$ 是线性参数,满足 $a_{j,1} + a_{j,2} = 1$,函数 t_1 和 t_2 是两个基本的元素膨胀函数,经过该阈值收缩得到的阈值更加接近于最佳阈值。

2. 尺度间相关性策略和增强函数

NSCT 变换的平移不变性使通过观察变换系数的特征来获取噪声信息成为可能。通过观察变换系数,可以发现噪声和图像细节信息的分布有所区别,图像明显的细节边缘信息都对应着较高的系数,弱边缘以及其他的信息则分布在系数的中间值部分,因为噪声具有不稳定性,所以其分布也不稳定,有的混淆在细节特征系数中,有的混淆在系数矩阵的中间值部分。局部自适应阈值可以很好地去除掉混杂在高频部分的噪声。实验中观察 NSCT 变换系数,发现噪声在不同尺度的系数上的分布具有很大区别,而图像弱边缘和其他的有效信息在不同尺度系数上分布就有较高的一致性,特别是和上层父尺度系数,也就是具有尺度间相关性。因此,可以通过计算尺度的相关性对要增强的系数做一个控制策略,如待处理的系数是图像边缘有效信息就对其应用增强因子,达到增强效果。如果判断是噪声点,则直接将其置为 0,尺度相关性判断函数如式(7-26)和式(7-27)所示。

$$R = \sqrt{(\mathrm{abs}(y_1))^2 + (\mathrm{abs}(y_2))^2} - \theta_j(\bar{\omega}) \tag{7-26}$$

$$\mathrm{Relation} = \begin{cases} 1 & R > 0 \\ 0 & R < 0 \end{cases} \tag{7-27}$$

其中 y_1 和 y_2 表示相邻尺度的变换系数,如果 R 大于 0,则可判断是图像的有效信息,如果小于 0 就判断为图像噪声。

为了在运动图像增强的过程中,在对运动图像边缘轮廓细节进行强化的同时能够避免对噪声的放大,采用的增强函数如式(7-28)所示。

$$\hat{C}_{(s,d,m,n)} = \begin{cases} 0 & \text{当 } | C_{(s,d,m,n)} | < T_{(s,d)} \\ \dfrac{C_{(s,d,m,n)} \cdot M(s,d)}{| C_{(s,d,m,n)} |} \cdot \left[\sin\left(\dfrac{\pi}{2}\right) * \dfrac{| C_{(s,d,m,n)} | - T_{(s,d)}}{M_{(s,d)} - T_{(s,d)}} \right]^p & \text{当 } | C_{(s,d,m,n)} | > T_{(s,d)} \end{cases}$$
$$\tag{7-28}$$

其中 $C_{(s,d,m,n)}$ 代表 NSCT 变换后 s 尺度、d 方向的分解矩阵的其中一个系数,$T_{(s,d)}$ 表示在相应子带的阈值,$M_{(s,d)}$ 表示相应子带系数的最大值。$T_{(s,d)}$ 阈值是考虑相邻尺度的相关性所求得的阈值,当系数小于 $T_{(s,d)}$ 时,则此系数被认为是噪声系数,应该清零,当系数大于 $T_{(s,d)}$ 时,系数被当作细节边缘信息,应该对此做增强处理。NCTSD 算法步骤如下。

(1) 输入待处理的含噪图像,对图像进行 NSCT 变换,得到图像的多尺度和多方向的分解系数。

(2) 根据第一次尺度分解出来的高频信息,得到对噪声标准差的估计。

(3) 考虑子带系数的邻域特征,由邻域系数和式(7-23)得到的噪声标准差,根据式(7-22)得到去噪阈值。

(4) 对去噪系数进行增强,根据式(7-26)考虑尺度间的相关性,采用式(7-28)进行增强。

(5) 对增强后的系数进行 NSCT 逆变换,得到最终的增强后的图像。

7.3.3 实验结果及分析

为了验证本章所提出的增强算法的效果,将本章算法(NCTSD)分别与小波域 SURE-LET 算法(WT_SURE-LET)、BiShrink、BayesShrink、中值滤波增强算法(MFD)进行实验对比分析。小波变换选择 Haar 小波基函数;在 NSCT 变换中,选择"maxflat"非下采样塔型分解和"dmaxflat7"非下采样方向滤波器组。使用的图像分别是航天员和机械手,实验均在变换域对图像执行由粗到精的三尺度分解。当噪声级别为 20 时,航天员的增强结果如图 7-14 所示,机械手的增强结果如图 7-15 所示。对于以上列出的几种不同的图像增强算法,在不同的噪声级别下的增强效果的实验结果对比指标图如图 7-16 所示,红色折线是本章算法 NCTSD,蓝色折线是 WT_SURE-LET,粉红色折线是 BiShrink,绿色折线是 BayesShrink,黄色折线是 MFD。

从上述实验可以看出,频率域的多尺度分析增强方法相比空域的增强方法,无论从主观视觉效果还是从定量客观评价标准 PSNR 和 MSSIM 上,均取得了更好的效果,尤其是当噪声级别较高的情况下,频率域法具有一定的优势。

从图 7-16(a)可以看出,本章算法 NCTSD、WT_SURE-LET 和 BiShrink 在任何噪声级别下的 PSNR 指标值明显高于 BayesShrink 和 MFD 方法。尤其是当噪声级别较大时,也保持在一个较高的水平。而 BayesShrink 方法和 MFD 方法往往在噪声级别相对较小时,表现出较好的性能,PSNR 值较高。当噪声级别较大的情况下,例如,当噪声级别增长到 20 的时候,性

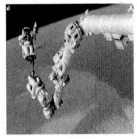

(a) 含噪图像
(PSNR:22.11 dB MSSIM:0.27)   (b) MFD 增强效果
(PSNR: 28.81 dB MSSIM:0.59)   (c) BayesShrink增强效果
(PSNR: 30.63 dB MSSIM:0.74)

(d) BiShrink增强效果
(PSNR: 32.96 dB MSSIM:0.88)   (e) WT_SURE-LET增强效果
(PSNR: 33.26 dB MSSIM:0.89)   (f) NCTSD增强效果
(PSNR: 33.88 dB MSSIM:0.94)

图 7-14　航天员去噪效果对比图

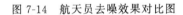

(a) 含噪图像
(PSNR:22.11 dB MSSIM:0.31)   (b) MFD 增强效果
(PSNR: 28.14 dB MSSIM:0.61)   (c) BayesShrink增强效果
(PSNR: 29.78 dB MSSIM:0.74)

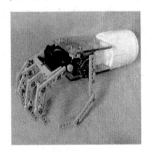

(d) BiShrink增强效果
(PSNR: 31.83 dB MSSIM:0.85)   (e) WT_SURE-LET增强效果
(PSNR: 32.05 dB MSSIM:0.86)   (f) NCTSD增强效果
(PSNR: 32.66 dB MSSIM:0.92)

图 7-15　机械手增强效果对比图

能较差。可见这两种方法对噪声强度的适应性不是很强,而且这两种方法在噪声强度为 30 时,PSNR 值也仅维持在 28 dB 左右,而本章算法 NCTSD、WT_SURE-LET 和 BiShrink 方法则依然保持在 30 dB 以上。

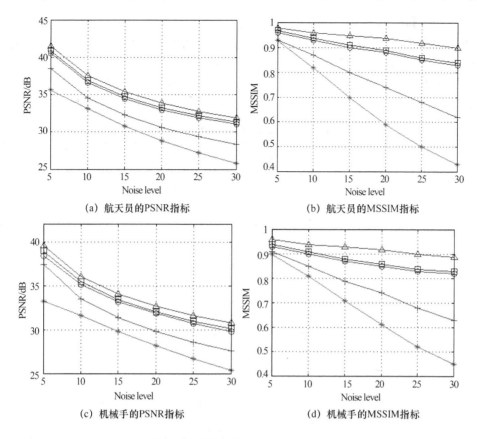

图 7-16　图像的效果客观指标对比图

　　从 PSNR 评价指标看,本章算法 NCTSD 在各种噪声强度下均高于 WT_SURE-LET 方法,由此可见采用 NSCT 跨尺度几何分析方法和尺度间相关性策略的 SURE-LET 增强方法,对于传统的小波域的 SURE-LET 增强算法是一个较大的改进,进一步提升了增强的质量。图 7-16(c)中所列出的关于机械手的实验数据也呈现出与此同样的规律。

　　从图 7-16(b)可以看出,基于 SURE-LET 思想的 WT_SURE-LET 和 NCTSD 方法在各种噪声级别下的 MSSIM 指标要明显优于 BiShrink、BayesShrink 和 MFD 方法。尤其是当噪声级别比较大的情况下,基于 SURE-LET 思想的 WT_SURE-LET 和 NCTSD 方法更占有优势。例如,从图 7-16(b)中可以看出,当噪声级别由 20 增长到 30 的过程中,WT_SURE-LET 算法的 MSSIM 值由 0.89 降为 0.84,本章算法 NCTSD 由 0.94 降为 0.90,下降幅度较小,且均稳定在 0.84 以上。而 BayesShrink 算法从 0.76 下降到了 0.62,MFD 算法从 0.59 下降到了 0.43,这两种算法下降幅度则相对较大一些。由此可见,WT_SURE-LET 和 NCTSD 方法对噪声强度的适应性较强。

　　对比 WT_SURE-LET 算法,发现本章算法 NCTSD 的性能更优一些,MSSIM 值保持在 0.90 以上,这主要得益于采用了 NSCT 多尺度几何分析方法对边缘轮廓等细节信息进行了更好的表征,且不易在边缘附近产生抖动,对图像边缘细节信息的保持度较好。同时考虑了尺度间相关性,对图像细节信息和噪声成分进行了更有效的区分,有选择地保留了正确的信息。而对于图 7-16(d)所示的关于机械手的 MSSIM 统计数据则呈现出同样的规律。

　　为了验证本章所提出的算法的普遍适用性,只对 Bishrink 方法、WT_SURE-LET 方法以及本章算法 NCTSD 作对比实验,对 USC-SIPI 标准图像数据库(http://sipi.usc.edu/database/)的

Lena(512×512)和 Barbara 图像进行了实验和客观指标评估分析。表 7-4 给出了 Lena 和 Baraba 标准图像增强效果的 PSNR 和 MSSIM 指标值。当噪声级别为 20 时,三种算法所取得的 Lena 和 Baraba 的增强效果图分别如图 7-17 和图 7-18 所示,客观指标分析如表 7-4 所示,分析实验结果可以发现,所提出的算法从主观视觉评估和定量客观评估两方面均优于其他四种算法。可以看出我们的算法 NCTSD 在抑制噪声的同时,可以更有效地保持边缘和细节信息。

表 7-4　Lena 和 Baraba 增强效果指标

图像	噪声级别	客观评价指标	BiShrink	WT_SURE-LET	NCTSD
Lena 图像	10	PSNR	34.32	34.56	35.12
		MSSIM	0.89	0.90	0.92
	20	PSNR	31.17	31.37	31.93
		MSSIM	0.83	0.84	0.87
	30	PSNR	29.36	29.56	30.10
		MSSIM	0.79	0.80	0.84
Baraba 图像	10	PSNR	32.14	32.65	33.16
		MSSIM	0.90	0.91	0.92
	20	PSNR	28.27	28.45	28.96
		MSSIM	0.79	0.80	0.83
	30	PSNR	26.14	26.23	26.75
		MSSIM	0.71	0.72	0.77

(a) 含噪图像　　　　　(b) BiShrink增强效果

(c) WT_SURE-LET增强效果　　　　(d) NCTSD增强效果

图 7-17　Lena 增强效果图

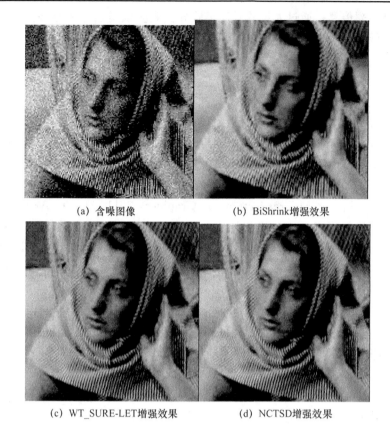

(a) 含噪图像　　　　　　　　(b) BiShrink增强效果

(c) WT_SURE-LET增强效果　　　(d) NCTSD增强效果

图 7-18　Baraba 增强效果图

　　本章提出的基于多尺度变换的运动图像增强算法相比传统的方法不论是从视觉上的主观评价,还是从定量的客观评价指标来看,均占有优势。从 Lena 图中可以看出,本章算法 NCTSD 增强后的图片的帽子轮廓以及凹陷边缘更加清晰,Baraba 的头巾花纹轮廓也更加明显,实验结果表明本章所提出的 NCTSD 算法无论是对空间图像还是标准图像都有很好的增强效果。

7.4　本章小结

　　本章提出了一种基于时空显著性的跨尺度自适应增强算法(ST-CAE)。提出了一种基于图论和压缩感知的时空显著性运动目标区域检测和提取方法(GC-STD),借助局部空间能量对现有的双变量统计相关性计算进行改进,使其同时具备尺度内和尺度间相关性的计算能力。构建局部自适应双变量统计,并在此基础上实现了自适应阈值的最优化求解,从而更有效地区分噪声和空间图像细节特征;提出了基于时空显著性的跨尺度自适应增强函数,在实现时空显著性运动目标细节特征增强的同时有效抑制噪声。本章提出了基于多尺度变换的运动图像增强算法,充分利用 NSCT 变换在图像多尺度的表达能力,使用其平移不变性,消除伪吉布斯现象。提出的基于多尺度变换的运动图像增强算法在阈值的求解过程中,通过考虑全局阈值和子带阈值的关系,求出的阈值更加接近理想阈值,能够很好地滤除噪声,在对图像进行增强的同时,通过相邻尺度的相关性,避免对噪声进一步放大,合理地对图像细节纹理进行增强,凸显出图像的细节轮廓信息。通过大量的对比实验分析表明该增强算法能够充分分析图像信息，且在增强的时候不会出现边缘抖动现象，对图像边缘细节信息的保持度较好。

参 考 文 献

［1］ Ling Y，Yan C P，Liu C X，et al. Adaptive Tone-Preserved Image Detail Enhancement ［J］. The Visual Computer，2012，28：733-742.

［2］ Gastal E，Oliveira，et al. Domain Transform for Edge-Aware Image and Video Processing ［J］. ACM Transactions on Graphics，2011，30(4)，Article 69：1-11.

［3］ Paris S，Hasinoff S，et al. Local Laplacian Filters：Edge-Aware Image Processing with a Laplacian Pyramid ［J］. ACM Transactions on Graphics，2011，30(4)，Article 68：1-11.

［4］ Farbman Z，Fattal R，Lischinski D，et al. Edge-Preserving Decompositions for Multi-Scale Tone and Detail Manipulation ［J］. ACM Transactions on Graphics，2008，27 (3)，Article 67：1-10.

［5］ 白皓，王小青，陈永强. 一种基于曲波域的 SAR 图像特征增强新方法 ［J］. 中国科学院研究生院学报，2011，28(2)：228-234.

［6］ Yang C，Zhang L，Lu H，et al. Saliency Detection via Graph-Based Manifold Ranking ［C］. Proceedings of the IEEE International Conference on Computer Vision and Pattern Recognition (CVPR)，2013：1-8.

［7］ Li W，Chang H，Lien K，et al. Exploring Visual and Motion Saliency for Automatic Video Object Extraction［J］. IEEE Transactions on Image Processing，2013，22(7)：2600-2610.

［8］ Ke W，Chen C，Chiu C. BiTA/SWCE：Image Enhancement with Bilateral Tone Adjustment and Saliency Weighted Contrast Enhancement ［J］. IEEE Transactions on Circuits and Systems for Video Technology，2011，21(3)：360-364.

［9］ Goferman S，Zelnik-Manor L，Tal A. Context-aware Saliency Detection［J］. IEEE Transactions on Pattern Analysis and Machine Intelligence (PAMI)，2012，34(10)：1915-1926.

［10］ Achanta R，Smith K，Lucchi A，et al. Slic Superpixels ［J］. Technical Report，EPFL，Tech. Rep. 149300，2010.

［11］ Sendur L，Selesnick I，Bivariate W. Shrinkage with Local Variance Estimation ［J］. IEEE Signal Processing Letters，2002，9：438-441.

［12］ Paris S，Hasinoff S W，et al. Local Laplacian Filters：Edge-Aware Image Processing with a Laplacian Pyramid ［J］. ACM Transactions on Graphics，2011，30(4)，Article 68：1-11.

［13］ 周先国，李开宁. 基于 Contourlet 变换的图像 DCT 去噪新方法［J］. 中国图像图形学报，2009，14(11)：2212-2216.

［14］ 王发牛，梁栋，程志友，唐俊. 一种基于非抽样 LP 的 Contourlet 变换图像去噪方法［J］. 中国图像图形学报，2009，14(3)：458-462.

第8章 基于非局部相似性和显著性检测的
跨尺度超分辨率重建研究

8.1 引　言

分辨率是运动图像质量的重要指标,分辨率越高,从运动图像序列中所获取到的关于运动目标的细节信息就越丰富,从而更有利于对运动目标进行精确识别和跟踪。然而由于运动或光学模糊、欠采样及噪声干扰等因素,致使运动图像序列的视觉效果较差。因此,研究一种快速高效的运动图像序列超分辨率(SR)重建方案,实现从多帧低分辨率(LR)的运动图像序列中融合重建出高分辨率(HR)、高质量的运动图像序列,具有重要的理论意义和应用价值。经典的运动图像超分辨率重建问题描述如图 8-1 所示[1-3]。

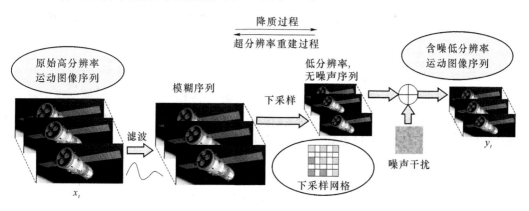

图 8-1　超分辨率重建问题描述

从图 8-1 可以看出,原始高分辨率运动图像序列经过模糊、下采样、噪声干扰等降质过程获取到低分辨率序列,超分辨率重建问题则是对该过程的求逆问题,即实现从降质后的低分辨率序列重建出原始高分辨率序列。关于时空域运动图像序列的 3-D 观测数据,采用式(8-1)所示的降质模型获取。

$$y_k[i,j,t] = D * Z(x_k[i,j,t]) + \varepsilon_k, \quad k = 1,\cdots,N; \quad t = 1,\cdots,T \tag{8-1}$$

其中 $y_k[i,j,t]$ 是像素点 $x_k[i,j,t]$ 对应的低分辨率观测帧,t 对应时间轴。$Z(.)$ 表示所估计的高分辨率运动图像,ε_k 表示噪声干扰,D 表示各种模糊、移动以及下采样等降质因素,N 是参与重建的运动图像帧数。

近年来,基于多帧的超分辨率重建技术成为一个具有挑战性的研究方向[4-6]。目前的研究主要分为两大流派:一类流派是先进行精确的亚像素帧间配准,然后融合重建。如迭代反投影法、最大后验估计 MAP[7,8]、凸集投影法 POCS[9] 等。这类方法往往依赖于精确的亚像素运动估计。因此仅局限于处理一些全局平移等简单的运动模式或者单一的运动目标场景模式。对于一些复杂的运动场景[10-12]则无法有效处理。另外，运动图像序列中常常存在着一些复杂的运动模式，如局部运动、角度旋转等。在这种情况下这类方法很难实现精确的运动估计，因而严重影响到超分辨率重建的质量。

另一大流派是基于概率运动估计的超分辨率重建方法，该方法不依赖于精确的亚像素运动估计，可以应用于一些复杂的运动场景。有学者通过学习各序列图像/视频帧像素点之间的相似性，提出了一种基于概率运动估计的模糊配准机制。在这一机制下，Matan Protter 等提出了一种非局部均值滤波（NLM）的超分辨率重建框架，将近年来在去噪领域应用比较成功的非局部滤波思想拓展到超分辨率重建领域[13]。本章参考文献[14]引入 Zernike 矩特征，提出了一种基于 Zernike 矩的超分辨率重建方法，该方法充分利用 Zernike 特征的正交及旋转不变等优良特性，通过区域特征间的相似性来进行权重的计算，使算法能适应于各种复杂的运动模式，然而，该方法对于运动图像序列的超分辨率重建时间复杂度非常大。

为解决上述已有的基于模糊配准机制的超分辨率重建方法中存在的问题，本章提出了一种运动图像跨尺度自适应超分辨率重建算法，提升了运动图像的视觉分辨率质量，并丰富了运动细节信息。另外，为了解决非局部均值重建算法中边缘细节失真和全局去噪运算量大的问题，本章提出了基于显著性目标检测的超分辨率重建算法，通过图像二值化处理将运动目标检测和提取出来，对目标区域增强和去噪，最后重建成高分辨率图像。

8.2 基于非局部相似性的超分辨率重建(NL-SR)算法

非局部均值（NLM）滤波[15,16]具有很好的像素间自相似特性学习能力，能够充分借助待重建像素周边非局部区域内的所有相似像素，来寻求最佳的像素重建方法，目前已成功地应用于空间域的图像去噪领域，并且取得了很好的效果[17-19]。去噪过程中每个像素值是通过其非局部邻域内所有像素的加权平均来估计的，具体计算方法如下：

$$\hat{x}[k,l] = \frac{\sum\limits_{(i,j) \in N(k,l)} \omega_{\mathrm{NL}}[k,l,i,j] y[i,j]}{\sum\limits_{(i,j) \in N(k,l)} \omega_{\mathrm{NL}}[k,l,i,j]} \tag{8-2}$$

其中，$\hat{x}[k,l]$ 表示无噪图像像素估计值，$y[i,j]$ 表示含噪图像像素值。$N(k,l)$ 表示待重建像素 (k,l) 附近的非局部搜索窗口。$\omega_{\mathrm{NL}}[k,l,i,j]$ 表示搜索区域内像素 (i,j) 相对于目标像素 (k,l) 的权重，其大小是通过两者之间的相似度来度量的，该相似度通过计算分别以 (i,j) 和 (k,l) 为中心的局部图像块之间的距离得到，计算方法如下：

$$\omega_{\mathrm{NL}}[k,l,i,j] = \exp\left\{-\frac{\parallel R_{k,l}y - R_{i,j}y \parallel_2^2}{2\sigma_r^2}\right\} \times f\left(\sqrt{(k-i)^2 + (l-j)^2}\right) \tag{8-3}$$

其中函数 f 考虑了以像素 (k,l) 和 (i,j) 为中心的图像块之间的欧几里得几何距离。$R_{k,l}$ 代表提取以像素 (k,l) 为中心的预定义大小（如 $q \times q$）的图像块的操作符，通过 $R_{k,l}y$ 可以产生该图像块的 q^2 维向量。σ_r 表示控制这些图像块之间的灰度级差异的平滑参数，该参数主要取决于图像噪声的标准方差。

传统的超分辨重建方法往往依赖于精确的运动估计来实现图像配准。为有效地克服这一问题,Protter 等[13]将模糊配准机制引入超分辨率重建领域中来,其主要思想是将 NLM 滤波引入到运动图像的超分辨率重建的融合步骤中,通过学习待重建图像与各低分辨率观测图像之间的非局部相似模式,进而通过加权平均来获取待重建图像的高分辨率估计,从而避免精确的运动估计。该超分辨率重建思想实现将模糊运动估计和重建操作在一个框架下同步执行。为使得 NLM 滤波应用于运动图像序列的超分辨率重建中的多帧融合过程,通过引入时间轴将其扩展为 3-D NLM,其目标能量函数如下:

$$\eta_{SR}(X) = \sum_{(k,l) \in \Psi} \sum_{t \in [1,\cdots,T]} \sum_{(i,j) \in N(k,l)} \omega[k,l,i,j,t] \times \| D_p R_{k,l}^H HX - R_{i,j}^L y_t \|_2^2 \qquad (8\text{-}4)$$

其中 H 表示模糊操作符,X 表示估计出的高分辨率图像,Ψ 表示待重建的运动图像,D_p 表示像素周围邻域块的抽取操作,符号 $R_{k,l}^H$ 和 $R_{i,j}^L$ 分别表示 HR 图像栅格和 LR 图像栅格上抽取出的图像块。

通过最小化如上目标能量函数,可获得所期望的高分辨率图像 Z 为:

$$Z[k,l] = \frac{\displaystyle\sum_{t \in [1,\cdots,T]} \sum_{(i,j) \in N(k,l)} \omega[k,l,i,j,t] y_t[i,j]}{\displaystyle\sum_{t \in [1,\cdots,T]} \sum_{(i,j) \in N(k,l)} \omega[k,l,i,j,t]} \qquad (8\text{-}5)$$

其中 T 表示输入的运动图像序列中的图像数目,y_t 表示第 t 幅原始 LR 图像,权重 $\omega[k,l,i,j,t]$ 表示待重建目标图像中像素 (k,l) 和相应各个 LR 图像 y_t 中像素 (i,j) 之间的相似度,亦即像素 (k,l) 移动至图像 y_t 中像素 (i,j) 的概率大小。

8.3　基于 Zernike 矩和非局部相似性的跨尺度超分辨率重建(ST-ASR)算法的提出

8.3.1　ST-ASR 算法研究动机

高分辨率且细节丰富的运动图像有利于实现更高精度的运动目标识别与跟踪。根据运动图像的空尺度特性,综合利用不同时空尺度运动图像间的非局部相似性和细节信息进行跨尺度信息融合,对于获取高分辨率的运动图像是非常重要的。传统的基于多帧融合的超分辨率重建方法主要存在如下问题:往往依赖于精确的亚像素运动估计来实现帧间配准。这在一些复杂的运动场景下会因为运动估计的误差而影响重建质量,因而仅局限于一些全局平移等简单的运动场景。最近发展起来的一种基于概率运动估计的模糊配准机制[14]为复杂运动场景下的超分辨率重建问题提供了一种较好的解决方案。然而现有的模糊配准机制在帧间相似性匹配过程中往往时间复杂度较大,因而实效性不高,同时还存在一定的边缘模糊现象。

针对以上问题,本章围绕基于模糊配准机制的超分辨率重建方法展开研究,提出了一种基于 Zernike 矩和非局部相似性的跨尺度超分辨率重建算法。通过对不同时空尺度的低分辨率运动图像序列进行跨尺度融合,得到高分辨率、高质量的运动图像序列。利用基于迭代曲率的插值方法获取各低分辨率运动图像的初始高分辨率估计。基于 Zernike 矩特征和时空域非局部相似性进行帧间信息相似性匹配,并在此基础上通过时空跨尺度融合实现超分辨率重建。该方法不依赖于精确的亚像素运动估计,同时具有较好的旋转不变性和噪声健壮性,因而在局部运动、角度旋转等复杂运动场景下能表现出较好的重建效果。采用基于 Zernike 矩特征的区域相关性判断和自适应阈值策略对非局部相似性匹配过程进行改进,实现复杂场景下跨尺度融合的同时提升算法的时间效率。

8.3.2 ST-ASR 算法描述

本章提出了一种基于 Zernike 矩和非局部相似性的跨尺度超分辨率重建(ST-ASR)算法。综合利用多幅低分辨率运动图像之间的非局部相似性和互补冗余特性,实现对不同时空尺度的运动图像进行跨尺度融合,从而重建出一幅或多幅具有丰富边缘细节信息的高分辨率运动图像。每个待估计像素点的值是根据局部和非局部时空域像素值的相似度和连续性来自适应确定的。其优点主要体现在以下三个方面:不依赖于精确的运动估计,采用的是一种模糊配准机制;可适应于多种复杂的运动模式,如局部运动、角度旋转等,而不仅限于全局平移运动;对噪声具有不敏感性。

首先采用一种快速高效的 ICBI 插值方法[20]获取各个低分辨率运动图像的高分辨率初始估计。利用运动图像序列内不同时空尺度的帧间非局部相似性信息和 Zernike 矩特征构建一种非局部模糊配准机制,并在此基础上进行多帧信息融合实现超分辨率重建。为提升时间效率,本章在局部结构和非局部相似性的学习过程中,采用区域相关性判断和自适应阈值策略来对基于 Zernike 矩的跨尺度融合过程进行改进。充分利用各低分辨率运动图像的边缘细节信息以及时空域非局部相似性和局部结构规律,并结合帧间互补冗余信息从而实现运动图像序列的时空域自适应超分辨率重建。提出的 ST-ASR 算法流程主要包括基于迭代曲率插值的初始高分辨率估计和基于 Zernike 矩的跨尺度融合。ST-ASR 算法框架如图 8-2 所示。

本章提出的跨尺度超分辨率重建算法构建过程可形式化定义如下:

$$Y_t = y_t^{\mathrm{LR}} \uparrow_{\mathrm{ICBI}}^s \tag{8-6}$$

$$\hat{Z}_{\mathrm{HR}}^{(n+1)} = \hat{Z}_{\mathrm{HR}}^{(n)} + f(\{y_t^{\mathrm{LR}}\}_{t=1}^T, \{Y_t\}_{t=1}^T, \mathrm{ZM}, \delta_{\mathrm{adap}}) + d_{\mathrm{AKR}} \tag{8-7}$$

其中 T 表示运动图像序列中的帧数,$\{y_t^{\mathrm{LR}}\}_{t=1}^T$ 和 $\hat{Z}_{\mathrm{HR}}^{(n)}$ 分别表示低分辨率输入序列和 n 次迭代重建后的高分辨率输出序列。s 是上采样因子,Y_t 是对 y_t^{LR} 进行 s 倍 ICBI 插值后的高分辨率初始估计,δ_{adap} 是判断区域相关性的自适应阈值,ZM 表示 Zernike 矩特征向量。函数 f 表示帧间信息融合过程,d_{AKR} 是核回归模糊处理过程。

1. 基于迭代曲率插值的初始高分辨率估计

在提出的超分辨率重建过程中,初始估计用于首次迭代运算时的权重计算。经过一次迭代后,可以获取一个效果更好的高分辨率估计。之后这个新的估计再参与到下一次迭代过程的权重计算中。为了获取更高的重建质量,这个迭代过程需要反复进行多次。且每一次迭代过程中的权重依赖于上一次迭代过程得到的重建结果。

初始高分辨率估计方法的性能直接对后续重建过程产生重要的影响。本章利用基于迭代曲率的插值机制(ICBI)[20]来获取各个低分辨率运动图像的初始高分辨率估计。尽管一些其他的插值机制也可以取得较好的效果,如基于统计学习的方法或者边缘自适应方法,然而它们往往运算量较大,时间代价较高,因而不适合实时场景。基于二级导数连续性和能量曲率的 ICBI 机制不但复杂度低能够适用于实时场景,而且能够避免模糊或锯齿效应。在该机制下,每个插值像素 $I(2u+1, 2v+1)$ 的初始能量值通过如下公式进行计算:

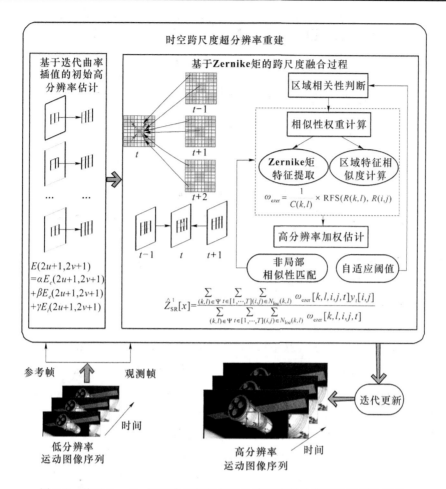

图 8-2 基于 Zernike 矩和非局部相似性的跨尺度超分辨率重建算法框架

$$I(2u+1,2v+1)=\begin{cases}\dfrac{I(2u,2v)+I(2u+2,2v+2)}{2},I_{11}(2u+1,2v+1)<I_{22}(2u+1,2v+1)\\[3mm]\dfrac{I(2u+2,2v)+I(2u,2v+2)}{2},I_{11}(2u+1,2v+1)\geqslant I_{22}(2u+1,2v+1)\end{cases}$$

$$(8\text{-}8)$$

$$I_{11}(2u+1,2v+1))=I(2u-2,2v+2)+I(2u,2v)+I(2u+2,2v-2)-3I(2u,2v+2)$$
$$-3I(2u+2,2v)+I(2u,2v+4)+I(2u+2,2v+2)+I(2u+4,2v)$$

$$(8\text{-}9)$$

$$I_{22}(2u+1,2v+1)=I(2u,2v-2)+I(2u+2,2v)+I(2u+4,2v+2)-3I(2u,2v)$$
$$-3I(2u+2,2v+2)+I(2u-2,2v)+I(2u+2,2v+2)+I(2u+2,2v+4)$$

$$(8\text{-}10)$$

其中 $I_{11}(2u+1,2v+1)$ 和 $I_{22}(2u+1,2v+1)$ 分别表示沿两个对角线的八个邻域像素的二阶倒数的局部近似,如图 8-3 所示。

由式(8-8)获取的像素能量只是一个粗糙估计,需要不断地进行迭代更新。通过构建式(8-11)所示的能量函数来对以上粗估计能量值进行修正,从而获取更高质量的初始高分辨率估计。

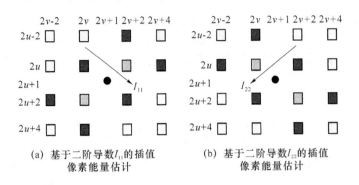

(a) 基于二阶导数I_{11}的插值　　　　(b) 基于二阶导数I_{22}的插值
　　像素能量估计　　　　　　　　　　像素能量估计

图 8-3　插值像素的能量估计

$$E(2u+1,2v+1)=\alpha E_{c}(2u+1,2v+1)+\beta E_{e}(2u+1,2v+1)+\gamma E_{i}(2u+1,2v+1)$$

$$(8\text{-}11)$$

其中 α、β 和 γ 是控制各部分能量的调节因子,能量项 E_{c} 代表曲率连续能量,E_{e} 代表曲率增强能量,E_{i} 代表 isolevel 曲线平滑能量。

曲率连续能量 E_{c} 的计算方法如下:

$$
\begin{aligned}
&E_{c}(2u+1,2v+1)\\
&=w_{1}(|I_{11}(2u,2v)-I_{11}(2u+1,2v+1)|+|I_{22}(2u,2v)-I_{22}(2u+1,2v+1)|)\\
&+w_{2}(|I_{11}(2u,2v)-I_{11}(2u+1,2v-1)|+|I_{22}(2u,2v)-I_{22}(2u+1,2v-1)|) \quad (8\text{-}12)\\
&+w_{3}(|I_{11}(2u,2v)-I_{11}(2u-1,2v+1)|+|I_{22}(2u,2v)-I_{22}(2u-1,2v+1)|)\\
&+w_{4}(|I_{11}(2u,2v)-I_{11}(2u-1,2v-1)|+|I_{22}(2u,2v)-I_{22}(2u-1,2v-1)|)
\end{aligned}
$$

其中 I_{11} 和 I_{22} 是二阶方向导数的局部近似,计算方法如下:

$$I_{11}(2u+1,2v+1)=I(2u-1,2v-1)+I(2u+3,2v+3)-2I(2u+1,2v+1) \quad (8\text{-}13)$$

$$I_{22}(2u+1,2v+1)=I(2u-1,2v+3)+I(2u+3,2v-1)-2I(2u+1,2v+1) \quad (8\text{-}14)$$

曲率增强能量 E_{e} 的计算方法如下:

$$E_{e}(2u+1,2v+1)=-|I_{11}(2u+1,2v+1)|-|I_{22}(2u+1,2v+1)| \quad (8\text{-}15)$$

isolevel 曲线平滑能量 E_{i} 的计算方法如下:

$$E_{i}(2u+1,2v+1)=f(I)|_{2u+1,2v+1}I(2u+1,2v+1)| \quad (8\text{-}16)$$

$$f(I)=-\frac{I_{1}(u,v)^{2}I_{22}(u,v)-2I_{1}(u,v)I_{2}(u,v)I_{12}(u,v)+I_{22}(u,v)^{2}I_{1}(u,v)}{I_{1}(u,v)^{2}+I_{2}(u,v)^{2}} \quad (8\text{-}17)$$

$$
\begin{aligned}
I_{12}(2u+1,2v+1)&=0.5(I(2u+1,2v-1)+I(2u+1,2v+3)\\
&-I(2u-1,2v+1)-I(2u-1,2v+1)-I(2u+3,2v+1))
\end{aligned} \quad (8\text{-}18)
$$

$$I_{1}(2u+1,2v+1)=0.5(I(2u,2v)-I(2u+2,2v+2)) \quad (8\text{-}19)$$

$$I_{2}(2u+1,2v+1)=0.5(I(2u,2v+2)-I(2u+2,2v)) \quad (8\text{-}20)$$

2. Zernike 矩特征提取

无论是精确的图像配准还是模糊配准机制,均需要充分考虑图像的平移、旋转以及尺度不变特性以保证高质量的重建效果。Zernike 矩[21-24] 特征是一种区域形状特征描述算子,在几何上具有较好的旋转、平移和尺度不变特性,在数学上具有正交性,同时具有较好的噪声健壮性,能够很好地描述图像内部的形状信息。采用 Zernike 矩特征可有效地解决各种噪声因素所造成的配准和重建问题。为此,本章基于该形状特征来实现运动图像序列帧间信息的相似性匹配。

关于图像 $f(x,y)$ 的 n 阶和 m 重 Zernike 矩定义如下:

$$M_{nm} = \frac{n+1}{\pi} \sum_x \sum_y V_{nm}^*(x,y) f(x,y) \tag{8-21}$$

其中,$x^2 + y^2 \leqslant 1, n \geqslant 0, n - |m| = \text{even}$。$V_{nm}^*(x,y)$ 表示 $V_{nm}(x,y)$ 的复共轭函数,计算方法如式(8-22)所示:

$$V_{nm}(x,y) = \sum_{k=|m|,|n-k|=\text{even}} \frac{(-1)^{(n-k)/2} [(n+k)/2]!}{[(n-k)/2]! [(k-m)/2]! [(k+m)/2]!} \rho^k e^{im\theta} \tag{8-22}$$

其中 $\rho = \sqrt{x^2 + y^2}, \theta = \tan^{-1}(y/x)$。

3. 基于 Zernike 矩的跨尺度融合过程的改进

由 ICBI 插值机制获取的待重建运动图像的初始高分辨率估计,只是利用了单帧运动图像的信息,本章结合运动图像的时空特性,充分利用不同时空尺度的多帧运动图像之间的非局部相似性互补冗余信息,进行多帧信息跨尺度融合来对获取的初始高分辨率估计值进行修正。由于融合了多帧运动图像之间的信息,因而重建结果中包含的细节信息量更加丰富。基于非局部相似性的重建(NL-SR)算法可以在不依赖于精确的亚像素运动估计的情况下,实现有效的超分辨率重建,且可以削弱重建过程中多独立运动目标的影响。然而,当低分辨率序列图像中存在或缺失一些对象,或者存在不同的角度旋转的情况下,各帧图像之间的关联性和相似性就会变得微弱,此时该算法无法充分利用低分辨率图像之间的相似信息来实现有效的重建。

为解决这一问题,本章通过求解局部窗口的 Zernike 矩来进行帧间相似性匹配,从而更加精确地获取给定低分辨率序列中的相似模式,并在此基础上进行帧间信息跨尺度融合。本章利用区域相关性判断和自适应阈值策略对基于 Zernike 矩的跨尺度融合过程进行了改进,以求提升算法精度和时间效率。

定义 $\text{ZM}(k,l)$ 和 $\text{ZM}^r(i,j)$ 分别表示以像素点 (k,l) 及其非局部邻域 $N(k,l)$ 内像素点 (i,j) 为中心的局部块区域对应的 Zernike 矩特征向量。采用局部区域来计算一个像素对应的矩特征,如式(8-23)和式(8-24)所示:

$$\text{ZM}(k,l) = (m_1, m_2, m_3, m_4, m_5, m_6) \tag{8-23}$$

$$\text{ZM}^r(i,j) = (m_1', m_2', m_3', m_4', m_5', m_6') \tag{8-24}$$

提取 Zernike 矩特征之后,根据区域的 Zernike 矩特征相似性对式(8-3)的权重计算公式进行扩展,如下所示:

$$\omega_{\text{zer}}[k,l,i,j,t] = \frac{1}{C(k,l)} \exp \left\{ -\frac{\| \text{ZM}(k,l) - \text{ZM}^r(i,j) \|_2^2}{\varepsilon^2} \right\} \tag{8-25}$$

其中参数 ε 控制指数函数的衰减率和权重的衰减率,$C(k,l)$ 表示归一化常数,定义如下:

$$C(k,l) = \sum_{(i,j) \in N(k,l)} \exp \left\{ -\frac{\| \text{ZM}(k,l) - \text{ZM}^r(i,j) \|_2^2}{\varepsilon^2} \right\} \tag{8-26}$$

获取到相似性权重之后,基于 Zernike 矩的跨尺度融合过程的函数表达式如式(8-27)所示:

$$\hat{Z}[x] = \frac{\sum_{(k,l) \in \Psi} \sum_{t \in [1,\cdots,T]} \sum_{(i,j) \in N(k,l)} \omega_{\text{zer}}[k,l,i,j,t] y_t[i,j]}{\sum_{(k,l) \in \Psi} \sum_{t \in [1,\cdots,T]} \sum_{(i,j) \in N(k,l)} \omega_{\text{zer}}[k,l,i,j,t]} \tag{8-27}$$

上述过程的计算时间复杂度较高,其时间代价主要表现在权重的计算过程中,尤其是随着参与超分辨率重建的低分辨率运动图像数目和大小的递增,以及重建运动图像放大倍率的增大,这种时间代价的累积是十分严重的。观察权重的计算公式(8-25),发现目标运动图像待重建像素点 (k,l) 在各个低分辨率运动图像中的非局部搜索区域内的所有像素点 (i,j) 对应的局部块区域,均通过求取其对应的 Zernike 矩特征向量进行权重计算。而实际上,某些局部块区域与(k,l)对应的局部块区域相关度不大,这些点对应的权重几乎为 0,因此在计算权重过程中过滤这些不相关区域,可进一步提升时间效率。

为此,本章利用区域相关性判断和自适应阈值策略对基于 Zernike 矩的跨尺度融合过程进行改进。由于该策略有助于学习最为相似的模式参与相似性权重计算,因此超分辨率重建的质量和时间效率均可进一步得到提升。为了具体地描述改进过程,首先给出两条定义。

定义 8.1(区域平均能量):若图像 F 被分割成大小相同的若干区域,且每个区域包含 5×5 的图像块。每个区域的像素分别标记为 p_1, $p_2, \ldots$, p_{Num},且像素总数为 Num。则定义 $\bar{E}(x,y)$ 作为以像素 (x,y) 为中心的区域的平均能量,且通过如下方法进行计算:

$$\bar{E}(x,y) = \sum_{i=1}^{\mathrm{Num}} p_i / \mathrm{Num} \tag{8-28}$$

定义 8.2(区域特征相似性):给定两个区域 $R(k,l)$ 和 $R(i,j)$,分别以像素 (k,l) 和 (i,j) 为中心,且分别提取这两个区域相应的 Zernike 矩特征向量 $\mathbf{ZM}(k,l)$ 和 $\mathbf{ZM}^{\mathrm{r}}(i,j)$,则定义这两个区域之间的特征相似性 $\mathrm{RFS}(R(k,l),R(i,j))$ 为:

$$\mathrm{RFS}(R(k,l),R(i,j)) = \exp\left\{-\frac{\|\mathbf{ZM}(k,l) - \mathbf{ZM}^{\mathrm{r}}(i,j)\|_2^2}{\varepsilon^2}\right\} \tag{8-29}$$

在改进后的基于 Zernike 矩的跨尺度融合过程中,首先对待重建像素 (k,l) 搜索区域内的所有像素 (i,j) 对应的邻域块区域进行相关性判断,分为相关区域和不相关区域,只选择相关的区域参与权重计算。本章基于自适应阈值 δ_{adap} 策略实现自适应区域相关性判断。若两区域相关,则定义:

$$|\bar{E}(k,l) - \bar{E}(i,j)| < \delta_{\mathrm{adap}} \tag{8-30}$$

阈值的大小是由待重建像素 (k,l) 对应的局部块区域的平均能量 $\bar{E}(k,l)$ 来自适应地确定的,因此可更为精确地对区域间的相关性进行判定。定义的自适应阈值如下:

$$\delta_{\mathrm{adap}} = \lambda \bar{E}(k,l) \tag{8-31}$$

其中,λ 为控制 δ_{adap} 的调节因子。通过实验验证发现,λ 取 0.08 时重建的效果最好。

基于上述思想改进后的相似性权重 $\omega_{\mathrm{ezer}}[k,l,i,j,t]$ 计算公式修正如下:

$$
\begin{aligned}
\omega_{\mathrm{ezer}}[k,l,i,j,t] &= \frac{1}{C'(k,l)} \times \mathrm{RFS}(R(k,l),R(i,j)) \\
&= \begin{cases} \dfrac{1}{C'(k,l)} \times \exp\left\{-\dfrac{\|\mathbf{ZM}(k,l) - \mathbf{ZM}^{\mathrm{r}}(i,j)\|_2^2}{\eta^2}\right\}, & |\bar{E}(k,l) - \bar{E}(i,j)| < \delta_{\mathrm{adap}} \\ 0, & \text{其他} \end{cases}
\end{aligned}
$$
$$\tag{8-32}$$

其中参数 η 控制指数函数的衰减率和权重的衰减率,$C'(k,l)$ 表示归一化常数,计算方法如下:

$$C'(k,l) = \sum_{(i,j) \in N_{\mathrm{loc}}(k,l)} \exp\left\{-\frac{\|\mathbf{ZM}(k,l) - \mathbf{ZM}^{\mathrm{r}}(i,j)\|_2^2}{\eta^2}\right\} \tag{8-33}$$

其中 $N_{\mathrm{loc}}(k,l)$ 表示参与相似性权重计算的待重建像素 (k,l) 在时空域的非局部搜索区域。

在求取 Zernike 矩特征向量的时候,往往矩的阶越大对噪声的敏感度越大。为此,只求取其前三阶中的 $\mathrm{ZM}_{00},\mathrm{ZM}_{11},\mathrm{ZM}_{20},\mathrm{ZM}_{22},\mathrm{ZM}_{31},\mathrm{ZM}_{33}$,分别表示为 m_1, m_2, m_3, m_4, m_5, m_6。

假设 $Z = HX$,H 为模糊因子,模糊处理前的高分辨率估计 Z 的目标函数可以通过最小化如下跨尺度融合函数来获取:

$$\bar{Z}_{\mathrm{SR}}^1[x] = \sum_{(k,l)\in\Psi}\sum_{t\in[1,\cdots,T]}\sum_{(i,j)\in N_{\mathrm{loc}}(k,l)} \omega_{\mathrm{ezer}}[k,l,i,j,t]\times\parallel D_p R_{k,l}^H Z[k,l]-R_{i,j}^L y_t[i,j]\parallel_2^2$$

(8-34)

其中 Ψ 表示待重建的运动图像。式(8-34)中的其他操作符描述如图 8-4 所示。目标运动图像 Z 中的每个像素值被单独处理,且有独立的惩罚函数:

$$\rho_{\mathrm{ezer}}^{\mathrm{sr}}(Z[k,l]) = \sum_{t\in[1,\cdots,T]}\sum_{(i,j)\in N_{\mathrm{loc}}(k,l)} \omega_{\mathrm{ezer}}[k,l,i,j,t]\times\parallel D_p R_{k,l}^H Z[k,l]-R_{i,j}^L y_t[i,j]\parallel_2^2$$

(8-35)

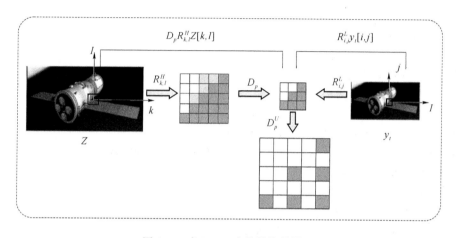

图 8-4 式(8-34)中的操作符描述

通过最小化式(8-34),可获取模糊处理前的最终目标能量函数:

$$\hat{Z}_{\mathrm{SR}}^1[x] = \frac{\sum_{(k,l)\in\Psi}\sum_{t\in[1,\cdots,T]}\sum_{(i,j)\in N_{\mathrm{loc}}(k,l)} \omega_{\mathrm{ezer}}[k,l,i,j,t]y_t[i,j]}{\sum_{(k,l)\in\Psi}\sum_{t\in[1,\cdots,T]}\sum_{(i,j)\in N_{\mathrm{loc}}(k,l)} \omega_{\mathrm{ezer}}[k,l,i,j,t]}$$

(8-36)

在模糊处理步骤中,利用自适应核回归(AKR)方法[25]来对上一步多帧融合过程获取的结果进行优化,最终的运动图像高分辨率估计 X 可以通过最小化如下目标函数来获取:

$$\hat{Z}_{\mathrm{SR}}^2[x] = \parallel Z-HX\parallel_2^2 + \gamma\mathrm{AKR}(X)$$

(8-37)

其中参数 γ 表示 AKR 处理过程的加权参数。

为了进一步提升重建质量,需要对融合重建后的结果进行反复迭代更新,其中每次迭代的结果为下一次迭代提供更精确的权重计算。

4. ST-ASR 算法实现步骤

本章提出的基于 Zernike 矩和非局部相似性的 ST-ASR 算法的具体实现步骤如表 8-1 所示。

5. ST-ASR 算法时间复杂度分析

首先在基于迭代曲率的高分辨率初始估计阶段,假设运动图像序列的帧数为 N_{ds},每帧图像的大小为 $A\times B$,则该初始估计阶段的时间复杂度为 $O(N_{\mathrm{ds}}AB)$。在跨尺度超分辨率重建阶段,通过运动图像序列在不同时空尺度的非局部相似性信息融合来实现。假设每次参与重建的连续帧数为 N_f,参与相似性匹配的块区域大小为 $C\times C$,各个块区域内提取的 Zernike 矩特征向量维度为 N_{zm},迭代规模为 K,各个待重建像素点的非局部搜索区域大小为 $S\times S$。在采用自适应区域相关性判断策略前,跨尺度超分辨率重建阶段的时间复杂度为 $O(N_{\mathrm{ds}}N_f S^2 N_{\mathrm{zm}}ABK)$。采用本章提出的自适应区域相关性判断策略后,并非搜索区域内所有的点均参与相似性匹配进行权重计算,而是只有搜索区域内与待重建像素点对应的块区域相关的块区域对应的点才参与相似性匹配,假设相关的点数目为 R,显然 $R < S^2$,则改进后跨尺度超分辨率重建阶段的时间复杂度为 $O(N_{ds}N_f RN_{zm}ABK)$,因而算法的时间复杂度有了进一步的提升,整个 ST-ASR 算法的时间复杂度为 $O(N_{ds}AB) + O(N_{ds}N_f RN_{zm}ABK)$。

表 8-1　基于 Zernike 矩和非局部相似性的跨尺度超分辨率重建算法

算法:ST-ASR 算法

输入:$\{y_t\}_{t=1}^T$——低分辨率运动图像序列

　　u——期望的尺度放大因子

　　c——参与权重计算的局部块区域大小

　　s——非局部搜索区域大小

　　η——控制权重的滤波参数

　　K——迭代规模

输出:$\{\hat{Z}(x_t)\}_{t=1}^T$——重建后的高分辨率运动图像序列

(1) 预处理:$\{Y_t\}_{t=1}^T$——基于 ICBI 插值机制获取运动图像序列初始高分辨率估计。

(2) 读取 t_0 时刻的图像 $\{y_t\}_{t=t_0}$

(3) 初始化

　　1) 设置 $\{Z_t\}_{t=t_0} = \{Y_t\}_{t=t_0}$;

　　2) 设置 We 和 S 为与 $\{Z_t\}_{t=t_0}$ 同样大小的零矩阵;

(4) Zernike 矩特征提取

$ZM(k,l)$、$ZM^r(i,j)$——分别为以待重建像素 (k,l) 和各个低分辨率像素 (i,j) 为中心的局部块区域对应的 Zernike 矩特征向量;

(5) 融合过程

对于每个 $(k,l) \in \Psi$ 和每个 $(i,j,t) \in N_{loc}(k,l,t_0)$,

S1:自适应阈值计算:

$\bar{E}(k,l)$、$\bar{E}(i,j)$ 分别为以待重建像素 (k,l) 和各个低分辨率像素 (i,j) 为中心的局部块区域的平均区域能量;

$\delta_{adap} = 0.08\bar{E}(k,l)$ 为实现区域相关性判断设置的自适应阈值;

S2:采用式(8-30)和式(8-31)进行区域相关性判断;

S3:采用式(8-32)进行相似度权重计算;

S4:超分辨率重建,获取 $\{\hat{Z}(x_t)\}_{t=t_0}$:

1) 提取低分辨率区域 $R^L_{i,j}y_t$;

2) 通过零填充对 $R^L_{i,j}y_t$ 进行上采样 D_p^T;

3) 通过 $S[k,l] = S[k,l] + \omega_{ezer}[k,l,i,j,t](R^H_{k,l})^T D_p^T R^L_{i,j}y_t$ 对区域进行累积;

4) 权重累积:对于上述每个累积的区域,进行权重更新;

$W_e[k,l] = W_e[k,l] + \omega_{ezer}[k,l,i,j,t]$。

(6) 设置 $\{Z_t\}_{t=t_0} = S[k,l]/W_e[k,l]$,实现归一化;

(7) 读取 t_0+1 时刻的图像 $\{y_t\}_{t=t_0+1}$,并设置 $\{y_t\}_{t=t_0} = \{y_t\}_{t=t_0+1}$,返回步骤 2;

(8) 通过反复迭代更新不断提升融合重建效果。设置计数器 $t=t+1$,若 $t<K$,更新估计 $\{Y_t\}_{t=1}^T = \{\hat{Z}(x_t)\}_{t=1}^T$,并返回步骤(2);否则,执行步骤(9);

(9) 最小化 $\{\hat{Z}(x_t)\}_{t=1}^T = \|\{Z_t\}_{t=1}^T - HX\|_2^2 + \gamma AKR(X)$。

8.3.3　ST-ASR 算法实验结果及分析

1. 实验数据集和客观评价指标

为了验证提出的 ST-ASR 算法的有效性,本章在空间运动图像序列(下载自 http://www.youku.com/网站)和标准运动图像序列(下载自 http://trace.eas.asu.edu/yuv/index.html 网站)中的 Suzie、Forman 和 Coastguard 序列上均进行了大量实验。实验中的运动图像序列均来自对空间视频和标准视频进行帧拆分所构建的运动图像序列。实验中对于超分辨率重建的质量从主观视觉效果图和客观定量评价指标(峰值信噪比 PSNR 和基于视觉特性的平均结构相似度 MSSIM)两个方面来进行评价。

2. ST-ASR 算法实验结果及分析

为了验证提出的算法性能,设计了四组对比实验进行分析。将提出的 ST-ASR 算法与现有的基于 Zernike 矩的超分辨率重建(ZM-SR)算法、基于非局部均值滤波的超分辨率重建(NL-SR)算法和最近邻插值(NNI)算法进行了对比分析。在每组实验中,为了在保证重建质量的同时进一步提升算法的时间效率,对每一个低分辨率运动图像选用其邻近的六个连续运动图像进行重建。

(1) 实验一:不同算法在同噪声级别无角度旋转时的重建效果对比实验

1) 主观视觉效果对比

在实验一中,选用空间运动图像序列和标准运动图像序列进行实验,并对各个图像序列进行如下降质处理:使用 3×3 统一掩模进行模糊处理,对每个图像进行 2 倍下采样处理,并加载噪声级别σ＝2 的高斯白噪声。图 8-5、图 8-6 和图 8-7 给出了各种不同算法对空间运动图像序列的重建视觉效果图。图 8-8、图 8-9 和图 8-10 分别给出了各种不同算法对标准运动图像序列 Suzie 和 Coastguard 的重建视觉效果图。

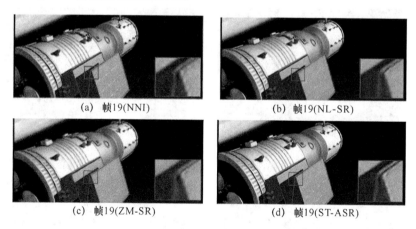

(a) 帧19(NNI)　　　　　(b) 帧19(NL-SR)

(c) 帧19(ZM-SR)　　　　　(d) 帧19(ST-ASR)

图 8-5　空间运动图像序列第 19 帧重建视觉效果

2) 客观评价指标对比

图 8-11 和表 8-2 展示了空间图像序列、标准 Suzie 序列和 Coastguard 序列进行超分辨率重建后的 PSNR 和 MSSIM 指标。

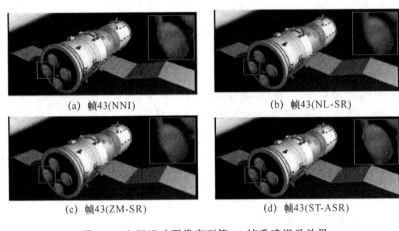

(a) 帧43(NNI)　　　　　　　(b) 帧43(NL-SR)

(c) 帧43(ZM-SR)　　　　　　(d) 帧43(ST-ASR)

图 8-6　空间运动图像序列第 43 帧重建视觉效果

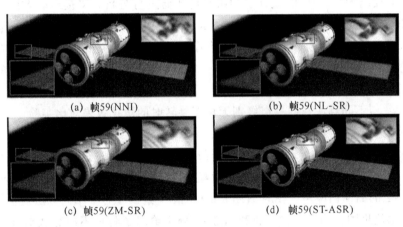

(a) 帧59(NNI)　　　　　　　(b) 帧59(NL-SR)

(c) 帧59(ZM-SR)　　　　　　(d) 帧59(ST-ASR)

图 8-7　空间运动图像序列第 59 帧重建视觉效果

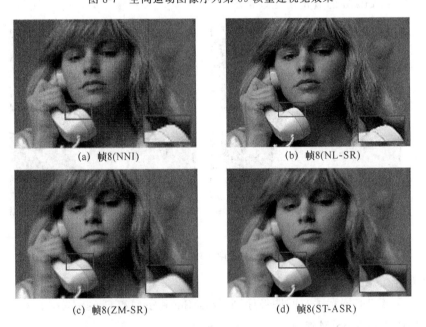

(a) 帧8(NNI)　　　　　　　(b) 帧8(NL-SR)

(c) 帧8(ZM-SR)　　　　　　(d) 帧8(ST-ASR)

图 8-8　标准 Suzie 运动图像序列第 8 帧重建视觉效果

(a)　帧18(NNI)　　　　　　　　　　　(b)　帧18(NL-SR)

(c)　帧18(ZM-SR)　　　　　　　　　　(d)　帧18(ST-ASR)

图 8-9　标准 Suzie 运动图像序列第 18 帧重建视觉效果

(a)　帧2(NL-SR)　　　　　　　　　　(b)　帧26(NL-SR)

(c)　帧2(ZM-SR)　　　　　　　　　　(d)　帧26(ZM-SR)

(e)　帧2(ST-ASR)　　　　　　　　　　(f)　帧26(ST-ASR)

图 8-10　标准 Coastguard 运动图像序列第 2 帧和第 26 帧的重建视觉效果

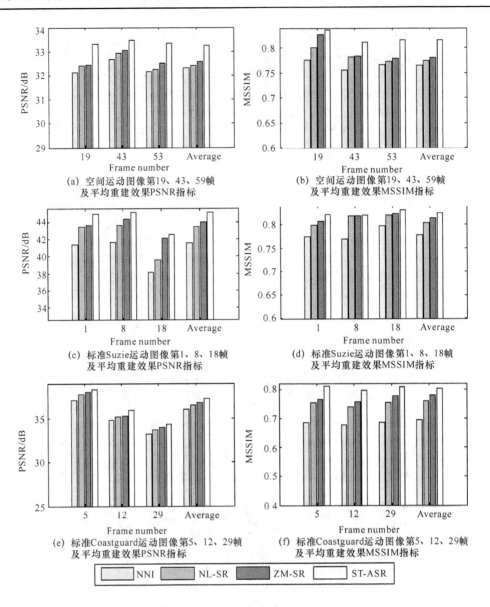

图 8-11　不同算法超分辨率重建效果客观评价指标对比

表 8-2　不同算法超分辨率重建效果的 PSNR 和 MSSIM 指标平均值

运动图像序列	指标	PSNR/MSSIM			
		NNI	NL-SR	ZM-SR	ST-ASR
空间序列	PSNR	32.315 2	32.426 3	32.575 9	33.262 4
	MSSIM	0.765 0	0.775 2	0.780 8	0.815 6
标准 Suzie 序列	PSNR	41.576 1	43.493 1	43.989 0	45.202 3
	MSSIM	0.776 6	0.802 7	0.812 6	0.825 1
标准 Coastguard 序列	PSNR	36.186 4	36.629 6	36.731 7	36.872 0
	MSSIM	0.693 3	0.758 0	0.763 0	0.770 6

3）实验结果分析

观察图 8-5、图 8-6 和图 8-7 的空间序列重建效果图中的局部细节放大效果可以看出，在 NNI、NL-SR 和 ZM-SR 重建效果中，存在图像边缘和细节信息模糊的现象。相比之下，本章 ST-ASR 算法的重建效果相对更好些，图像的边缘轮廓更为突出，且细节信息更加清晰。从图 8-8 和图 8-9 所示的存在局部运动的标准 Suzie 序列的重建效果中可以看出，在 NNI 重建效果中图像边缘信息呈现出一些锯齿状现象，且整体视觉效果相对较为模糊。在 NL-SR 重建效果中，也存在图像边缘信息锯齿状现象，且整体视觉效果不太自然，特别是 Suzie 脸部皮肤、眼部及头发部位。在 ZM-SR 重建效果中，存在图像边缘模糊和毛刺的现象。

本章 ST-ASR 算法的重建效果中图像边缘轮廓更加清晰而平滑。图 8-10 给出了摄像机和场景均在运动的情形下的 Coastguard 标准序列的重建效果，从局部细节放大效果图可以看出，在 NL-SR 和 ZM-SR 算法中，运动目标的细节信息和背景信息存在模糊现象，而本章 ST-ASR 算法则获得了相对更为清晰的重建视觉效果，背景的树和石子岸边相比 NL-SR 和 ZM-SR 算法更为清晰，且运动目标船的边缘轮廓也更为清晰。

分析图 8-11 和表 8-2 实验数据可以看出，提出的 ST-ASR 算法获取了更高的 PSNR 和 MSSIM 指标值，且相比 NNI、NL-SR 和 ZM-SR 算法，在 PSNR 指标方面分别平均提升了 5%、3% 和 2%；在 MSSIM 指标方面分别平均提升了 8%、4% 和 3%。从时间效率上看，对于空间运动图像序列和标准运动图像序列 Suzie、Coastguard 和 Forman 中每一帧图像的重建，ZM-SR 算法分别耗时 50.56 s、23.51 s、28.95 s 和 62.37 s，而本章 ME-ASR 算法分别耗时 21.62 s、10.20 s、18.19 s 和 30.52 s，由此说明提出的算法相比 ZM-SR 算法，在保证重建效果的同时时间效率提升了一倍。

从重建视觉效果图来看，相比 ZM-SR，在其基础上改进后的 ME-ASR 算法明显改善了边缘细节模糊和双边缘的问题，重建后边缘轮廓和细节信息更为清晰。综合主观视觉效果、客观评价指标及时间效率三个方面，可以看出本章 ST-ASR 算法的整体性能更优。主要原因在于本章在相似度权重计算过程中采用了自适应阈值控制的区域相关性判断策略。一方面，更有利于学习更相似的模式参与相似度权重计算，从而提升了权重计算精度；另一方面，只有最相关的区域用于权重计算上，而非所有的区域，因而时间效率方面也获得了极大提升。

（2）实验二：不同算法的旋转不变性对比实验

采用空间序列和标准 Forman 序列进行实验，分别对两个序列每连续六帧图像做如下降质处理来获取低分辨率序列：使用 3×3 统一掩模进行模糊处理，对每个图像进行 2 倍下采样处理，并加载均值为 0、标准差分别为 0.2、0.4、0.6、0.8、1.0、1.2 的高斯白噪声。然后对其中某些图像帧进行一个角度旋转。不同算法的 PSNR 和 MSSIM 指标对比统计结果如表 8-3 所示。

表 8-3　存在角度旋转时不同算法重建效果的 PSNR 和 MSSIM 指标

运动图像序列	帧号	噪声级别	PSNR(dB) / MSSIM		
			NL-SR	ZM-SR	ST-ASR
空间序列	帧 44	0.6	33.173 9/0.829 0	33.282 3/0.848 5	35.793 8/0.908 1
	帧 58	0.8	34.680 8/0.864 2	34.682 3/0.867 2	36.720 6/0.902 1
	帧 60	1.2	33.122 6/0.824 4	33.233 9/0.838 7	35.377 8/0.879 6
	平均值		34.5276/0.8498	34.7235/0.8607	36.4794/0.8976

续表

运动 图像序列	帧号	噪声 级别	PSNR(dB) / MSSIM		
			NL-SR	ZM-SR	ST-ASR
标准 Forman 序列	帧1	0.2	35.480 2/0.814 6	35.754 7/0.833 8	37.306 7/0.875 5
	帧3	0.6	36.456 3/0.824 4	36.557 3/0.840 5	38.471 0/0.882 0
	帧6	1.2	36.589 1/0.833 2	36.823 7/0.845 9	39.183 1/0.886 3
	平均值		35.968 9/0.825 2	36.254 0/0.844 2	37.975 9/0.882 5

从表 8-3 中 PSNR 和 MSSIM 指标可以看出,本章提出的 ST-ASR 算法相比 ZM-SR 和 NL-SR 算法,PSNR 和 MSSIM 指标值更高。相比其他两种对比方法中的最优者,ST-ASR 算法在 PSNR 指标方面平均提升了 5%,在 MSSIM 指标方面平均提升了 5%。由此说明本章 ST-ASR 算法具有较好的旋转不变有效性,同时发现 ST-ASR 算法对噪声不敏感,在各种不同的噪声级别下,相比其他两种对比方法均获取了更高的 PSNR 和 MSSIM 指标值,这主要得益于本章提出的基于 Zernike 矩特征相似性的自适应非局部模糊配准机制,进一步提升了算法的健壮性和重建质量。

图 8-12 给出了空间运动图像序列在三种不同算法下的重建视觉效果图。从中可以看出本章算法重建后目标轮廓和细节信息更加清晰,而 NL-SR 和 ZM-SR 重建后的视觉效果中产生了明显的边缘模糊和双边缘现象。图 8-13 给出了标准 Forman 运动图像序列在三种不同算法下的重建视觉效果图。从中可以看出本章算法重建后细节信息更加清晰,如红框内的眼部细节。综合前两组实验的结果,发现无论角度旋转是否存在,本章算法均表现出相对较好的性能。

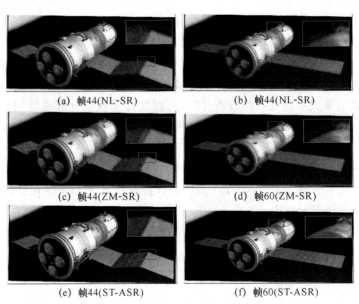

(a) 帧44(NL-SR)　　　　　　　　(b) 帧44(NL-SR)

(c) 帧44(ZM-SR)　　　　　　　　(d) 帧60(ZM-SR)

(e) 帧44(ST-ASR)　　　　　　　　(f) 帧60(ST-ASR)

图 8-12　存在角度旋转情况下空间序列重建视觉效果

(3)实验三:不同算法的噪声健壮性对比实验

在实验三中,选取空间序列和标准 Suzie 序列,使用 3×3 统一掩模进行模糊处理,对每个图像进行 2 倍下采样处理,并在各帧中分别添加级别为 0.2、0.4、0.6、0.8、1.0 和 1.2 的高斯白噪声,然后进行实验。图 8-14 给出了本章 ST-ASR 算法跟其他现有算法在不同噪声级别下

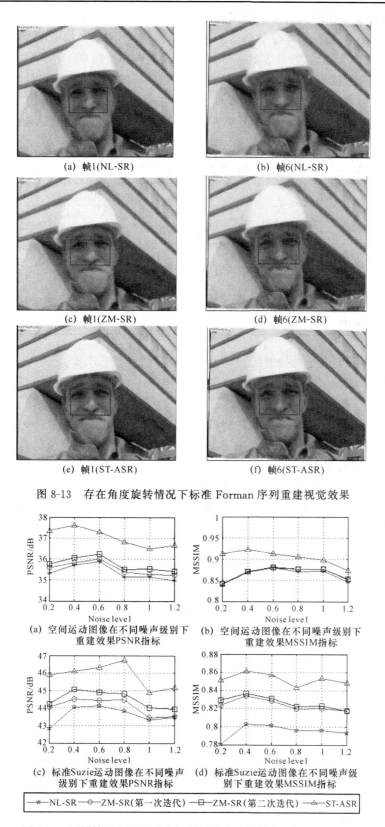

图 8-13　存在角度旋转情况下标准 Forman 序列重建视觉效果

图 8-14　不同算法在不同噪声级别下的重建效果客观评价指标对比

的 PSNR 和 MSSIM 指标的对比曲线图。表 8-4 给出了不同算法在不同噪声级别下重建效果的 PSNR 和 MSSIM 指标平均值。分析图 8-13 和表 8-4 中实验数据可以看出,相比于 NL-SR 和 ZM-SR 算法,本章算法(滤波参数 $\eta=10$)无论在任何噪声级别下,均具有更高的 PSNR 和 MSSIM 值,并且随着噪声级别的增大,优势更为明显,PSNR 指标依然保持在 36.66 dB 以上,MSSIM 指标保持在 0.84 以上。相比其他比较算法中的最优者,本章算法在 PSNR 指标方面平均提升了 5%,在 MSSIM 指标方面平均提升了 4%,由此说明本章 ST-ASR 算法对噪声不敏感,具有较好的噪声健壮性。

表 8-4　不同算法在不同噪声级别下超分辨率重建效果客观指标平均值

运动 图像序列	指标	PSNR/MSSIM			
		NL-SR	ZM-SR (第一次迭代)	ZM-SR (第二次迭代)	ST-ASR
空间 序列	PSNR	35.294 1	35.602 3	35.854 7	37.853 6
	MSSIM	0.855 2	0.862 1	0.873 5	0.905 6
Suzie 序列	PSNR	43.523 7	43.934 5	44.802 5	45.859 4
	MSSIM	0.795 2	0.821 4	0.829 1	0.859 6

(4) 实验四:不同大小的搜索区域对 ST-ASR 算法性能影响实验

在实验四中,选取了空间运动图像序列和标准 Suzie 运动图像序列进行实验对比,降质过程同第一组实验。搜索区域分别取 3×3、5×5、7×7 和 9×9。表 8-5 和表 8-6 分别给出了 ST-ASR 算法在不同大小搜索区域下的重建效果 PSNR 指标和 MSSIM 指标。分析表中数据可以看出,当搜索区域取 5×5 时,PSNR 和 MSSIM 指标值最高,说明此时算法重建性能最好。随着搜索区域的增大,算法的时间复杂度也相应递增。当搜索区域依次取 3×3、5×5、7×7 和 9×9 时,对于空间序列平均每次迭代重建每帧的时间分别为 11.35 s、21.62 s、65.18 s 和 120.30 s;对于标准 Suzie 序列平均每次迭代每帧的重建时间分别为 4.82 s、10.20 s、30.35 s 和 52.86 s。当搜索区域取 5×5 时,本章算法的整体性能最优,在取得较好重建效果的同时,时间消耗也相应较少。

表 8-5　ST-ASR 算法在不同大小的搜索区域下的重建效果 PSNR 指标

运动 图像序列	帧号	PSNR/dB			
		3×3	5×5	7×7	9×9
空间 序列	帧 44	32.338 4	33.278 0	32.546 2	33.096 0
	帧 55	32.507 9	33.200 4	32.664 8	33.140 8
	帧 60	32.325 9	33.051 7	32.540 0	33.022 8
	平均	32.469 1	33.288 9	32.643 6	33.146 5
标准 Suzie 序列	帧 1	41.699 8	45.009 0	42.852 6	44.170 4
	帧 5	41.289 5	44.758 4	42.252 1	43.625 1
	帧 6	41.445 6	45.057 1	42.697 0	43.969 7
	平均	41.566 4	45.202 3	42.712 0	44.144 0

表 8-6　ST-ASR 算法在不同大小搜索区域下的重建效果 MSSIM 指标

运动图像序列	帧号	MSSIM			
		3×3	5×5	7×7	9×9
空间序列	帧 44	0.737 9	0.815 9	0.763 7	0.799 9
	帧 55	0.744 6	0.802 3	0.768 0	0.798 6
	帧 60	0.746 9	0.802 5	0.770 3	0.798 1
	平均	0.746 7	0.810 6	0.768 6	0.800 5
标准 Suzie 序列	帧 1	0.787 6	0.820 7	0.783 7	0.797 6
	帧 5	0.750 4	0.826 8	0.776 8	0.797 4
	帧 6	0.740 0	0.820 4	0.773 9	0.791 0
	平均	0.763 6	0.825 1	0.778 3	0.796 6

8.4　基于显著性目标检测的超分辨率重建(STDR)算法的提出

本章提出了一种基于显著性目标检测的运动图像超分辨率重建(STDR)算法。考虑到视频序列帧数较多,并且视频序列背景比较单一,所以需要选择快速高效的运动目标检测方法。通过图像去噪、去模糊算法来提高并增强运动目标区域,提高运动目标的清晰度和图像质量,通过非局部平均算法重建运动图像序列。该算法流程如图 8-15 所示。

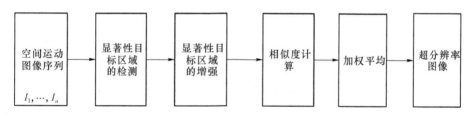

图 8-15　基于显著性目标检测的超分辨率重建算法框架图

8.4.1　STDR 算法描述

1. 图像显著性目标检测方法的提出

通过实验数据选择合适的阈值 λ,将彩色图像 I_i 二值化处理,获得灰度图像,将每个像素点的值 v_k 映射到灰度图像中,如式(8-38)所示:

$$I_{i'} = \begin{cases} 0 & v_p > \lambda, v_p \in I_i \\ 255 & v_p < \lambda, v_p \in I_i \end{cases} \tag{8-38}$$

其中 v_p 表示图像中像素点的值,$I_{i'}$ 表示灰度图像第 i 个像素点的值。根据运动图像序列背景比较单一的特点,通过选择合理的阈值可以将运动目标和边缘区域合理地分割。图像显著性目标检测结果如图 8-16 所示。

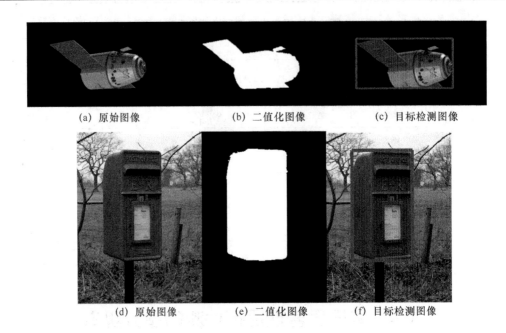

(a) 原始图像　　　　　(b) 二值化图像　　　　　(c) 目标检测图像

(d) 原始图像　　　　　(e) 二值化图像　　　　　(f) 目标检测图像

图 8-16　图像显著性目标检测结果

2. 显著性目标区域的增强过程

显著性目标区域的检测使用了阈值过滤处理方法,通过适当的组合三个金字塔函数实现如式(8-39)所示对目标区域分别去噪增强:

$$\rho_1 = \left\{ (\xi_1, \xi_2, \xi_3) \in \hat{\mathfrak{R}}^3 : \frac{\xi_2}{\xi_1} \leqslant 1, \frac{\xi_3}{\xi_1} \leqslant 1 \right\}$$

$$\rho_2 = \left\{ (\xi_1, \xi_2, \xi_3) \in \hat{\mathfrak{R}}^3 : \frac{\xi_1}{\xi_2} \leqslant 1, \frac{\xi_3}{\xi_2} \leqslant 1 \right\} \qquad (8\text{-}39)$$

$$\rho_3 = \left\{ (\xi_1, \xi_2, \xi_3) \in \hat{\mathfrak{R}}^3 : \frac{\xi_2}{\xi_3} \leqslant 1, \frac{\xi_2}{\xi_3} \leqslant 1 \right\}$$

其中 ρ_1, ρ_2, ρ_3 表示频域空间 $\hat{\mathfrak{R}}^3$ 中的金字塔区域,定义 ϕ 为 C^∞ 单变量函数,并且 $0 \leqslant \hat{\phi} \leqslant 1, \hat{\phi} = 1$ 在区间 $[-1/16, 1/16]$, $\hat{\phi} = 0$ 在区间 $[-1/8, 1/8]$ 之外。ϕ 是梅耶尔滤波缩放函数。依比例调整使得它的频率支持区间 $[-1/8, 1/8]$。对于 $\xi = (\xi_1, \xi_2, \xi_3) \in \hat{\mathfrak{R}}^3$ 满足关系式(8-40):

$$\hat{\Phi}(\xi) = \hat{\Phi}(\xi_1, \xi_2, \xi_3) = \hat{\phi}(\xi_1)\hat{\phi}(\xi_2)\hat{\phi}(\xi_3) \qquad (8\text{-}40)$$

令 $W(\xi) = \sqrt{\hat{\Phi}^2(2^{-2}\xi) - \hat{\Phi}^2(\xi)}$,满足关系式(8-41):

$$\hat{\Phi}^2(\xi) + \sum_{j \geqslant 0} W^2(2^{-2j}\xi) = 1, \xi \in \hat{\mathfrak{R}}^3 \qquad (8\text{-}41)$$

函数 $W_j^2, j \geqslant 0$,产生一个平滑的平铺,令 $V \in C^\infty(\mathfrak{R})$,并且 $V \subset [-1, 1]$,满足关系式(8-42):

$$|V(u-1)|^2 + V(u+1)|^2 + V(u)|^2 = 1, |u| \leqslant 1 \qquad (8\text{-}42)$$

定义 $V(0) = 1$ 和 $V^{(n)}(0) = 0$,对所有的 $m \geqslant 1$ 和 $j \geqslant 0$,函数(8-43)满足该定义:

$$\sum_{m=-2^j}^{2^j} |V(2^j u - m)^2 = 1|, u \leqslant 1 \qquad (8\text{-}43)$$

$d = 1, 2, 3, l = (l_1, l_2) \in Z^2$,3-D 稀疏表示系统和金字塔区域 ρ_d 之间的关系如式(8-44)中

的集合所示：

$$\{\psi_{j,\ell,k}^{(d)} : j \geqslant 0, -2^j \leqslant \ell_1, \ell_2 \leqslant 2^j, k \in Z^3\} \tag{8-44}$$

选择空间飞行器运动图像作为实验数据，基于 Shearlet 变换的目标增强结果如图 8-17 所示。

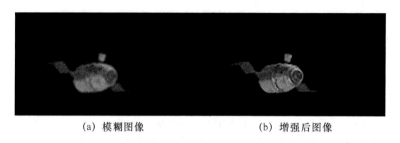

(a) 模糊图像　　　　　　　　(b) 增强后图像

图 8-17　Shearlet 变换增强图像

3. 基于惩罚函数最小化的相似度计算

为了避免运动估计影响图像块匹配的精确度，需要构造一个适当的惩罚函数，并尽量减少它的值。算法的输入是增强后的低分辨率图像序列 γ_t。

定义图像 X 表示高分辨率图像，图像 X 与低分辨率图像序列 γ_t 之间存在尺度不同，需要强制惩罚函数的变化。惩罚函数如式(8-45)所示：

$$\eta_{SR}(X) = \frac{1}{2} \sum_{(k,l) \in \Omega} \sum_{t \in [1,\cdots,T]} \sum_{(i,j) \in N(k,l)} \omega[k,l,i,j,t] \times \| R_{k,l} DHX - R_{i,j} \gamma_t \|_2^2 + \lambda TV(X) \tag{8-45}$$

引入惩罚函数中的惩罚操作是 H 模糊操作，D 下采样操作，应用于图像 X 模拟成像过程，将 X 转化为低分辨率图像 γ_t，附加项 TV 是全局误差，用来规范表达式中的去模糊操作，使图像平滑分段。令 $x = DHX$，将最小化惩罚函数划分为两个问题，第一个是输入图像的去噪操作，第二个是插值和去模糊。

在 t_0 时刻，高分辨率图像估计为 $\hat{X}_{t_0}$，输入的低分辨率图像序列集合为 γ_t，s 是所需的比例因子。q 表示低分辨率图像块的大小(R^L)，p 表示高分辨率图像块的大小(R^H)，并且满足 $p = s(q-1)+1$，初始化估计超分辨率图像序列 $\{Y_t\}_{t=1}^T$。初始化操作令 $Z_{t_0} = Y_{t_0}$，并且对于图像 Z_{t_0}，V 和 W 大小相同。对于每一个像素块 $(k,l) \in \Omega$ 和每个像素点在时刻 $t(i,j,t)$，满足 $(si, sj, t) \in N(k,l,t_0)$，计算权重如式(8-46)所示：

$$\omega[k,l,i,j,t] = \exp\{-\| \hat{R}_{k,l} Z_{t_0} - \hat{R}_{si,sj} Y_t \|_2^2 / 2\sigma^2\} \tag{8-46}$$

迭代执行如下操作：提取低分辨率图像块 $R_{i,j}^L \gamma_t$，用 0 填充图像边缘区域。在图像块的邻域上加权平均，如式(8-47)所示：

$$\hat{Z}[k,l] = \frac{\sum\limits_{t \in [1,\cdots,T]} \sum\limits_{(i,j) \in N^L(k,l)} \omega[k,l,i,j,t] \gamma_t[i,j]}{\sum\limits_{t \in [1,\cdots,T]} \sum\limits_{(i,j) \in N^L(k,l)} \omega[k,l,i,j,t]} \tag{8-47}$$

其中 T 为运动图像序列中帧的个数，将 $\hat{Z}$ 反卷积运算即可得到高分辨率图像。

4. 基于显著性目标检测的图像超分辨率重建算法步骤

基于显著性目标检测的图像超分辨率重建算法步骤如表 8-7 所示。

表 8-7 基于显著性目标检测的图像超分辨率重建算法步骤

算法：STDR 算法
输入：低分辨率运动图像序列 I
输出：通过本章提出的 STDR 算法重建的运动图像序列
(1) 通过对运动图像序列的测试，选择合适的阈值；
(2) 通过步骤(1)的阈值，将彩色空间图像序列转化为二值化灰度图像；
(3) 根据二值化图像中 0 和 255 像素点的位置，将运动目标检测出来；
(4) 根据步骤(3)将目标区域通过 Shearlet 变换去噪增强处理；
(5) 将去噪增强后的图像序列，选择其中一帧作为重建参考图像；
(6) 计算其他图像序列与参考帧之间的相似度，在惩罚函数最小化的情况下，求解最相似模块；
(7) 将求解后的相似块加权平均计算，然后配准，获得高分辨率图像；
(8) 将分别重建的超分辨率图像输出 Y。

8.4.2 STDR 算法实验结果及分析

基于空间飞行器图像序列的超分辨率重建实验的数据来源于 http://www.youku.com，视频帧速是每秒 20 帧，图像大小是 640×345。使用了四帧含噪声和模糊的低分辨率空间图像序列，重建一帧高分辨率的图像。实验数据如图 8-18 所示，重建结果如图 8-19 所示，客观数据指标如表 8-8 和图 8-20 所示。采用了迭代反向投影算法、POCS 算法、Papoulis-Genchberg 算法做对比实验，评价指标包括 PSNR、MSSIM、平均梯度和信息熵。

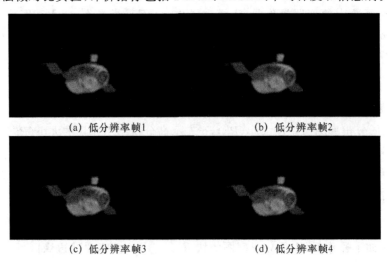

    (a) 低分辨率帧1   (b) 低分辨率帧2

    (c) 低分辨率帧3   (d) 低分辨率帧4

图 8-18 低分辨率空间飞行器数据集

从图 8-19 可以看到，本章提出的基于显著性目标检测的超分辨率重建算法比迭代反向投影算法、POCS 算法、Papoulis-Genchberg 算法重建效果好，本章方法通过图像二值化处理，将彩色图像变为灰度图像，检测出空间运动图像序列中的运动目标，通过基于 Shearlet 变换对目标区域显著增强，增强运动目标区域细节信息，提高了运算效率。迭代反向投影算法、Papoulis-Genchberg 算法重建效果出现模糊现象，没有去噪增强。POCS 算法出现了色彩失真现象。本章的基于显著性目标检测的图像超分辨率重建算法的重建结果细节更加丰富，图像更加清晰。

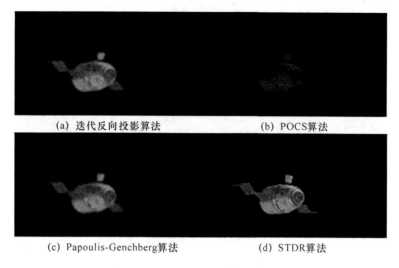

(a) 迭代反向投影算法　　　　　　　(b) POCS算法

(c) Papoulis-Genchberg算法　　　　　(d) STDR算法

图 8-19　图像序列超分辨率重建结果

　　表 8-8 表明在客观评价指标上基于显著性目标检测的超分辨率重建算法的 PSNR 值、MSSIM 值、信息熵要比迭代反向投影算法、POCS 算法、Papoulis-Genchberg 算法重建效果高,增强的图像细节更加清晰,色彩更加鲜明,视觉效果更加清晰。信息熵指标主要是其他方法出现了模糊现象,所以信息熵值较高。平均梯度相比 POCS 算法、Papoulis-Genchberg 算法客观指标的值也较高。通过图 8-18 的数据可以看出,本章提出的基于显著性目标检测的超分辨率重建算法比迭代反向投影算法、POCS 算法和 Papoulis-Genchberg 算法,在峰值信噪比指标方面分别提高了 7%、8%、9%,在平均结构相似度指标方面分别提高了 4%、3%、3%。

表 8-8　空间图像序列超分辨率重建客观对比指标

算法	迭代反向投影	POCS	Papoulis-Genchberg	STDR(本章提出算法)
PSNR	38.375 2	38.925 0	37.914 0	40.117 6
MSSIM	0.876 3	0.881 2	0.861 2	0.882 9
信息熵	2.708 7	2.499 8	2.392 8	2.467 2
平均梯度	0.929 4	0.794 5	0.842 5	0.868 2

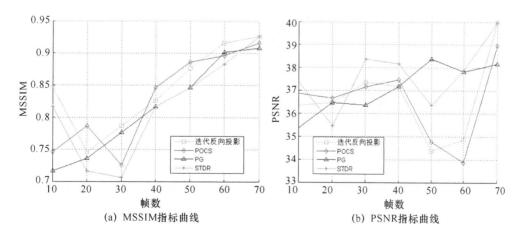

(a) MSSIM指标曲线　　　　　　　　(b) PSNR指标曲线

图 8-20　空间运动图像序列客观对比数据指标曲线

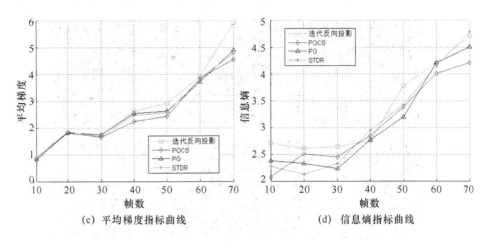

图 8-20　空间运动图像序列客观对比数据指标曲线(续图)

8.5　本章小结

　　本章提出了一种基于 Zernike 矩和非局部相似性的运动图像序列跨尺度超分辨率重建(ST-ASR)算法,通过对不同时空尺度的多帧低分辨率的运动图像进行跨尺度融合,重建高分辨率、高质量的运动图像序列。不同于传统方法,该算法不依赖于精确的亚像素运动估计,能够适用于一些复杂的运动模式,且具有较好的旋转不变性及噪声健壮性。基于显著性目标检测的图像超分辨率重建算法避免了依赖精确的运动估计,通过将图像划分成不同模块,计算块之间的相似度,实现图像块之间的模糊匹配,最终实现运动图像的超分辨率重建。在提出的算法中通过在基于运动图像序列的超分辨率重建中引入图像增强的辅助运算,可以很好地提高超分辨率重建图像的细节特征和视觉效果。

参 考 文 献

［1］ Yasushi M, Atsushi M, Yasushi Y. Temporal Super Resolution from a Single Quasi-Periodic Image Sequence Based on Phase Registration［C］. Proceedings of the 10th Asian Conference on Computer Vision (ACCV), 2010: 107-120.

［2］ Sun J, Yeung H. Gradient Profile Prior and Its Applications in Image Super-Resolution and Enhancement［J］. IEEE Transaction on Image Processing, 2011, 20(6): 1529-1542.

［3］ He H. Single Image Super-Resolution Using Gaussian Process Regression［C］. Proceedings of the 2011 IEEE International Conference on Computer Vision and Pattern Recognition (CVPR), 2011: 449-456.

［4］ Yuan Q. Multiframe Super-Resolution Employing a Spatially Weighted Total Variation Model［J］. IEEE Transaction on Circuits and Systems for Video Technology, 2012, 22(3): 379-392.

［5］ Liu C. A Bayesian Approach to Adaptive Video Super Resolution［C］. Proceedings of the 2011 IEEE International Conference on Computer Vision and Pattern Recognition (CVPR), 2011: 209-216.

[6] Xiong Z, Xiaoyan Sun, Feng Wu. Robust Web Image/Video Super-Resoluton [J]. IEEE Transactions on Image Processing, 2010, 19(8): 2017-2028.

[7] Stefanos P, Nikolaos P, Aggelos K. Maximum a Posteriori Video Super-Resolution Using a New Multichannel Image Prior [J]. IEEE Transaction on Image Processing, 2010, 19(6): 1451-1464.

[8] Martins A. Map-MRF Super-Resolution Image Reconstruction Using Maximum Pseudo-Likelihood Parameter Estimation [C]. Proceedings of the 2009 16th IEEE International Conference on Image Processing (ICIP), 2009.

[9] Tian J, Hou T, Li M. Spatio-Temporal Adaptive Super-Resolution Reconstruction of Video Based on POCS Frame [J]. Application Research of Computers, 2011, 28(7): 2778-2781.

[10] Shen L, Zhang Z. Content-Adaptive Motion Estimation Algorithm for Coarse-Grain SVC [J]. IEEE Transaction on Image Processing, 2012, 21(5): 2582-2591.

[11] Pock T, Bischof H. Motion Estimation with Non-Local Total Variation Regularization [C]. Proceedings of the 2010 IEEE International Conference on Computer Vision and Pattern Recognition (CVPR), 2010: 2464-2471.

[12] Fan Y, Chung C. De-interlacing Algorithm Using Spatial-Temporal Correlation-Assisted Motion Estimation [J]. IEEE Transaction on Circuits and Systems for Video Technology, 2009, 19(7): 932-944.

[13] Protter M, Elad M, Takeda H, Milanfar P. Generalizing the Nonlocal-Means to Super-Resolution Reconstruction [J]. IEEE Transaction on Image Processing, 2009, 18(1): 349-366.

[14] Gao X, Wang Q, Li X, et al. Zernike-Moment-Based Image Super Resolution [J]. IEEE Transaction on Image Processing, 2011, 20(10): 2738-2747.

[15] Zheng H, Bouzerdoum H, Phung S L. Wavelet Based Nonlocal-Means Super-Resolution for Video Sequences [C]. 2010 17th IEEE International Conference on Image Processing (ICIP), 2010.

[16] Li Z. Research on Super-resolution Image Reconstruction with Global and General Motion [D]. Sun Yat-sen University, 2009.

[17] Tasdizen, T. Principal Neighborhood Dictionaries for Non-Local Means Image Denoising [J]. IEEE Transactions on Image Processing, 2009, 18(12): 2649-2660.

[18] Dowson N, Salvado O. Hash Nonlocal Means for Rapid Image Filtering [J]. IEEE Transactions on Pattern Analysis and Machine Intelligence, 2011, 33(3): 485-499.

[19] Zeng W, Lu X. Region-Based Non-Local Means Algorithm for Noise Removal [J]. Electronics Letters, 2011, 47(20): 1125-1127.

[20] Giachetti A, Asuni N. Real-Time Artifact-Free Image Upscaling [J]. IEEE Transactions on Image Processing, 2012, 21(4): 2361-2369.

[21] Sinh C. Rotation Invariant Complex Zernike Moments Features and Their Applications to Human Face and Character Recognition [J]. IET Computer Vision, 2011, 5(5): 255-265.

[22] Shu H, Zhang H, Coatrieus G, et al. Combined Invariants to Similarity Transformation and to Blur Using Orthogonal Zernike Moments [J]. IEEE Transaction on Image Processing, 2011, 20(2): 345-360.

[23] Nikolaidis N, Pitas I. 3D Facial Expression Recognition Using Zernike Moments on Depth Images [C]. Proceedings of the 2011 18th IEEE International Conference on Image Processing (ICIP), 2011: 773-776.

[24] Villa-Uriol M, Frangi A. Efficient 3D Geometric and Zernike Moments Computation from Unstructured Surface Meshes [J]. IEEE Transaction on Pattern Analysis and Machine Intelligence, 2011, 33(3): 471-484.

[25] Takeda H, Farsiu S, Milanfar P. Deblurring Using Regularized Locally Adaptive Kernel Regression [J]. IEEE Transactions on Image Processing, 2008, 17(4): 550-563.

第9章 基于光流估计和模糊配准机制的时空超分辨率重建研究

9.1 引 言

时空超分辨率重建技术近年来在国内外广受关注[1,2]。大量学者致力于通过利用多帧图像之间的互补冗余特性,融合多帧图像信息进行超分辨率重建研究,以提升各帧图像或运动图像序列的空间分辨率[3,4]。然而传统的一些超分辨率重建方法依赖于精确的亚像素运动估计,因此仅局限于一些全局平移等简单的运动模式。运动图像序列中存在着一些较为复杂的运动模式,有学者提出一种基于相似度匹配的模糊配准机制,并在此基础上实现超分辨率重建,用于提升图像或运动图像序列的空间分辨率,该机制可以有效地避免精确的亚像素运动估计。Matan Protter[5]通过对非局部均值滤波(NLM)进行拓展,提出了一种基于 3-D NLM 的重建框架。

然而,模糊配准机制仍然存在一些局限性,例如,当运动图像序列中存在不同角度的旋转时,帧间的时空相似性变得十分微弱,此时帧间信息很难得到有效的利用,而影响到超分辨率重建的质量。现有的模糊配准机制对噪声干扰十分敏感。为解决上述问题,考虑到 Zernike 矩特征的优良的平移、旋转和尺度不变特性,同时结合自适应区域相关性判断策略,本章构建了基于 Zernike 矩的快速模糊配准机制,实现非局部相似模式的快速精确计算,并在此基础上提出了一种基于光流估计和模糊配准机制的时空超分辨率重建算法。该算法将空间分辨率的重建和时间分辨率的重建集成在一个统一的框架下进行,在提升运动图像序列空间分辨率的同时,还能实现时间分辨率的提升,从而使运动图像序列更加清晰和流畅。不同于传统的超分辨率重建方法,提出的算法不依赖于精确的亚像素运动估计,能够适用于各种复杂的运动模式,同时具有较好的旋转不变性和噪声健壮性。

现有的实现运动图像序列时间分辨率提升的方法采用基于运动向量的帧插值技术[6,7],块匹配[8,9]、光流分析[10,11]等运动估计技术进行帧间运动分析,基于运动估计获取的运动向量进行帧插值,由于不可避免的运动估计误差的影响,会使得插值帧中出现视觉上的块效应或空洞效应。本章提出的算法可以在提升空间和时间分辨率的同时,克服传统方法中的块效应和空洞效应问题。

9.2 基于光流估计和模糊配准机制的时空超分辨率重建(STSR)算法的提出

9.2.1 STSR 算法研究动机

为获取更为清晰流畅且视觉分辨率更高的运动图像序列,需要结合运动图像的时空特性,提出一种高效的时空超分辨率重建算法来进一步提升视觉传感器拍摄的运动图像的时空分辨率质量。实现运动图像序列时间分辨率提升的方法采用基于运动向量的帧插值技术,通过帧间运动估计获取运动向量后再进行帧间插值,这种思路由于不可避免的运动估计误差的影响,使得插值帧中出现视觉上的块效应或空洞效应。对于运动图像空间分辨率的提升,传统的超分辨率重建思路往往先进行帧间亚像素运动估计实现时空配准(如采用块匹配、光流技术),再进行帧间信息融合,然而该种机制往往依赖于精确的亚像素运动估计,因此仅局限于在一些全局平移等简单的运动模式下取得较好的效果,而不适用于复杂的运动场景。

为了实现更为高效健壮性的运动图像序列时空超分辨率重建,需要解决的技术难点有两点:如何实现复杂运动场景下不同时空尺度运动图像之间的快速自适应时空映射,从而使超分辨率重建方法能够适用于各种复杂的运动模式,且具有较好的噪声健壮性和旋转不变性;如何构建统一的时空超分辨率重建算法框架,使在空间分辨率提升的同时,时间分辨率也能有效提升。

针对以上问题,本章围绕时空超分辨率重建展开研究,提出了基于光流估计和模糊配准机制的时空超分辨率重建算法,通过跨尺度融合不同时空尺度的运动图像间的细节信息和非局部相似性信息,实现时空分辨率的提升。考虑到 Zernike 矩特征的平移、旋转、尺度不变性和噪声不敏感性,并结合自适应区域相关性判断策略,构建了基于 Zernike 矩的快速非局部模糊配准机制,该机制具有较好的旋转不变性和噪声健壮性,且适用于角度旋转和局部运动等复杂的运动模式。

本章基于高斯金字塔对运动图像进行跨尺度分解,通过在不同的分辨率尺度下进行由粗到精的分层迭代光流计算,提出了基于运动细节保护的健壮性光流运动估计方法(MPOF),能够适应光照亮度的变化。利用双向加权融合策略对低分辨率运动图像序列进行时空运动补偿。提出采用构建的基于 Zernike 矩的快速非局部模糊配准机制和不同时空尺度的信息融合,对光流运动补偿后的初始估计进行优化重建,从而在统一的框架下实现了时间和空间超分辨率重建。

9.2.2 STSR 算法描述

给定一低分辨率运动图像序列 $\{y_m[i,j,t]\}_{t=1}^{T}(m=1,\cdots,M)$,该序列是由原始运动图像序列 $\{x_k[i,j,t]\}_{t=1}^{T}(k=1,\cdots,N)$ 经过模糊 B、下采样 D、噪声干扰 ε 以及丢帧等降质过程后形成的,其中 $M \leqslant N$,N 表示原始运动图像序列帧数,M 表示降质后运动图像序列帧数。构建的时空超分辨率重建算法的目的是将降质后的低分辨率运动图像序列 $\{y_m[i,j,t]\}_{t=1}^{T}$ $(m=1,\cdots,M)$,通过采用时空超分辨率重建,重建出原始高分辨率的运动图像序列

$\{x_k[i,j,t]\}_{t=1}^T(k=1,\cdots,N)$。为达到这一目的,本章提出了一种基于光流估计和模糊配准
机制的时空超分辨率重建(STSR)算法。该算法充分利用图像在时空域的不同时空尺度的
非局部相似性,从多帧低分辨率的运动图像序列中融合重建出高分辨率、高质量的运动图
像序列。提出的 STSR 算法流程主要包括基于运动细节保护的健壮性光流运动估计、基于
双向加权融合的时空运动补偿、基于时空域非局部模糊配准与跨尺度帧间融合的超分辨率
重建。STSR 算法框架如图 9-1 所示。

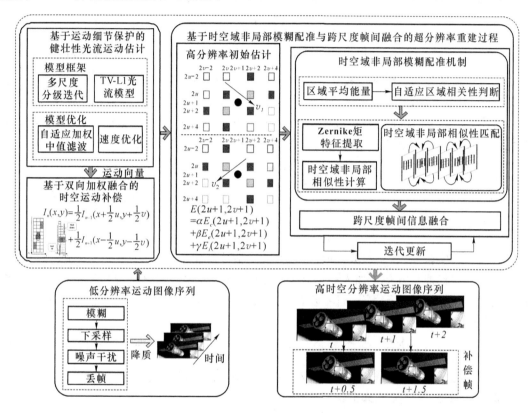

图 9-1　基于光流估计和模糊配准机制的时空超分辨率重建算法框架

1. 基于运动细节保护的健壮性光流运动估计(MPOF)算法的提出

传统的光流估计方法基于亮度守恒约束和运动平滑约束,因此不具有较好的光照噪声健
壮性和运动细节保护能力[12]。为解决这一问题,本章提出了一种基于运动细节保护的健壮性
光流运动估计(MPOF)算法。采用了由粗到精的多尺度分级迭代策略和总变分(TV)相结合
的思想,从而可有效地避免陷入局部最优,并进一步提升时间效率。

给定运动图像序列的相邻连续两帧 I_1 和 I_2,在现有的基于总变分的光流估计方法中,通
过光流运动估计获取运动向量的过程,等价于求解满足如下目标能量方程最小化的速度矢量
(u,v)。

$$
\begin{aligned}
E(u,v) &= E_d(u,v) + \lambda E_r(u,v) \\
&= \mu(I_2(x+u,y+v) - I_1(x,y)) + \lambda \times \eta(\nabla u, \nabla v)
\end{aligned}
\tag{9-1}
$$

其中 $E_d(u,v)$ 表示数据项,$E_r(u,v)$ 表示正则项。计算方法分别如下:

$$
E_d(u,v) = \sum_{x,y} |I_2(x+u_x, y+v_y) - I_1(x,y)|
\tag{9-2}
$$

$$E_r(u,v) = \sum_{x,y}(|\nabla u_x| + |\nabla v_y|) \tag{9-3}$$

在上述计算方法中,对于数据项 $E_d(u,v)$ 的最小化处理是基于亮度守恒约束的,因此受光照、阴影、遮挡等因素的影响较大。对于正则项 $E_r(u,v)$ 的最小化处理是基于运动平滑约束的,而在图像边缘轮廓处运动往往是不连续的,因此对于运动不连续点的运动估计性能较差。

首先,为了增强光流估计对于光照变化等因素的健壮性,本章对光流估计目标函数的数据项进行优化,构建亮度守恒约束和梯度守恒约束联合驱动的数据项,计算方法如下:

$$\begin{aligned} E_d(u,v) &= \sum_{x,y}|I_2(x+u_x,y+v_y) - I_1(x,y)| + \zeta \times |\nabla I_2(x+u_x,y+v_y) - \nabla I_1(x,y)| \\ &= \sum_{x,y}|I_x u_x + I_y v_y + I_t| + \zeta \times |\nabla I_2(x+u_x,y+v_y) - \nabla I_1(x,y)| \end{aligned} \tag{9-4}$$

其中参数 ζ 是两种约束之间的权重调节因子,$I(x,y,t)$ 表示像素点 (x,y) 在时间点 t 的亮度值,I_x,I_y,I_t 为 $I(x,y,t)$ 关于 x,y,t 的偏导数,(u_x,v_y) 为光流估计获取的运动矢量。

其次,为保护运动间断处和边缘细节,本章利用运动结构自适应策略[13,14]对光流目标能量函数的运动平滑约束的正则项进行改进。改进后的正则项定义如下:

$$E_r(u,v) = \sum_{x,y}\omega(x,y)(|\nabla u_x| + |\nabla v_y|) \tag{9-5}$$

其中,$|\nabla u_x| + |\nabla v_y|$ 是 TV 正则化操作。$\omega(x,y)$ 是保护运动细节的自适应权重,其计算方法如下:

$$\omega(x,y) = \exp(-|\nabla I_1|^k) \tag{9-6}$$

通过反复实验发现,当参数 k 取 0.8 时,运动估计性能最好。

在光流目标能量方程中加入一个启发式非局部项,该项通过自适应加权中值滤波对各层的光流运动估计结果进行优化,进一步提升算法的精度和健壮性。本章对该过程进行数学建模,并形式化为求解如下问题:

$$E_{\text{WNL}} = \sum_{x,y}\sum_{(i,j)\in N_{x,y}}\omega_{x,y,i,j}(|\hat{u}_x - \hat{u}_i| + |\hat{v}_y - \hat{v}_j|) \tag{9-7}$$

其中,$\omega_{x,y,i,j}$ 是自适应权重因子。权重的计算由空间距离、颜色色差距离以及闭塞状态三个因素共同确定,计算公式如下:

$$\omega_{x,y,i,j} = \frac{1}{25} \times \exp\left\{ -\frac{|i-i'|^2 + |j-j'|^2}{2\sigma_1^2} - \frac{|I(i,j) - I(i',j')|^2}{4\sigma_2^2} + \frac{o(i',j')}{o(i,j)} \right\} \tag{9-8}$$

其中 $I(i,j)$ 和 $I(i',j')$ 表示 Lab 颜色空间中的颜色向量,$o(i,j)$ 和 $o(i',j')$ 表示闭塞变量。式中,$\sigma_1 = 7$,$\sigma_2 = 7$。

由于闭塞区域内的像素点在相邻运动图像间缺乏对应点,因此在这些区域内估计出的光流运动向量是不精确的。为此,需要对所估计出的光流运动向量通过闭塞区域感知更新,进行进一步的优化处理。通过综合考虑光流差异和像素投影差异两个因素,采用如下方法进行闭塞区域检测,进而求解闭塞变量 $o(i,j)$。

$$o(x,y) = N(d(x,y),\sigma_d) \times N(e(x,y),\sigma_e) \tag{9-9}$$

$$d(x,y) = \begin{cases} \text{div}(x,y), & \text{div}(x,y) < 0 \\ 0, & \text{其他} \end{cases} = \begin{cases} \dfrac{\partial}{\partial x}u + \dfrac{\partial}{\partial y}v, & \text{div}(x,y) < 0 \\ 0, & \text{其他} \end{cases} \tag{9-10}$$

$$e(x,y) = I(x,y) - I(x+u,y+v) \tag{9-11}$$

其中 $N(\cdot)$ 服从零均值非正态高斯先验假设,$d(x,y)$ 表示光流差异因素,$e(x,y)$ 表示像素投影差异因素。在实验中,$\sigma_d = 0.3$,$\sigma_e = 20$。

综合如上三点改进和优化,构建如式(9-12)所示的光流估计目标能量函数,并通过最小化该目标函数来获取高精度的光流运动向量(u,v)。

$$E(u,v)=E_d(u,v)+\alpha E_r(u,v)+\beta E_{WNL} \tag{9-12}$$

其中参数 α 和 β 是 $E_d(u,v)$、$E_r(u,v)$ 和 E_{WNL} 三项之间的权重调节因子。

对于通过运动估计获取的光流运动向量,只对流边界区域的运动向量,在 15×15 的非局部窗口内采用自适应加权中值滤波对其进行优化,而对非流边界区域的运动向量,在 5×5 的邻域窗口内采用等值加权的中值滤波对其进行优化。对流边界区域的提取,首先采用 Canny 边缘检测算子检测出运动边界,然后通过采用 5×5 的掩模方法来对检测出的运动边界进行膨胀,从而获取流边界区域。

2. 基于双向加权融合的时空运动补偿

通过光流运动估计算法获取运动向量(u,v)之后,采用双向加权融合思想对运动图像序列进行时空运动补偿,来预测和补偿序列中丢失的中间图像,从而获取补偿帧的初始估计。基于光流运动估计实现时空运动补偿的整体计算框架如图 9-2 所示。

为保证获取更好的补偿效果,同时提升算法的时间效率,提出一种双向加权融合思想来进行时空运动补偿。补偿图像的像素能量值由下式计算方法确定:

$$I_n(x,y)=\lambda_1\times I_{n-1}(x+0.5\times u,y+0.5\times v) \\ +\lambda_2\times I_{n+1}(x-0.5\times u,y-0.5\times v) \tag{9-13}$$

综合考虑算法时间复杂度和补偿效果的折中,本章在实验中对参数 λ_1 和 λ_2 均设置为 0.5。

3. 基于时空域非局部模糊配准与跨尺度帧间融合的超分辨率重建过程

单纯依靠光流运动向量获取的时空运动补偿图像,由于不可避免的光流估计误差的影响,带来视觉效果上的空洞效应。为有效解决这一问题,通过充分学习多帧运动图像在时空域的非局部相似性信息,构建一种基于 Zernike 矩的时空域快速非局部模糊配准机制,并在此基础上基于多帧信息融合思想进行超分辨率重建,对补偿后的运动图像序列 $\{y_p'[i,j,t]\}_{t=1}^T (p=1,\cdots,N)$ 进行重建和优化,以获取高质量的补偿图像,进一步提升运动图像序列的时间分辨率,实现对原低分辨率运动图像序列的空间分辨率的提升,最终获取高时空分辨率的运动图像序列 $\{x_k[i,j,t]\}_{t=1}^T (k=1,\cdots,N)$。

基于时空域非局部模糊配准与跨尺度帧间融合的超分辨率重建过程主要包含基于迭代曲率插值机制进行初始高分辨率估计、非局部模糊配准与迭代多帧融合和模糊处理三个子过程。

过程 1:初始高分辨率估计。采用实时的迭代曲率插值机制为融合重建过程提供初始高分辨率估计。通过式(9-14)确定每个插值像素 $I(2u+1,2v+1)$ 的初始能量估计值:

$$I(2u+1,2v+1)=\begin{cases}\dfrac{I(2u,2v)+I(2u+2,2v+2)}{2},v_1(2u+1,2v+1)<v_2(2u+1,2v+1)\\[2mm]\dfrac{I(2u+2,2v)+I(2u,2v+2)}{2},v_1(2u+1,2v+1)\geqslant v_2(2u+1,2v+1)\end{cases}$$

$$\tag{9-14}$$

$$\begin{aligned}v_1(2u+1,2v+1)=&I(2u-2,2v+2)+I(2u,2v)\\&+I(2u+2,2v-2)-3I(2u,2v+2)-3I(2u+2,2v)\\&+I(2u,2v+4)+I(2u+2,2v+2)+I(2u+4,2v)\end{aligned} \tag{9-15}$$

$$\begin{aligned}v_2(2u+1,2v+1)=&I(2u,2v-2)+I(2u+2,2v)\\&+I(2u+4,2v+2)-3I(2u,2v)-3I(2u+2,2v+2)\\&+I(2u-2,2v)+I(2u,2v+2)+I(2u+2,2v+4)\end{aligned} \tag{9-16}$$

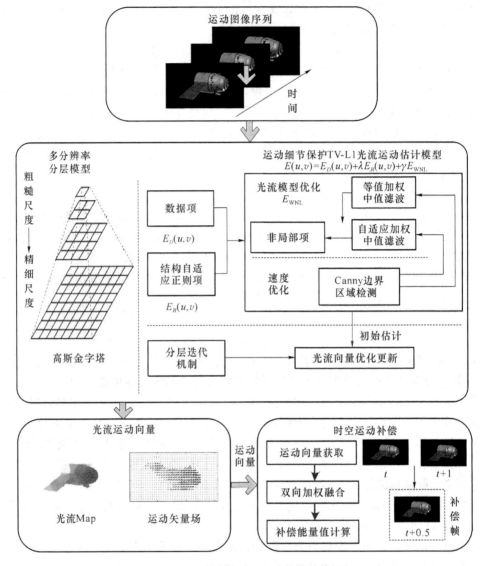

图 9-2　基于光流的时空运动补偿计算框架

其中 $v_1(2u+1,2v+1)$ 和 $v_2(2u+1,2v+1)$ 分别表示八个邻域像素能量值沿两个对角线方向的二阶导数。

通过不断地迭代更新来优化插值效果。采用式(9-17)对上述获取的粗糙估计值 $I(2u+1,2v+1)$ 进行修正：

$$I'(2x+1,2y+1)=k_1 I'_\alpha(2u+1,2v+1)+k_2 I'_\alpha(2u+1,2v+1)+k_3 I'_{\ddot a}(2u+1,2v+1)$$

$$(9-17)$$

其中 I'_α、I'_α 和 $I'_{\ddot a}$ 分别表示曲率连续能量、曲率增强能量和曲率平滑能量。参数 k_1、k_2 和 k_3 分别表示调节 I'_α、I'_α 和 $I'_{\ddot a}$ 比例的权重。

过程 2：非局部模糊配准与迭代多帧融合。在获取高分辨率初始估计后，融合重建步骤是算法的核心。该步建立在基于 Zernike 矩的快速非局部模糊配准机制上，通过学习待重建图像与各低分辨率观测图像之间的非局部相似模式来进行权重计算，进而通过迭代多帧融合来获取待重建图像的高分辨率估计，从而避免精确的运动估计，同时可取得一定的去噪效果。其中,非局部邻域内的各像素的权重 $\omega_{\text{azm}}^{\text{SR}}[k,l,i,j,t]$ 的计算是通过基于 Zernike 矩的相似性计算实现的。为了具体地描述本章的重建过程,首先定义区域平均能量 $\bar{E}_{\text{STSR}}(x,y)$ 和区域特征相似性 $\text{RFS}_{\text{STSR}}(D(k,l),D(i,j))$ 两个概念。

在重建过程中,首先基于区域平均能量对待重建像素 (k,l) 的非局部搜索区域内的所有像素 (i,j) 对应的邻域区域进行相关性判断,分为相关区域和不相关区域,只选择相关的区域参与权重计算,可进一步提升算法的时间效率。在相关性判断过程中,引入自适应阈值 AT 策略。若两区域相关,则有:

$$\left| \bar{E}_{\text{STSR}}(k,l) - \bar{E}_{\text{STSR}}(i,j) \right| < \text{AT} \tag{9-18}$$

阈值的大小是通过待重建像素 (k,l) 对应的邻域区域的平均能量 $\bar{E}_{\text{STSR}}(k,l)$ 来自适应地确定的,因此可更为精确地对区域间的相关性进行判定。定义的自适应阈值如下:

$$\text{AT} = 0.08\bar{E}_{\text{STSR}}(k,l) \tag{9-19}$$

在此基础上进行非局部模糊配准机制中基于 Zernike 矩的相似性权重计算,计算方法如式(9-20)所示:

$$
\begin{aligned}
&\omega_{\text{azm}}^{\text{SR}}[k,l,i,j,t] \\
&= \frac{1}{\text{Norm}(k,l)} \times \text{RFS}_{\text{STSR}}(D(k,l,t_0), D(i,j,t)) \\
&= \begin{cases} \dfrac{1}{\text{Norm}(k,l)} \times \exp\left\{ -\dfrac{\parallel \text{ZM}(k,l,t_0) - \text{ZM}'(i,j,t) \parallel_2^2}{\sigma^2} \right\}, & \left| \bar{E}_{\text{STSR}}(k,l,t_0) - \bar{E}_{\text{STSR}}(i,j,t) \right| < \text{AT} \\ 0, & \text{其他} \end{cases}
\end{aligned}
\tag{9-20}
$$

$$\text{Norm}(k,l) = \sum_{(i,j) \in N_{\text{nonloc}}(k,l)} \exp\left\{ -\frac{\parallel \text{ZM}(k,l,t_0) - \text{ZM}'(i,j,t) \parallel_2^2}{\sigma^2} \right\} \tag{9-21}$$

其中 (k,l) 表示 t_0 时刻待重建的像素点,(i,j) 表示待重建像素在时空域的非局部邻域 $N_{\text{nonloc}}(k,l)$ 内的像素点,参数 σ 控制指数函数的衰减率和权重的衰减率,$\text{Norm}(k,l)$ 表示归一化常数。

当权重 $\omega_{\text{azm}}^{\text{SR}}[k,l,i,j,t]$ 确定之后,待重建图像各像素的高分辨率估计通过帧间信息融合,即其相邻连续多帧间的非局部邻域内像素加权平均而获得,假设 $Z = HX$,H 为模糊因子,则重建 Z 的目标能量函数定义如下:

$$\hat{Z}_{\text{STSR}}^A[x] = \frac{\sum\limits_{(k,l) \in \Psi} \sum\limits_{t \in [1,\cdots,T]} \sum\limits_{(i,j) \in N_{\text{nonloc}}(k,l)} \omega_{\text{azm}}^{\text{SR}}[k,l,i,j,t] y_t[i,j]}{\sum\limits_{(k,l) \in \Psi} \sum\limits_{t \in [1,\cdots,T]} \sum\limits_{(i,j) \in N_{\text{nonloc}}(k,l)} \omega_{\text{azm}}^{\text{SR}}[k,l,i,j,t]} \tag{9-22}$$

为了进一步提升重建质量,需要对融合重建的结果进行不断地迭代更新和优化,每次迭代过程的结果将为下一次迭代过程提供更精确的相似度权重计算。

过程 3:模糊处理。利用局部自适应核回归方法[15]对上述融合过程获取的重建结果进行去模糊处理,则最终的高分辨率估计值 X 可以通过最小化如下目标能量函数来获取:

$$\hat{Z}_{\text{STSR}}^B[x] = \parallel Z - HX \parallel_2^2 + \gamma \text{AKR}(X) \tag{9-23}$$

其中 γ 是核回归过程 $\text{AKR}(X)$ 的权重参数。

4. STSR 算法实现步骤

本章提出的基于光流估计和模糊配准机制的时空超分辨率重建(STSR)算法的具体实现

步骤如表 9-1 所示。

表 9-1　基于光流估计和模糊配准机制的时空超分辨率重建算法

算法:STSR 算法

输入:低时空分辨率运动图像序列 $\{y_m[i,j,t]\}_{t=1}^{T}(m=1,\cdots,M)$、尺度放大因子 s、非局部搜索区域大小 $W\times W$、参与权重计算的局部块大小 $B\times B$、控制权重的滤波参数 σ、迭代规模 K

输出:重建后高时空分辨率运动图像序列 $\{x_k[i,j,t]\}_{t=1}^{T}(k=1,\cdots,N)$

(1) 通过对运动图像序列 $\{y_m[i,j,t]\}_{t=1}^{T}(m=1,\cdots,M)$ 在时空域进行运动分析,采用式(9-12)在基于高斯金字塔的多尺度框架下进行光流运动估计,获取运动向量 (u,v);

(2) 根据所获取的运动向量 (u,v),采用式(9-13)的双向加权融合思想进行时空运动补偿,获取补偿后的运动图像序列 $\{y'_p[i,j,t]\}_{t=1}^{T}(p=1,\cdots,N)$;

(3) 根据式(9-14)、式(9-15)、式(9-16)和式(9-17),采用迭代曲率插值机制获取运动补偿后的运动图像序列 $\{y'_p[i,j,t]\}_{t=1}^{T}(p=1,\cdots,N)$ 的高分辨初始估计 $\{Y_p[i,j,t]\}_{t=1}^{T}(p=1,\cdots,N)$,并设置 $\hat{Z}_p[i,j,t]=Y_p[i,j,t](p=1,\cdots,N;t=1,\cdots,T)$;

(4) 基于帧间非局部相似性进行跨尺度帧间信息融合,对各个时刻 t_0 的 $\hat{Z}_p[i,j,t_0]$ 中的各个像素 (k,l) 进行修正,获取融合后的 $\hat{Z}_p[i,j,t](p=1,\cdots,N;t=1,\cdots,T)$

1) 对于每个 $(k,l,t_0)\in\hat{Z}_p[i,j,t_0]$,求解 $ZM(k,l,t_0)$、$\bar{E}(k,l,t_0)$ 和自适应阈值 $AT=0.08\bar{E}(k,l,t_0)$。对于当前帧和相邻帧中每个 $(i,j,t)\in N_{nonloc}(k,l,t_0)$,

a) 求解 $\bar{E}(i,j,t)$;

b) 根据式(9-18)进行自适应区域相关性判断,若判定为不相关区域,则设置权重为 0;否则计算 $ZM^r(i,j,t)$,并根据式(9-20)计算基于 $RFS_{STSR}(D(k,l,t_0),D(i,j,t))$ 的权重 $\omega_{azm}^{SR}[k,l,i,j,t]$,同时进行归一化;

2) 通过式(9-22)进行帧间图像信息融合重建;

(5) 通过反复迭代更新不断提升融合重建效果。设置计数器 $t=t+1$,若 $t<K$,返回步骤(4);否则,执行步骤(6);

(6) 通过最小化式(9-23)进行核回归模糊处理,并设置结果为 $\{x_k[i,j,t]\}_{t=1}^{T}(k=1,\cdots,N)$。

5. STSR 算法时间复杂度分析

在光流运动估计和时空运动补偿阶段,假设运动图像序列的帧数为 N_{ds},每帧图像的大小为 $A\times B$,则该阶段的时间复杂度为 $O(N_{ds}AB)$。在跨尺度帧间信息融合阶段,主要分为两个过程:初始估计 P 和基于非局部模糊配准的帧间信息融合 Q。在 P 过程,时间复杂度为 $O(N_{ds}AB)$。在 Q 过程,假设每次参与重建的连续帧数为 N_f,参与相似性匹配的块区域大小为 $C\times C$,各个块区域内提取的 Zernike 矩特征向量维度为 N_{zm},迭代规模为 K,各个待重建像素点的非局部搜索区域大小为 $S\times S$,其中搜索区域内参与基于 Zernike 矩的相似性匹配的相关块区域对应的点数目为 M,则 Q 过程的时间复杂度为 $O(N_{ds}N_fMN_{zm}ABK)$。从而整个 STSR 算法的时间复杂度为 $O(N_{ds}AB)+O(N_{ds}AB)+O(N_{ds}N_fMN_{zm}ABK)$。

9.3　STSR 算法实验结果及分析

9.3.1　实验数据集和客观评价指标

实验所用数据主要是从 http://www.youku.com/ 网站上下载的空间视频和从 http://trace.eas.asu.edu/yuv/index.html 网站下载的标准视频,本章将其拆分成帧序列,从而构造了空间和标准运动图像序列。本章对"卫星 1"(每秒 20 帧,每帧大小为 592×256)和"卫星 2"(每秒 20 帧,每帧大小为 640×346)两组空间运动图像序列以及 Forman(每秒 20 帧,每帧大小为 352×288)和 Suzie(每秒 20 帧,每帧大小为 351×240)两组标准运动图像序列进行了实验。

为了验证提出的算法的有效性,本章设计了四组实验。其中第一组实验对本章改进的光流运动估计算法(MPOF)进行精度和时间性能上的评价,并和已有的算法从平均端点误差(EPE)和平均角度误差(AAE)两个客观评价指标方面进行对比分析。其余三组实验对本章提出的 STSR 算法进行验证,并与现有的其他重建算法进行对比分析,从主观视觉效果和三个客观评价指标(峰值信噪比 PSNR,平均结构相似度 MSSIM,均方根误差 RMSE)两方面进行评价。

9.3.2　STSR 算法实验结果及分析

(1) 实验一:不同算法在有噪声和无噪声下的光流运动估计对比实验

在实验一中,为了评价改进的 MPOF 光流运动估计算法,本章采用 EPE 和 AAE 两个客观指标对其精度进行评价,并和已有的四种算法(Horn-Schunck 算法 HS[17]、Black-Anandan 算法 BA[17]、总变分算法 Classic-C[18] 和非局部中值滤波算法 Classic-NL[16])进行对比。在本组实验中,本章选用了标准光流数据库[19](Middlebury)中 Rubber 和 Grove2 两组运动图像序列进行实验来评价光流运动估计算法的精度。

表 9-2 和表 9-3 给出了不同光流估计算法,针对两组序列分别在无噪声和含噪声两种情况下的 EPE 和 AAE 指标值,同时对运动估计的时间效率进行了统计。分析表 9-2 中的数据,可以看出本章提出的算法相比已有的算法平均 EPE 和 AAE 指标值更低,说明其获取的光流运动估计精度更高。从表 9-3 数据可以看出,提出的光流估计算法具有较好的噪声健壮性,在含噪声干扰的情况下相比其他四种算法也表现出较好的性能。

表 9-2　无噪声情况下光流运动估计性能评价指标值

运动图像序列	性能评价	HS	BA	Classic-C	Classic-NL	MPOF
Rubber	EPE	0.118	0.097	0.091	0.076	0.075
	AAE	3.798	3.156	2.947	2.401	2.342
	时间效率/s	109.95	378.90	395.46	162.18	160.20
Grove2	EPE	0.204	0.181	0.176	0.169	0.164
	AAE	2.853	2.664	2.415	2.155	2.128
	时间效率/s	173.64	194.63	193.51	133.04	128.83

表 9-3　含噪声情况下光流运动估计性能评价指标值

运动图像序列	性能评价	HS	BA	Classic-C	Classic-NL	MPOF
Rubber	EPE	0.263	0.224	0.202	0.196	0.192
	AAE	8.814	7.530	6.682	6.553	6.537
Grove2	EPE	0.236	0.182	0.164	0.119	0.112
	AAE	3.252	2.609	2.372	1.653	1.650

从表 9-2 中对时间效率的统计数据来看,本章算法在估计精度和时间效率之间取得了较好的折中,在实现估计精度有所提升的同时又能有效地降低计算时间复杂度。图 9-3 和图 9-4 分别给出了采用本章 MPOF 光流估计算法所获取的空间运动图像和标准运动图像的光流 Map 图和光流运动矢量场。从图 9-3 和图 9-4 可以看出,本章算法能够较好地检测出空间运动图像序列中的运动目标区域,检测出的光流运动矢量能够覆盖到整个运动目标区域,且对于运动边界区域及运动细节具有较好的保护能力和健壮性。

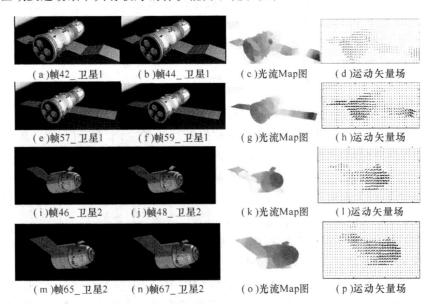

（a）帧42_卫星1　　（b）帧44_卫星1　　（c）光流Map图　　（d）运动矢量场

（e）帧57_卫星1　　（f）帧59_卫星1　　（g）光流Map图　　（h）运动矢量场

（i）帧46_卫星2　　（j）帧48_卫星2　　（k）光流Map图　　（l）运动矢量场

（m）帧65_卫星2　　（n）帧67_卫星2　　（o）光流Map图　　（p）运动矢量场

图 9-3　MPOF 算法对空间运动图像的光流运动估计效果图

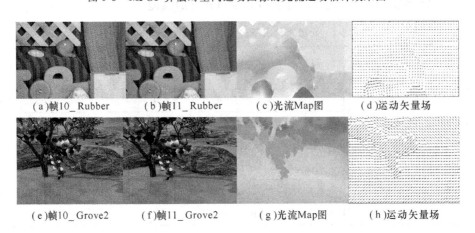

（a）帧10_Rubber　　（b）帧11_Rubber　　（c）光流Map图　　（d）运动矢量场

（e）帧10_Grove2　　（f）帧11_Grove2　　（g）光流Map图　　（h）运动矢量场

图 9-4　MPOF 算法对标准运动图像的光流运动估计效果图

（2）实验二:不同算法在同噪声级别无角度旋转时的重建效果对比实验

1）主观视觉效果对比及分析

在实验二中,验证提出的 STSR 时空超分辨率重建算法的性能,并将其与已有的凸集投影算法（POCS）、3-D 非局部均值滤波重建算法（NL-SR）[5] 和现有最新的基于 Zernike 矩的重建算法（ZM-SR）[20] 算法进行了对比分析。

本章分别对"卫星 1"和"卫星 2"两组空间运动图像序列以及 Forman 和 Suzie 两组标准运动

图像序列进行降质处理获取低分辨率运动图像序列:添加 3×3 统一掩模的模糊核,进行 2 倍的下采样处理,添加均值为 0、方差为 2 的高斯白噪声。同时去掉偶数帧,将帧速率压缩为每秒 10 帧。然后本章对两组运动图像序列从空间和时间上进行 2 倍超分辨率重建,从低分辨率运动图像序列重建出原始高分辨率的运动图像序列,以获取更为清晰流畅的运动图像序列。为了提升时间效率,在提出的算法中,每次选取待重建运动图像的邻近六个运动图像进行融合重建。

图 9-5 和图 9-6 给出了空间运动图像序列"卫星 1"和"卫星 2"在四种不同算法(POCS、NL-SR、ZM-SR 和 STSR)下的空间超分辨率重建的视觉效果。图 9-7 和图 9-8 分别给出了标准 Forman 和 Suzie 运动图像序列在四种不同算法下的空间超分辨率重建的视觉效果。观察图中的局部细节放大效果可以看出,POCS 算法的重建运动图像中存在重影现象,这是因为该算法依赖于精确的亚像素运动估计,因此容易受到运动估计误差的影响而产生重影现象。相比 POCS 算

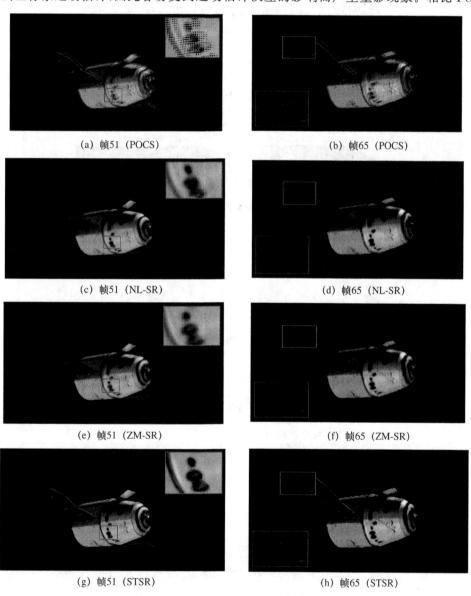

(a) 帧51 (POCS)　　　　　　　　　　(b) 帧65 (POCS)

(c) 帧51 (NL-SR)　　　　　　　　　　(d) 帧65 (NL-SR)

(e) 帧51 (ZM-SR)　　　　　　　　　　(f) 帧65 (ZM-SR)

(g) 帧51 (STSR)　　　　　　　　　　(h) 帧65 (STSR)

图 9-5　空间运动图像"卫星 1"空间超分辨率重建视觉效果

法,NL-SR、ZM-SR 和 STSR 则克服了重影效应,主要原因在于这三种算法不依赖于精确的亚像素运动估计,并且具有一定的去噪效果,因而重建质量相对更好些。在 NL-SR 和 ZM-SR 算法重建的图像中,边缘和细节信息尚存在一些模糊效应,而本章 STSR 算法的重建视觉效果相对更好些,边缘轮廓更加突出,细节信息更为清晰,且整体视觉对比度和清晰度较强。

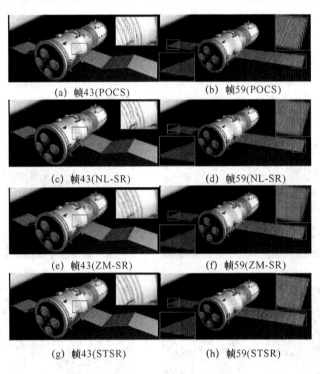

(a) 帧43(POCS)   (b) 帧59(POCS)

(c) 帧43(NL-SR)   (d) 帧59(NL-SR)

(e) 帧43(ZM-SR)   (f) 帧59(ZM-SR)

(g) 帧43(STSR)   (h) 帧59(STSR)

图 9-6　空间运动图像"卫星 2"空间超分辨率重建视觉效果

(a) 帧23(POCS)   (b) 帧23(NL-SR)

(c) 帧23(ZM-SR)   (d) 帧23(STSR)

图 9-7　标准 Forman 运动图像空间超分辨率重建视觉效果

(a) 帧3(POCS) (b) 帧3(NL-SR)

(c) 帧3(ZM-SR) (d) 帧3(STSR)

图 9-8　标准 Suzie 运动图像空间超分辨率重建视觉效果

图 9-9 和图 9-10 分别给出了两个空间运动图像序列"卫星 1"和"卫星 2"分别在 ICBI 插值算法和本章 STSR 时空超分辨率重建算法下的时间分辨率重建视觉效果。图 9-9 给出了对空间序列"卫星 1"中缺失帧 52 和缺失帧 66 的重建效果。图 9-10 给出了对空间序列"卫星 2"中缺失帧 44 和缺失帧 60 的重建效果。从图中可以看出,基于单帧的 ICBI 方法在对运动补偿后的图像进行插值重建时,由于受噪声和运动估计误差的影响,重建运动图像中会有黑洞效应发生,如图 9-10(a)、9-10(c)、图 9-11(a)和图 9-11(c)中 ICBI 效果中红框标注的局部细节。相比 ICBI 算法,本章的 STSR 算法可以有效地克服黑洞现象,原因在于本章算法综合利用了多帧运动图像之间的 Zernike 矩特征和非局部相似性信息进行帧间信息融合,从而有效填补了因运动估计误差而引起的空洞效应。

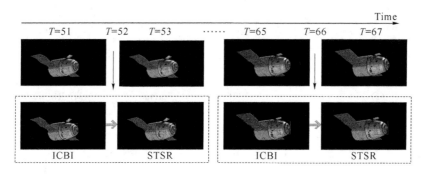

图 9-9　空间运动图像"卫星 1"时间超分辨率重建第 52 和 66 帧的视觉效果

2) 客观评价指标对比及分析

图 9-11 中给出了四组运动图像序列各个运动图像在四种不同算法(POCS、NL-SR、ZM-SR 和 STSR)下所取得的重建效果的 PSNR、MSSIM 和 RMSE 指标的对比曲线。表 9-4 给出了四组运动图像序列在四种不同算法下所取得的效果的 PSNR、MSSIM 和 RMSE 指标平均值。

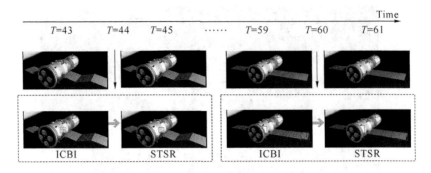

图 9-10　空间运动图像"卫星 2"时间超分辨率重建第 44 帧和第 60 帧的视觉效果

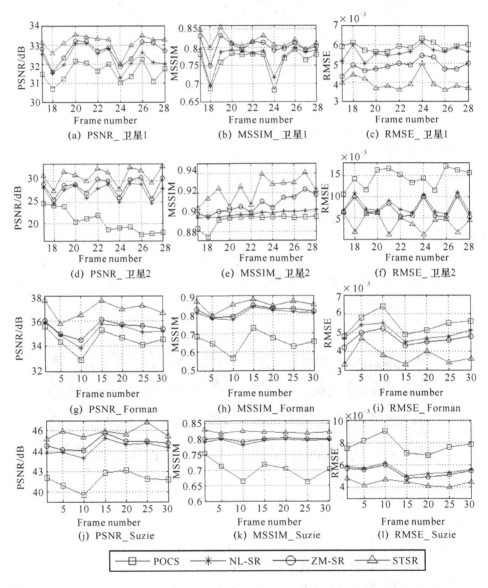

图 9-11　不同运动图像序列在不同算法下重建效果的客观指标值

表 9-4　不同算法重建效果的 PSNR、MSSIM 和 RMSE 指标平均值

运动图像序列	评价指标	不同的重建算法			
		POCS	NL-SR	ZM-SR	STSR
卫星 1	PSNR	31.543 5	32.281 5	32.543 5	34.274 0
	MSSIM	0.762 1	0.774 7	0.803 2	0.853 0
	RMSE	0.005 4	0.005 6	0.004 9	0.003 2
卫星 2	PSNR	20.559D2	27.505 7	28.685 0	32.172 3
	MSSIM	0.891 5	0.897 9	0.907 2	0.948 3
	RMSE	0.014 6	0.007 9	0.007 1	0.005 1
Forman	PSNR	34.554 2	35.188 1	35.392 8	36.638 0
	MSSIM	0.653 3	0.805 1	0.817 1	0.849 1
	RMSE	0.005 4	0.004 9	0.004 6	0.003 8
Suzie	PSNR	41.144 4	44.336 0	44.756 5	45.487 2
	MSSIM	0.703 1	0.797 4	0.800 6	0.823 6
	RMSE	0.007 7	0.005 5	0.005 4	0.004 6

通过分析实验数据发现,本章 STSR 算法获取了更高的 PSNR 和 MSSIM 指标值以及更低的 RMSE 的指标值,且相比 POCS、NL-SR 和 ZM-SR 算法,在 PSNR 指标方面分别平均提升了 20%、8% 和 6%;在 MSSIM 指标方面分别平均提升了 17%、7% 和 5%;在 RMSE 指标方面分别平均降低了 43%、29% 和 24%。因此本章 STSR 算法相比现有算法获取了更优的重建性能。

(3) 实验三:不同算法的噪声健壮性和旋转不变性对比实验

在实验三中,对提出的 STSR 算法进行噪声健壮性和旋转不变性实验,并和现有的 NL-SR 和 ZM-SR 算法进行对比分析。在该组实验中,本章分别对"卫星 1"(第 55~60 帧)和"卫星 2"(第 62~67 帧)两组空间运动图像序列进行降质处理,获取低分辨率运动图像序列:添加 3×3 统一掩模的模糊核,进行 2 倍的下采样处理,依次添加均值为 0、方差分别为 0.2、0.4、0.6、0.8、1.0、1.2 的高斯白噪声,且对"卫星 1"中的第 57 帧和第 60 帧以及"卫星 2"中的第 63 帧和第 67 帧进行一定角度的旋转。去掉偶数帧,将帧速率压缩为每秒 10 帧,对两组运动图像序列从空间和时间上进行 2 倍超分辨率重建。图 9-12 和图 9-13 中分别给出了不同噪声级别情况下两组空间运动图像序列"卫星 1"和"卫星 2"在三种不同算法(NL-SR、ZM-SR 和 STSR)下重建效果的 PSNR、MSSIM 和 RMSE 指标对比曲线。

表 9-5 中展示了不同噪声级别情况下两组空间运动图像序列"卫星 1"和"卫星 2"的重建效果的 PSNR、MSSIM 和 RMSE 平均指标值。通过分析实验数据发现,相比其他两种算法,本章 STSR 算法取得了更高的 PSNR 和 MSSIM 指标值和更低的 RMSE 指标值。相比其他两种方法中的最优者,PSNR 指标平均提升了 8%,MSSIM 指标提升了平均 5%,RMSE 指标

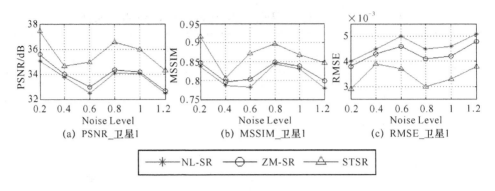

图 9-12　不同噪声级别下空间序列"卫星 1"重建效果客观评价指标值

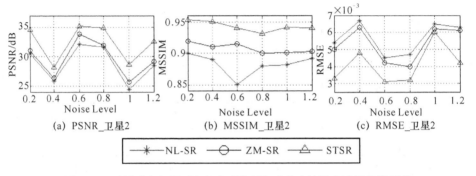

图 9-13　不同噪声级别下空间序列"卫星 2"重建效果客观评价指标值

平均降低了 24%。说明本章的 STSR 算法在存在角度旋转以及不同强度的噪声干扰情况下，相比其他几种算法依然具有更好的重建效果，具有更好的噪声不敏感性以及旋转不变有效性。本章 STSR 算法无论在存在角度旋转情况还是不存在角度旋转情况下，均表现出更好的时空超分辨率重建性能。

表 9-5　不同噪声级别下重建效果 PSNR、MSSIM 和 RMSE 平均指标值

运动 图像序列	评价 指标	不同的重建算法		
		NL-SR	ZM-SR	STSR
卫星 1	PSNR/dB	33.674 5	33.858 1	35.645 2
	MSSIM	0.740 8	0.821 6	0.867 3
	RMSE	0.004 6	0.004 3	0.003 4
卫星 2	PSNR/dB	28.884 6	29.604 8	32.361 0
	MSSIM	0.882 6	0.908 6	0.943 4
	RMSE	0.007 1	0.006 7	0.004 9

（4）实验四：STSR 算法在不同噪声类别下的性能实验

在实验四中，本章对"卫星 1""卫星 2"、Forman 和 Suzie 四个运动图像序列分别添加高斯噪声、泊松噪声、泊松-高斯混合噪声，对提出的 STSR 时空超分辨率算法在不同的噪声类别下进行性能对比实验。表 9-6 给出了 STSR 算法对四个不同序列的重建效果的 PSNR、MSSIM 和

RMSE 客观评价指标平均值。分析表中数据可以看出，本章 STSR 算法在三种不同的噪声类别下均表现出较好的性能，PSNR 指标始终维持在 32 dB 以上，MSSIM 指标维持在 0.8 以上，RMSE 指标不高于 0.007，综上，本章提出的 STSR 算法不仅在高斯白噪声下具有较好的健壮性，而且也可以在其他的一些非高斯和混合性噪声类别下表现出较好的健壮性能。

表 9-6　不同噪声类别下 STSR 算法的重建效果客观评价指标

噪声类别	指标	卫星 1	卫星 2	Forman	Suzie
高斯噪声	PSNR/dB	34.274	32.172	36.638	45.487
	MSSIM	0.853	0.948	0.849	0.824
	RMSE	0.003	0.005	0.004	0.005
泊松噪声	PSNR/dB	36.601	33.862	39.263	44.834
	MSSIM	0.909	0.950	0.934	0.828
	RMSE	0.003	0.004	0.003	0.005
泊松-高斯混合噪声	PSNR/dB	32.645	32.981	37.494	44.942
	MSSIM	0.805	0.895	0.873	0.802
	RMSE	0.004	0.007	0.003	0.004

9.4　本章小结

为了提升运动图像序列的时空分辨率，本章提出了一种基于光流估计和模糊配准机制的时空超分辨率重建（STSR）算法，将空间分辨率的重建和时间分辨率的重建集成到一个统一的框架中。该算法不依赖于精确的亚像素运动估计，且具有较好的旋转不变性和噪声健壮性，同时可以有效地克服传统重建方法中的块效应和空洞效应。提出了一种基于运动细节保护的健壮性光流运动估计（MPOF）算法，并基于双向加权融合思想对低分辨率运动图像序列进行时空运动补偿，利用基于平均能量的区域相关性判断和自适应阈值策略对现有的模糊配准机制进行改进，构建基于 Zenike 矩的快速自适应模糊配准机制，并在此基础上融合运动补偿后运动图像序列的帧间非局部相似性信息，从而获取高时空分辨率运动图像序列。

参 考 文 献

[1]　An Y, Lu Y, Yan Z. Spatial-Temporal Motion Compensation Based Video Super Resolution [C]. Proceedings of the 2011 Asian Conference on Computer Vision (ACCV), 2011：282-292.

[2]　Belekos S P, Galatsanos N P, Katsaggelos A K. Maximum a Posteriori Video Super-Resolution Using a New Multichannel Image Prior [J]. IEEE Transaction on Image Processing, 2010, 19(6)：1451-1464.

［3］ Liu C. A Bayesian Approach to Adaptive Video Super Resolution ［C］. Proceedings of the2011 IEEE International Conference on Computer Vision and Pattern Recognition (CVPR)，2011：209-216.

［4］ Shimano M，Okabe T. Video Temporal Super-Resolution Based on Self-similarity ［C］. Proceedings of the 2011 Asian Conference on Computer Vision (ACCV)，2011：93-106.

［5］ Protter M，Elad M，Takeda H，Milanfar P. Generalizing the Nonlocal-Means to Super-Resolution Reconstruction［J］. IEEE Transaction on Image Processing，2009，18(1)：349-366.

［6］ Xu C，Chen Y. Frame Rate Up-Conversion with True Motion Estimation and Adaptive Motion Vector Refinement ［C］. Proceedings of the 2011 4th International Congress on Imageand Signal Processing，2011：353-356.

［7］ Natan J，Truong Q. Nguyen. Scale-Aware Saliency for Application to Frame Rate Upconversion ［J］. IEEE Transactions on Image Processing，2012，21(4)：2198-2206.

［8］ Lu J，Yang H，Min D，et al. Patch Match Filter：Efficient Edge-Aware Filtering Meets Randomized Search for Fast Correspondence Field Estimation ［C］. Proceedings of the 2013 IEEE International Conference on Computer Vision and Pattern Recognition (CVPR)，2013：23-28.

［9］ Xiao C，Liu M，Nie Y，et al. Fast Exact Nearest Patch Matching for Patch-Based Image Editing and Processing ［J］. IEEE Transaction on Image Processing，2011，17(8)：1122-1134.

［10］ Li W，Cosker D，Brown M，et al. Optical Flow Estimation Using Laplacian Mesh Energy ［C］. Proceedings of the 2013 IEEE International Conference on Computer Vision and Pattern Recognition (CVPR)，2013：2435-2442.

［11］ Chen Z，Jin H，Lin Z，et al. Large Displacement Optical Flow from Nearest Neighbor Fields ［C］. Proceedings of the 2013 IEEE International Conference on Computer Vision and Pattern Recognition (CVPR)，2013：2443-2450.

［12］ Lei C，Yang Y. Optical Flow Estimation on Coarse-to-Fine Region-Trees Using Discrete Optimization ［C］. Proceedings of the 2009 IEEE International Conference on Computer Vision (ICCV)，2009.

［13］ Wedel A，Cremers D，Pock T. Structure- and Motion- Adaptive Regularization for High Accuracy Optical Flow ［C］. Proceedings of the 2009 IEEE International Conference on Computer Vision (ICCV)，2009.

［14］ Xu L，Jia J，Matsushita Y. Motion Detail Preserving Optical Flow Estimation ［J］. IEEE Transactions on Pattern Analysis and Machine Intelligence，2011：1-14.

［15］ Takeda H，Farsiu S，Milanfar P. Deblurring Using Regularized Locally Adaptive Kernel Regression ［J］. IEEE Transactions on Image Processing，2008，17(4)：550-563.

[16] Sun D，Roth S，Black M J. Secrets of Optical Flow Estimation and Their Principles [C]. Proceedings of the 2010 IEEE International Conference on Computer Vision and Pattern Recognition (CVPR)，2010：2432-2439.

[17] Sun D，Roth S，Lewis S，Black M J. Learning Optical Flow [C]. Proceedings of the 2011 Europe Conference on Computer Vision (ECCV)，2008：83-97.

[18] Wedel A，Pock T，Zach C. An Improved Algorithm for TV-L1 Optical Flow [J]. Visual Motion Analysis，LNCS 5604，2009：23-45.

[19] Baker S，Roth S，Scharstein D，et al. A Database and Evaluation Methodology for Optical Flow [C]. Proceedings of the International Conference on Computer Vision，2007：1-8. http://vision.middlebury.edu/flow/.

[20] Gao X，Wang Q，Li X，et al. Zernike-Moment-Based Image Super Resolution [J]. IEEE Transaction on Image Processing，2011，20(10)：2738-2747.

第10章 基于时空特征和神经网络的视频超分辨率算法研究

10.1 引 言

视频拍摄过程中难免存在着各种各样的环境干扰,如运动或光学模糊、下采样、噪声、对焦失准等,往往无法得到精准的高分辨率图像或者视频序列。通过超分辨率原始含噪低分辨率视频有助于提高后续视频利用过程的性能和效率。视频超分辨率(Video Super-Resolution)算法依赖于内部非局部相似性信息或外部图像块关联映射重建实现。

基于内部非局部相似性约束的超分辨率重建方法主要利用视频本身的性质,由于待重建视频块邻域以及相邻帧相近位置的图像块中存在着大量与待超分辨率图像块相似的信息,利用灰度均值[1]或 Zernike 矩特征[2]等信息可以判断其相似性,从而实现重建的目的。但是当相似块不充足时,这种方法可能会由于内部实例不匹配引起视觉瑕疵现象,无法有效地恢复缺失的细节信息。

基于关联映射学习的超分辨率重建算法[3,4]利用外部先验约束信息进行超分辨率重建。通过对外部训练样例按照一定方法的学习,得到高低分辨率图像块之间的关联映射关系。Dong 等[5]结合深度卷积神经网络,提出了一种基于深度卷积神经网络的快速超分辨率重建算法。该算法简化了重建过程,充分利用了深度卷积神经网络在非线性关联关系拟合上的优越性能,但是它仅考虑了外部图像块约束,不能保证任意低分辨率图像块都能在有限规模训练集中找到最佳高分辨率匹配,容易产生噪声或过平滑现象,且没有充分利用视频帧间的时空关系,因而会影响视频的时空一致性,容易出现抖动现象。

本章采用视频帧间的时空特征对基于深度卷积神经网络的快速学习重建算法进行优化,提出基于时空特征和神经网络的视频超分辨率重建算法,采用结构信息与 Zernike 矩特征结合的时空特征对待重建图像进行描述。不依赖于精确的亚像素运动估计,能够适用于一些复杂的运动场景,且具有较好的旋转不变性及噪声健壮性,而且在确保学习方法可以有效地重建高频纹理细节信息优越性的同时,将帧间时空相关信息融入超分辨率处理后的视频中,进一步提升了视频超分辨率性能。

10.2 基于时空特征与神经网络的视频超分辨率(STCNN)算法的提出

本章提出的基于时空特征与神经网络的视频超分辨率算法的结构框图如图 10-1 所示,包括两个过程:基于深度卷积神经网络的高低分辨率图像块间关联映射重建和基于时空特征的相似性融合重建。其中基于卷积神经网络的关联映射重建部分利用外部图像块之间的关联映射关系来实现。由于重建部分所需的映射系数在关联学习过程中可以得到,所以可以快速获得高分辨率估计结果。基于时空特征的相似性融合重建部分利用了时空特征对图像进一步描述,通过特征描述子以及相邻图像间的相似性,对中间结果进行亚像素匹配和融合,对所得的中间估计结果进行进一步的优化,修复上一步所得重建结果的时空不一致性,使视频帧可以适应更加复杂的运动场景,提高了算法的抗噪能力。

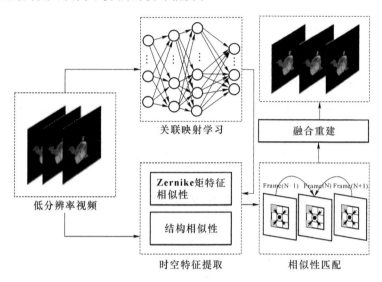

图 10-1　基于时空特征与神经网络的超分辨率算法结构框图

10.2.1　时空特征提取和相似性计算

由于视频相邻帧间存在着大量的互补冗余信息,这种时间上的相关信息以及待重建图像块邻近区域的空间相关信息有助于恢复超分辨率图像块中的缺失细节信息,提高基于深度卷积神经网络的单帧超分辨率重建算法的时空一致性。对于待重建视频块以及其时空邻域的待融合的图像块,本章提取图像块中的结构特征和 Zernike 矩特征等时空特征计算相似关系,对两个图像块之间的关联关系进行量化。

基于结构特征的结构相似性反映了两个图像块结构上的相似性,从亮度、对比度、结构三个方面度量图像的相似度[6],计算公式如下:

$$\mathrm{SSIM}(x,y)=l(x,y)\times c(c,y)\times s(x,y)$$
$$=\frac{2\mu_x\mu_y+C_1}{\mu_x^2+\mu_y^2+C_1}\times\frac{2\sigma_x\sigma_y+C_2}{\sigma_x^2+\sigma_y^2+C_2}\times\frac{\sigma_{x,y}+C_3}{\sigma_x\sigma_y+C_3} \tag{10-1}$$

其中,μ_x 和 μ_y 分别是图像块 x 和图像块 y 的均值,σ_x 和 σ_y 则是标准差,$\sigma_{x,y}$ 为 x 和 y 图像块之间的协方差,C_1、C_2 和 C_3 为平衡常数,这里假设 $C_2=2C_3$,式(10-1)可以进一步化简为:

$$\mathrm{SSIM}(x,y)=\frac{2\mu_x\mu_y+C_1}{\mu_x^2+\mu_y^2+C_1}\times\frac{2\sigma_{x,y}+C_2}{\sigma_x^2+\sigma_y^2+C_2} \tag{10-2}$$

结构相似性作为一个值域在[0,1]区间取值的区域块相似性评价参数,当其趋近于 1 时,表示两个图像块在结构上越相似。

Zernike 矩特征是一种具有旋转、平移和尺度不变性的区域形状描述算子。对于以点 (x,y) 为圆心的单位圆内任意图像块 $I(x,y)$，其 n 阶 m 重 Zernike 矩特征定义如下：

$$Z_{nm} = \frac{n+1}{\pi} \iint\limits_{x^2+y^2 \leqslant 1} I(x,y) V_{nm}^*(x,y) \mathrm{d}x \mathrm{d}y$$

$$= \frac{n+1}{\pi} \sum_{\rho \leqslant 1} \sum_{0 \leqslant \theta \leqslant 2\pi} I(\rho,\theta) V_{nm}^*(\rho,\theta) \rho \tag{10-3}$$

其中 $\rho = \sqrt{x^2+y^2}$，$\theta = \arctan\left(\dfrac{y}{x}\right)$。$V_{nm}(\rho,\theta)$ 是 Zernike 特征多项式，定义如式（10-4），$V_{nm}^*(\rho,\theta)$ 为其对应的共轭多项式。

$$V_{nm}(\rho,\theta) = \sum_{s=0}^{n-|m|} \frac{(-1)^s (2n+1-s)! \rho^{n-s}}{s!(n+|m|+1-1)!(n-|m|-s)!} e^{jm\theta} \tag{10-4}$$

Zernike 矩特征相似性基于图像块间的 Zernike 矩特征进行相似性计算，其值越接近于 1，表示两个图像块越相关。对于图像块 x 和图像块 y，其定义如式（10-5）所示，其中参数 ε 用来控制 Zernike 矩特征的衰减率。

$$\mathrm{ZFS}(x,y) = \exp\left\{-\frac{||Z(x)-Z(y)||_2^2}{\varepsilon^2}\right\} \tag{10-5}$$

10.2.2 基于深度卷积神经网络的关联映射学习

关联映射学习即学习高低分辨率图像块之间的关联关系，用来实现超分辨率图像块的目标。采用深度卷积神经网络学习这个关联关系，充分利用了深度卷积神经网络对于非线性关系的优越拟合性能。将学习得到的重建系数记作 $\{W, B\}$，其中 W 和 B 为以卷积层数为单位的参数对，利用这组参数对待超分辨率的视频帧进行多次卷积，从而快速得到基于外部先验约束的中间估计结果。

在学习过程中，虽然具有较多网络层数、较小卷积核的神经网络有助于获得更好的学习效果[7]，但是为了更好地权衡时间和效率的代价，本章利用三层卷积神经网络学习高低分辨率图像块之间的关联映射关系。构建的深度网络对传统重建过程——块提取与稀疏表示、非线性关联映射和重建——利用卷积网络进行重新描述和拟合学习。本章采用 ImageNet 图像库作为训练数据，采用与标准反向传播结合的随机梯度下降方法，通过多次迭代实现代价函数的最小化。代价函数设置为均方误差，如式（10-6）所示。

$$L(W,B) = \mathrm{MSE}(W,B) = \frac{1}{n} \sum_{i=1}^{n} ||F(Y_i, W, B) - X_i||^2 \tag{10-6}$$

经过卷积神经网络学习，可以得到用于超分辨率视频帧的重建参数 $\{W, B\}$。对这个参数对的具体利用过程，即整个重建过程，可以用式（10-7）描述并实现。

$$F_i(Y) = \max(0, W_i * F_{i-1}(Y) + B_i) \tag{10-7}$$

其中，$\{W, B\} = \{W_1, W_2, W_3, B_1, B_2, B_3\}$ 作为重建系数，分别表示过滤器和偏差，i 为重建过程卷积神经网络的层数。$F_0(Y)$ 是输入图像，也可以简单记为 X。由于训练过程采用三层卷积神经网络，$F_3(Y)$ 即最后输出的高分辨率图像。

通过对待超分辨率重建图像的三层卷积处理，可以快速且有效地实现高分辨率视频帧的初始估计。在此基础上，本章采用时空非局部相似性来优化重建结果，实现外部先验约束和内部相似性约束的综合利用。

10.2.3　基于时空特征的相似性匹配与融合

假设待处理的图像块为 $R(k,l)$，其待搜索区域即其空间上的邻域图像块以及时间域上的相似图像块，记为 $R(i,j)$。通过时空特征提取，可以得到两个图像块结构相似关系的量化度量，通过阈值过滤实现亚像素匹配。对于小于阈值的图像块，认为是无关图像块进行去除，避免无关图像块对待处理图像融合结果的影响，且进一步提升算法效率。

为了更精确描述匹配得到的待融合相似图形块集的关联关系，平衡提取得到的时空特征，采用几何平均计算待融合图像块的融合权重，如式（10-8）所示。

$$\omega(i,j) = \sqrt{ZFS(R(k,l),R(i,j)) \times RSS(R(k,l),R(i,j))} \tag{10-8}$$

基于所得的融合权重，对待重建图像块周围所有待融合的图像块，通过式（10-9）作为融合函数进行重建。为了进一步描述待融合图像块所属的图像帧，引入变量 T 进行描述，$\omega(i,j,T)$ 和 $R(i,j,T)$ 分别表示第 T 帧以 (i,j) 为中心的图像块的融合权重和区域信息。

$$\bar{R}(k,l) = \frac{\sum\limits_{T \in [T_1 T_2]} \sum\limits_{(i,j) \in A(k,l)} \omega(i,j,T) R(i,j,T)}{\sum\limits_{T \in [T_1 T_2]} \sum\limits_{(i,j) \in A(k,l)} \omega(i,j,T)} \tag{10-9}$$

10.2.4　STCNN 算法实现步骤

基于时空特征和神经网络的视频超分辨率算法的实现分为两个过程：一个是基于深度卷积神经网络的关联映射参数学习过程；另一个是基于时空特征和学习得到重建参数的视频超分辨率重建过程。具体的算法实现步骤如表 10-1 所示。

表 10-1　基于时空特征和神经网络的视频超分辨率重建算法实现步骤

算法：STCNN 算法实现步骤
输入：低分辨率视频序列 $\{X_t,t\}_{t=1}^{T}$
输出：高分辨率视频序列 $\{Y_t,t\}_{t=1}^{T}$
（1）对待重建的低分辨率视频序列 $\{X_t,t\}_{t=1}^{T}$，利用关联映射学习部分得到的拟合参数，按照式（10-7）逐层迭代，得到高分辨率视频中间估计结果 $\{Y'_t,t\}_{t=1}^{T}$；
（2）对第 t（$t=1,2,\cdots,T$）帧图像，从中提取出待优化的图像块集 $\{y_s\}_{s=1}^{(w-p)*(h-p)}$；
（3）对第 s 块待优化图像块 y_s，遍历得到其周围搜索区域内的待搜索图像块 $\{y_p\}_{p \in \text{Neighbour}}$；
（4）计算 y_s 与 y_p 之间的结构相似性，按照预设的阈值，过滤无关图像块，得到待融合的图像块集 $\{y'_p\}_{p \in \text{Neighbour}}$；
（5）按照式（10-8），计算 y_s 和 y'_p 之间的融合权值；
（6）按照式（10-9），更新待重建区域块 y_s，得到 y'_s；
（7）若 $s < \max \text{block}$，则重复步骤 3，反之，得到对第 t 帧图像的最终高分辨率估计 Y_t；
（8）若 $t < T$，则重复步骤 2，反之，得到视频序列 $\{X_t,t\}_{t=1}^{T}$ 的最终高分辨率估计结果 $\{Y_t,t\}_{t=1}^{T}$。

10.3　STCNN 算法实验结果及分析

实验采用的视频序列来自 http://trace.eas.asu.edu/yuv/index.html 的标准视频序列和来自 http://www.youku.com 的空间视频序列。通过对原始视频序列进行 3 倍下采样，添加均值为 0,方差为 2 的高斯噪声,得到低分辨率视频序列。分别采用对比算法 NL-SR[1]、ScSR[3]、ZM-SR[2]、SRCNN[5]、DPSR[8] 以及本章提出的基于时空特征和神经网络的视频超分辨率(STCNN)算法对低分辨率视频进行 3 倍超分辨率处理。下面从客观指标和主观视觉效果对各个算法所得的高分辨率视频进行对比和评价。

10.3.1 客观评价指标

采用峰值信噪比(PSNR)、结构相似性(SSIM)、特征相似性(FSIM)和均方根误差(RMSE)四个评价指标,对超分辨率性能进行定量客观评价。其中,PSNR 值越高,RMSE 的值越低,表明超分辨率后视频帧与原始视频帧越接近。对于 FSIM 和 SSIM,所得的评估值越接近于 1,重建后图像就可以获得与原始图像更高的特征和结构相似性,即得到更好的重建效果。

基于以上四个客观评价指标,对标准视频序列 Suzie、CoastGuard 和 Football 以及空间视频序列 Satellite1 和 Satellite2 分别采用 NL-SR、ZM-SR、DPSR、SRCNN、ScSR 及本章所提出的 STCNN 算法进行超分辨率处理,并对每一个视频序列给出对比指标曲线图,其中 Football 序列的客观指标评价曲线图如图 10-2 所示。通过对曲线图的观察,可以发现对于每一帧图像本章所提的方法均获得了更好的超分辨率效果,即取得了更高的 PSNR、FSIM 和 SSIM 值,以及更低的 RMSE 值。在空间运动视频序列 Satellite2 序列上也得到了同样的实验结果。

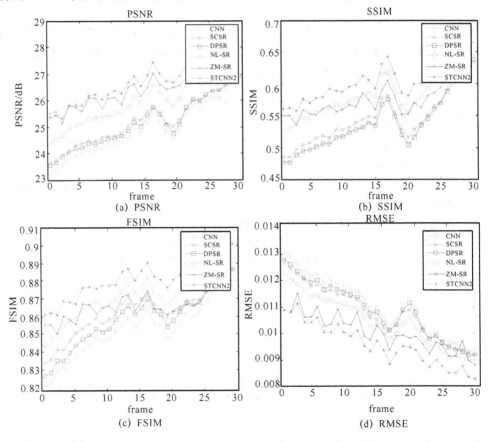

图 10-2　Football 视频序列的客观指标评价曲线图

为了进一步具体地描述本章所提算法在这五个序列上的指标评估结果,对每个序列在各算法处理后的结果的评估指标计算了一个平均值,如表 10-2 所示。通过对平均评价指标进行分析,可以看出与基于学习的单帧重建算法 ScSR、SRCNN 和 DPSR 对比,本章提出的 STCNN 算法在各个指标上均获得了一定的提升,这主要是因为 STCNN 算法采用时空非局部相似性进行了进一步的优化,从而更好地保持了视频序列的时空一致性。与基于相似块匹配的重建算法 NL-SR 和 ZM-SR 相比较,STCNN 算法获得了更好的重建效果,这是因为 STCNN 算法充分利用了外部图像块先验约束信息进行初始估计,从而获得了更多的低质视频中缺失的细节信息。

表 10-2　空间图像序列超分辨率重建客观对比指标

视频序列	Index	NLSR	ZM-SR	SRCNN	ScSR	DPSR	STCNN
Satellite1	PSNR	32.750 2	32.902 5	31.830 0	31.978 4	32.020 1	33.092
	SSIM	0.885 2	0.887 5	0.846 9	0.836 58	0.830 9	0.888 8
	FSIM	0.794 2	0.803 5	0.772 0	0.773 1	0.764 1	0.797 1
	RMSE	0.002 8	0.002 7	0.002 9	0.002 9	0.002 9	0.002 6
CoastGuard	PSNR	26.822 3	27.786 3	25.733 8	25.874 7	25.958 3	27.829 7
	SSIM	0.572 1	0.602 18	0.528 0	0.525 5	0.524 7	0.612 24
	FSIM	0.820 1	0.839 9	0.807 6	0.820 7	0.814 0	0.843 1
	RMSE	0.008 3	0.007 3	0.008 8	0.008 7	0.008 6	0.007 2
Satellite2	PSNR	28.176 4	28.298 4	26.962 7	27.539 1	27.342 8	28.766 7
	SSIM	0.819 1	0.812 7	0.779 8	0.769 3	0.761 6	0.827 3
	FSIM	0.919 8	0.914 4	0.903 0	0.907 6	0.902 2	0.925 0
	RMSE	0.005 8	0.005 8	0.006 4	0.006 0	0.006 2	0.005 4
Football	PSNR	26.008 2	26.432 7	24.891 0	25.202 3	25.134 1	26.742 6
	SSIM	0.586 3	0.578 8	0.541 0	0.546 1	0.538 6	0.609 1
	FSIM	0.871 0	0.866 6	0.852 5	0.862 4	0.858 7	0.880 8
	RMSE	0.010 4	0.010 0	0.011 1	0.010 8	0.010 9	0.009 6
Suzie	PSNR	27.455 7	28.166	27.259 4	27.388 7	27.404 2	28.196 8
	SSIM	0.743 5	0.765 5	0.695 6	0.689 9	0.690 2	0.768 1
	FSIM	0.929 80	0.935 7	0.910 5	0.912 9	0.910 6	0.937 0
	RMSE	0.017 8	0.016 57	0.017 9	0.017 7	0.017 7	0.016 46

10.3.2　主观视觉评价

本章从视觉效果上进一步验证 STCNN 算法的性能。图 10-4 是空间运动视频 Satellite1 的一帧,框中所圈的放大区域包括飞行器的上翼以及黑色的背景。通过对比可以发现,DPSR、ScSR 以及 SRCNN 算法都在黑色的背景区域产生了一些灰色的噪点,其中 DPSR 算法最为明显,这是由于其抗噪性能差,对于低分辨率视频帧中存在的噪声信息进行了错误的超分辨率处理。而 NL-SR、ZM-SR 和提出的 STCNN 算法的抗噪效果要好很多。NL-SR 算法在边缘部分产生了马赛克现象,ZM-SR 算法则较为模糊,本章提出的 STCNN 算法获得了更加平滑的边缘及清晰的视频效果。

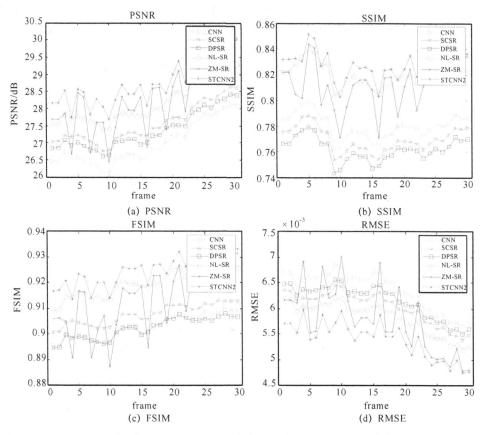

图 10-3　Satellit2 视频序列的客观指标评价曲线图

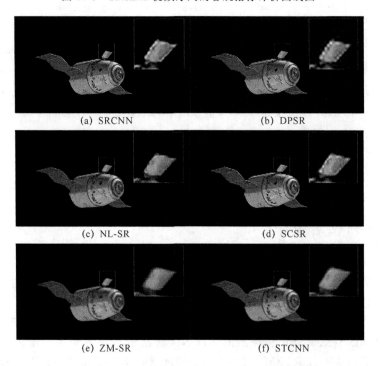

图 10-4　Satellite1 视频序列的超分辨率重建视觉效果

图 10-5 所示的 CoastGuard 视频中存在着复杂的细节,以及小船移动的位移和背景后移产生的反向位移。本章对船体部分进行了再次放大,由于细节的严重缺失,NL-SR 和 ZM-SR 算法重建结果存在着部分细节的丢失和过度模糊。依赖于外部图形块映射重建的 DPSR、ScSR 以及 SRCNN 算法却产生了一些并不存在的细节。综合了外部块关联映射信息和相邻帧相似性信息的 STCNN 算法重建出了更多的视频细节,获得了较好的重建效果。

图 10-5　CoastGuard 视频序列的超分辨率重建视觉效果

10.4　本章小结

　　本章综合利用低分辨率和高分辨率图像块之间的关联映射关系,以及低分辨率相邻视频帧间的非局部互补冗余信息进行视频超分辨率重建。提出了一种基于时空特征和神经网络的视频超分辨率(STCNN)算法,进一步提升了视频的视觉分辨率质量和细节清晰度。该算法利用深度卷积神经网络处理非线性关联关系时强大的拟合能力,学习高低分辨率图像块之间的关联映射,实现了快速超分辨率视频帧的目的。为了进一步利用帧间时空关系来优化重建结果,本章采用时空特征相似性和结构相似性来描述视频帧间的互补冗余关系,通过特征描述子以及结构信息相关性对中间结果进行相似性匹配和融合,不依赖于精确的亚像素运动估计,能够适用于一些复杂的运动场景,且具有较好的旋转不变性及噪声健壮性。

参 考 文 献

[1] Protter M, Elad M, Takeda H, et al. Generalizing the Nonlocal-Means to Super-Resolution Reconstruction[J]. IEEE Transactions on Image Processing, 2009, 18(1): 36-51.

[2] Gao X, Wang Q, Li X, et al. Zernike-moment-based Image Super Resolution[J]. IEEE Transactions on Image Processing, 2011, 20(10): 2738-2747.

[3] Yang J, Wright J, Huang T, et al. Image Super-resolution as Sparse Representation of Raw Image Patches[C]. Proceedings of the Conference on Computer Vision and Pattern Recognition(CVPR), Anchorage: IEEE, 2008: 1-8.

[4] Wang S, Zhang L, Liang Y, et al. Semi-coupled Dictionary Learning with Applications to Image Super-Resolution and Photo-Sketch Synthesis[C]. Proceedings of the Conference on Computer Vision and Pattern Recognition (CVPR), providence: IEEE, 2012: 2216-2223.

[5] Dong C, Loy C C, He K, et al. Learning a Deep Convolutional Network for Image Super-resolution[M]. European Conference on Computer Vision 2014 (ECCV). Springer International Publishing, 2014: 184-199.

[6] 王宇庆,刘维亚,王勇. 一种基于局部方差和结构相似度的图像质量评价方法[J]. 光电子:激光,2008,19(11):1546-1553.

[7] Krizhevsky A, Sutskever I, Hinton G E. Imagenet Classification with Deep Convolutional Neural Networks [C]. Proceedings of the Advances in Neural Information Processing Systems (NIPS), Nevada: NIPS, 2012: 1097-1105.

[8] Zhu Y, Zhang Y, Yuille A L. Single Image Super-Resolution Using Deformable Patches [C]. Proceedings of the Conference on Computer Vision and Pattern Recognition(CVPR), Columbus: IEEE, 2014: 2917-2924.

第11章 跨尺度运动图像的插值、增强和重建系统

11.1 运动图像跨尺度插值模型的实现

11.1.1 运动图像跨尺度插值模型的实现

运动图像跨尺度插值模型 MTIM 是在跨尺度描述算法、基于一致性敏感哈希的帧插值算法、区域导向图像序列插值算法、基于分区插值的感知驱动缩放算法、基于高斯过程回归的插值算法和基于视觉显著性检测插值等算法基础上,实现运动目标的跨尺度展示。MTIM 模型的总体框架主要包括以下三个部分。

运动目标轨迹描述:提出运动目标轨迹描述算法。设计尺度参数,能够自适应地刻画目标的运动轨迹,既可以粗粒度,也可以细粒度的显示出运动目标的运动轨迹。

关键帧跨尺度展示:提出关键帧跨尺度展示算法,实现不同时刻下的关键帧在同一图像中显示,刻画目标轨迹的运动情况,并提供基于内容的图像缩放服务和基于视觉显著性检测的图像插值服务,获取清晰的运动细节。

运动过程跨尺度展示:提出运动过程跨尺度展示算法,将图像序列的关键动作以一种叙述的方式展示出来,从而看到整个目标运动的全貌。运动图像的背景采用无缝拼接,提高观看满意度。

1. 运动目标轨迹描述

设计一个描述尺度参数 s,根据 s 刻画不同粒度下的运动轨迹,提出的运动目标轨迹描述算法包括以下五个步骤:

步骤 1:调用基于一致性敏感哈希帧插值算法,获取运动图像序列 $I_i(i=1,\cdots,N)$,其中 N 为帧数。

步骤 2:调用空间运动区域检测算法,获取 I_i 的运动区域映射图 T_i。

步骤 3:根据映射图 T_i,计算左边界值 $T_{i\mathrm{left}}$、右边界 $T_{i\mathrm{right}}$、上边界 $T_{i\mathrm{top}}$ 和下边界 $T_{i\mathrm{bottom}}$,计算公式为:

$$T_{i\mathrm{left}}=\min_{x_i\in T_i}x_i,\ T_{i\mathrm{right}}=\max_{x_i\in T_i}x_i$$
$$T_{i\mathrm{top}}=\min_{y_i\in T_i}y_i,\ T_{i\mathrm{bottom}}=\max_{y_i\in T_i}y_i \tag{11-1}$$

步骤 4:对任意 T_i,计算运动域轨迹坐标,包括行像素 T_{row} 和列像素 T_{column},计算公式如下:

$$T_{\mathrm{row}}=T_{i\mathrm{left}}+(T_{i\mathrm{right}}-T_{i\mathrm{left}})/2$$
$$T_{\mathrm{column}}=T_{i\mathrm{top}}+(T_{i\mathrm{bottom}}-T_{i\mathrm{top}})/2 \tag{11-2}$$

步骤5：在不同的描述尺度参数下，呈现运动目标的不同活动轨迹，采用下式计算活动轨迹 AT_s：

$$AT_s = \begin{cases} I_1 \cup T_1 \cup T_2 \cup T_3 \cup \cdots \cup T_N, s=1 \\ I_1 \cup T_1 \cup T_3 \cup T_5 \cup \cdots \cup T_{1+2*\lfloor (N-1)/2 \rfloor}, s=2 \\ \vdots \\ I_1 \cup T_1 \cup T_{1+\sigma} \cup T_{1+2\sigma} \cup \cdots \cup T_{1+\sigma*\lfloor (N-1)/2 \rfloor}, s=\sigma \end{cases} \tag{11-3}$$

图 11-1 展示了运动图像序列"飞行器自动寻的"在不同描述尺度下的目标运动轨迹。图 11-1(a)～图 11-1(f)中 s 依次取 1、2、5、10、20 和 30。可以看出，随着 s 逐渐增大，描述粒度越来越大，刻画的轨迹越来越粗糙，说明提出的运动目标轨迹描述算法能够较好地刻画目标的运动轨迹。

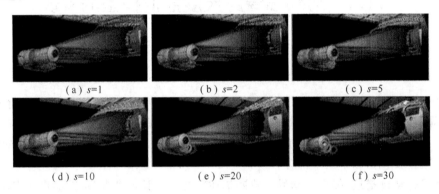

(a) $s=1$　　　　　(b) $s=2$　　　　　(c) $s=5$

(d) $s=10$　　　　　(e) $s=20$　　　　　(f) $s=30$

图 11-1　不同描述尺度下的运动目标活动轨迹

2. 关键帧跨尺度展示

提出运动图像序列的关键帧跨尺度展示算法，将不同时刻的运动关键帧呈现在同一画面中，并用缩略窗口展示运动细节，算法主要包括以下五个步骤。

步骤1：任取空间运动序列 $I_i(i=1,\cdots,N)$ 的关键帧 $key_j(j=1,\cdots,n)$，调用空间运动区域检测算法（算法2），获取 key_j 的运动区域映射图 $T_j(j=1,\cdots,n)$。

步骤2：在 I_1 的基础上，合成不同关键帧下的运动区域图，得到展示图 M。

步骤3：将 $T_j(j=1,\cdots,n)$ 缩小到相同尺寸，得到相应的缩略图 $U_j(j=1,\cdots,n)$。

步骤4：将缩略图 $U_j(j=1,\cdots,n)$ 与 M 融合，得到关键帧融合展示图 M'，计算公式如式(11-4)：

$$M' = M \cup U_1 \cup U_2 \cup \cdots \cup U_n \tag{11-4}$$

步骤5：调用基于分区插值的感知驱动运动图像缩放算法，对任意 $U_j(1 \leqslant j \leqslant n)$ 进行放大，从而获取空间目标的运动细节。

图 11-2 展示了运动图像序列"航天器探测"的关键帧跨尺度展示的计算过程。图 11-2(a)～图 11-2(d)依次展示了关键帧 k 分别取 1、2、3 和 4 时的展示图，图 11-2(e)将各个关键帧对应的运动域缩略图也融合在展示图中，方便浏览空间目标的运动情况。单击展示图中左下角的缩略图，利用 SEGPR 和 EGPR 等插值算法，可以获取详细的目标运动细节，提高用户观察体验值。

3. 运动过程跨尺度展示

提出图像序列运动过程的跨尺度展示算法，将运动图像序列的关键帧进行高质量展示，概

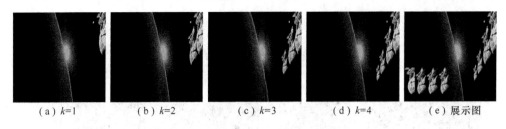

　（a）$k=1$　　　　（b）$k=2$　　　　（c）$k=3$　　　　（d）$k=4$　　　　（e）展示图

图 11-2　关键帧跨尺度展示过程图

览空间目标的运动过程。提出的算法首先任取空间运动序列 $I_i(i=1,\cdots,N)$ 的关键帧 key_j $(j=1,\cdots,n)$，n 是选取的关键帧数量，I 既可为原始运动图像序列，也可为采用 RGSI 算法获取的插值图像序列。然后将关键帧 key_j 进行无缝合成，得到显示图 D，即：

$$D = \sum_{j=1}^{n} \mathrm{key}_j \tag{11-5}$$

为了获取高质量的显示图，需要对帧与帧的连接区域进行像素调整，实现运动图像的平滑过渡。令任意连续两个关键帧 key_p 和 key_q，过渡半径为 r，则过渡区域中的任意像素的计算包括以下四个步骤：

步骤 1：计算 key_p 的过渡区域 T_p，$T_p=\mathrm{key}_p(m,n)$，其中 $m\in[1,\mathrm{height}]$，$n\in[\mathrm{weight}-r+1,\mathrm{weight}]$，$\mathrm{height}$ 和 weight 分别为关键帧的高度和宽度。

步骤 2：计算 key_q 的过渡区域 T_q，$T_q=\mathrm{key}_q(m',n')$，其中 $m'\in[1,\mathrm{height}]$，$n\in[1,r]$。

步骤 3：分别缩放 T_p 和 T_q 到分辨率为 $\mathrm{height}\times 2r$，得到过渡区映射图 Map_p 和 Map_q。

步骤 4：计算过渡区中任意像素 $T(x,y)$，计算公式如下：

$$T(x,y)=c_1\times\mathrm{Map}_p(x,y)+c_2\times\mathrm{Map}_q(x,y) \tag{11-6}$$

式（11-6）中，c_1 和 c_2 表示过渡系数，$c_1=1-c_2$，$c_2=y/(2\times r)$，x 和 y 表示像素的位置坐标。

11.1.2　MTIM 模型实验结果与分析

本章分别验证 MTIM 模型的运动目标轨迹描述算法、关键帧跨尺度展示算法和运动过程跨尺度展示算法性能，进而证明 MTIM 模型的有效性。

1. 运动目标轨迹描述实验

运动目标轨迹描述完成不同尺度下的目标轨迹刻画功能。图 11-3 展示了该功能界面，采用 CSFI 算法获取高帧率的运动图像序列，采用 SITD 算法获取目标的运动域，进而刻画运动目标轨迹。同时，对于具有细微运动的图像序列，采用 SIMM 算法进行运动放大，在此基础上进行运动轨迹的描述。

图 11-4 展示了运动图像序列在不同描述尺度下的运动轨迹图。图 11-4（a）～图 11-4（e）分别展示了图像序列"飞行器自动寻的""航天器探测""航天器 1 追踪""航天器飞行"和"宇宙飞船"在描述尺度 s 依次为 1、10 和 20 时的运动轨迹图。

观察图 11-4，随着 s 的增加，目标的运动变化越大，轨迹描述得越粗糙，动作刻画得越稀疏。例如，图 11-4（a）清晰地刻画了飞行器自动寻的运动从密到疏的变化情况。图 11-4（d）所示的图像序列"航天器飞行"，虽然运动偏移很小，但可以从航天器的机翼部分看出不同描述尺度下的运动轨迹。

图 11-5～图 11-9 分别展示了对应图 11-4（a）～图 11-4（e）中不同的运动图像序列在描述尺度 s 依次为 1、10 和 20 时的运动区域中心点的位置轨迹。可以看出，描述尺度 s 越大，描述

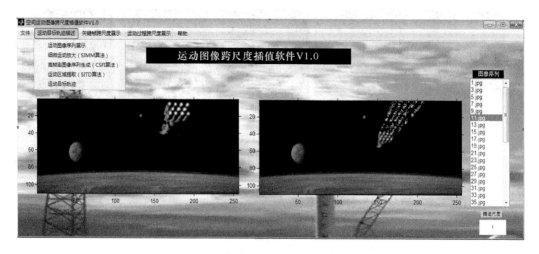

图 11-3　运动目标轨迹描述功能界面

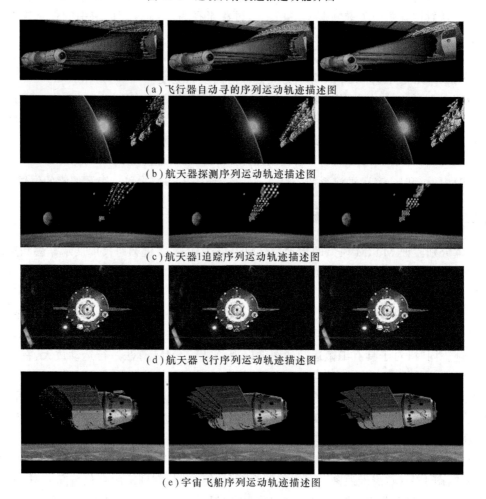

（a）飞行器自动寻的序列运动轨迹描述图

（b）航天器探测序列运动轨迹描述图

（c）航天器1追踪序列运动轨迹描述图

（d）航天器飞行序列运动轨迹描述图

（e）宇宙飞船序列运动轨迹描述图

图 11-4　不同描述尺度下的图像序列运动轨迹图

点越少,中心点位置轨迹越粗糙;而 s 越小,描述点越多,中心点位置轨迹越精细。总之,MTIM 模型的运动目标轨迹描述算法很好地展示了不同描述尺度下的目标运动轨迹,可以为状态监测、运动跟踪等任务奠定基础。

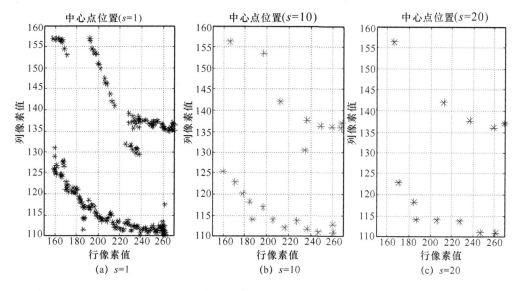

图 11-5　飞行器自动寻的序列不同描述尺度下的运动轨迹

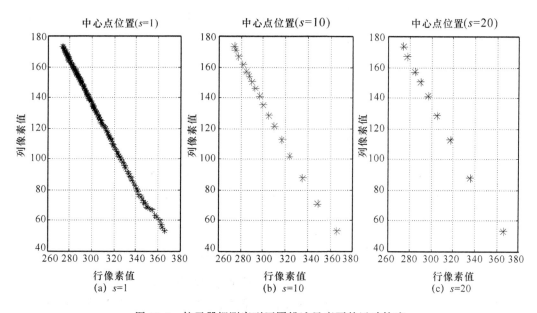

图 11-6　航天器探测序列不同描述尺度下的运动轨迹

2. 关键帧跨尺度展示实验

关键帧跨尺度展示主要完成运动图像序列在不同时间尺度下的关键帧显示功能，图 11-10 为该功能界面。选定任意的运动图像序列后，在界面右方显示该序列的关键帧跨尺度展示图，指定某关键帧，可以采用 SEGPR 算法或 EGPR 算法对关键帧进行插值，并显示在界面左方。

图 11-11 给出了运动图像序列"航天器探测"和"飞船运行"的关键帧跨尺度展示图。其中图 11-11(a)是航天器探测序列的第 13 帧、第 43 帧、第 101 帧和第 157 帧的展示图，并且在画面的左下角依次显示对应帧的运动域。与之类似，图 11-11(b)给出了飞船运行序列的第 1

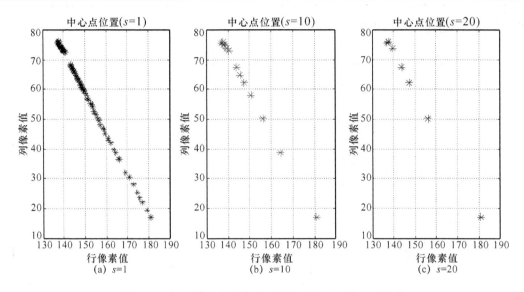

图 11-7　航天器 1 追踪序列不同描述尺度下的运动轨迹

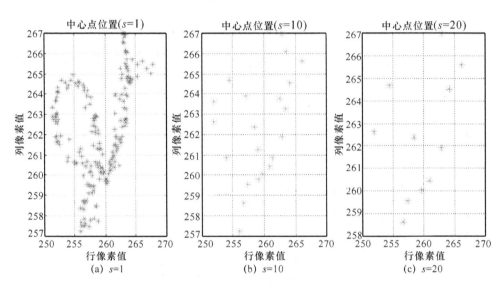

图 11-8　航天器飞行序列不同描述尺度下的运动轨迹

帧、第 34 帧、第 72 帧和第 110 帧的展示图,并在画面的左部分,由上至下依次展示对应关键帧的运动域。从中可以看出,图 11-11(a)呈现航天器由近到远的探测运动过程,图 11-11(b)呈现飞船由远及近的运行过程。说明提出的关键帧跨尺度展示算法可以清晰地描述在不同距离尺度下目标的运动过程;从图中关键帧的运动域,可以看出在不同距离尺度、时间尺度下的目标姿态和运动细节,体现了 MTIM 模型的跨尺度特性。

图 11-12 展示了图像序列"探测器"和"航天器"的关键帧跨尺度展示图。其中图 11-12(a)是探测器序列第 1 帧、第 84 帧和第 188 帧的展示图,图 11-12(b)是航天器序列的第 4 帧、第 70 帧和第 133 帧的展示图。由于在目标运动过程中,运动区域是重合的,采用矩形区域将关键帧的运动区域标出,可以看到目标的运动区域由大到小的变化情况。同时分别在图的右部分和右下角展示了运动域缩略图。可以看出对于存在亮度变化的运动图像序列,提出的关键帧跨尺度展示算法也能很好地展示不同尺度下的运动细节。

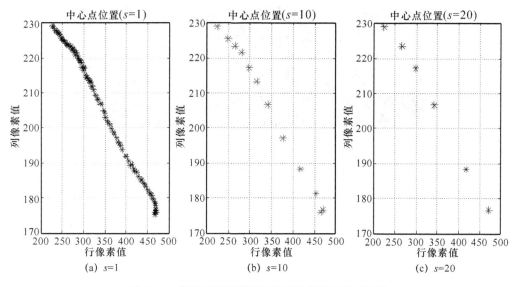

(a) $s=1$　　　　　(b) $s=10$　　　　　(c) $s=20$

图 11-9　宇宙飞船序列不同描述尺度下的运动轨迹

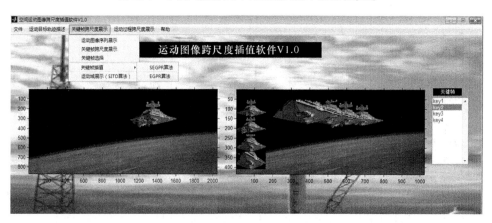

图 11-10　关键帧跨尺度展示功能界面

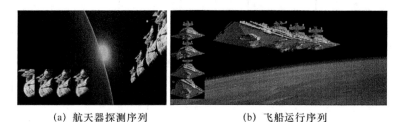

(a) 航天器探测序列　　　　　(b) 飞船运行序列

图 11-11　航天器探测序列与飞船运行序列的关键帧跨尺度展示图

　　图 11-13 总结了对应于图 11-11 和图 11-12 的空间序列的关键帧跨尺度展示图的客观评价指标值,包括平均梯度、边缘强度、空间频率、清晰度和质量分数等评价指标。其中图 11-13(a)展示了序列"航天器探测"和"飞船运行"展示图的各种评价指标值,图 11-13(b)展示了序列"探测器"和"航天器"的展示图的各种评价指标值。从图中可以清晰地看出,随着关键帧数量增加,关键帧跨尺度展示图的质量评价指标值也随之提升,说明采用关键帧跨尺度展示算法,能够得到高质量的运动图像跨尺度图。

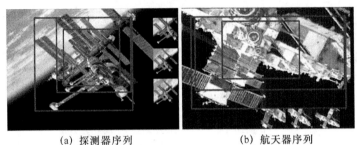

(a) 探测器序列　　　　　　　(b) 航天器序列

图 11-12　图像序列"探测器"和"航天器"的关键帧跨尺度展示图

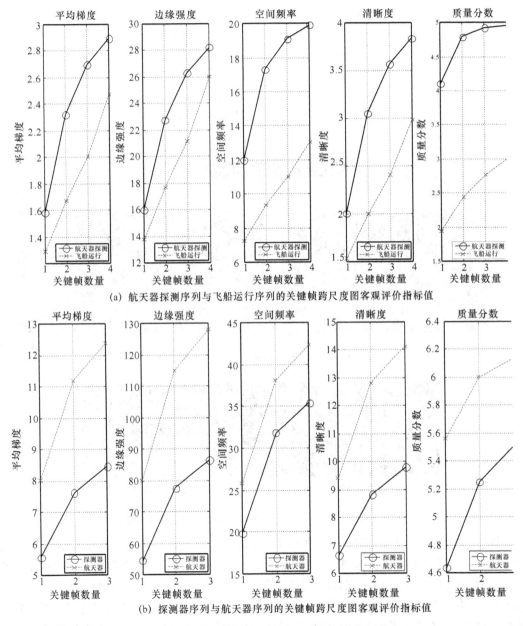

(a) 航天器探测序列与飞船运行序列的关键帧跨尺度图客观评价指标值

(b) 探测器序列与航天器序列的关键帧跨尺度图客观评价指标值

图 11-13　关键帧跨尺度展示图的客观评价指标值

3. 运动过程跨尺度展示实验

运动过程跨尺度展示实现运动图像序列在不同尺度下的运动过程显示,图 11-14 为该功能界面。运动过程跨尺度展示即可以服务于原始图像序列,也可以为采用 RGSI 算法或 IPDR 算法进行图像序列插值后的运动序列展示整个目标运动过程。

图 11-14　运动过程跨尺度展示功能界面

图 11-15 展示了图像序列的运动过程跨尺度展示图。其中图 11-15(a)是序列"飞行器自控过程"的第 6、17、23、30、39 帧的运动过程图,图 11-15(b)是序列"飞行器升空"的第 12、19、24、33、48 帧的运动过程图,图 11-15(c)是序列"飞行器高空对接"的第 1、35、70、105、140 帧的运动过程图,图 11-15(d)是序列"航天器发射"的第 20、42、60、80、102 帧的运动过程图,图 11-15(e)是序列"发射基地"的第 1、43、64、85、114 帧的运动过程图。用叙述图的方式将运动过程的重要细节进行展示,可以清晰地看到整个目标的完整的运动过程。

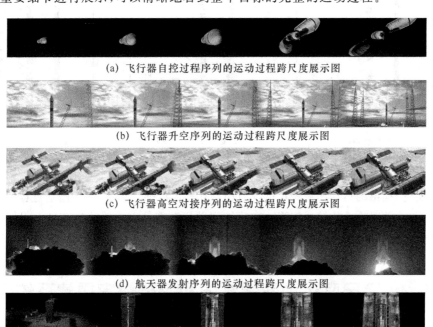

(a) 飞行器自控过程序列的运动过程跨尺度展示图

(b) 飞行器升空序列的运动过程跨尺度展示图

(c) 飞行器高空对接序列的运动过程跨尺度展示图

(d) 航天器发射序列的运动过程跨尺度展示图

(e) 发射基地序列的运动过程跨尺度展示图

图 11-15　图像序列的运动过程跨尺度展示图

　　图 11-16 为运动过程跨尺度展示图的过渡区域细节。每个子图的左半部分显示了采用直接融合法,而右半部分是采用提出算法计算后得到的过渡区域。可以看到,采用直接连接法,明显地看到一条直线来区分两个关键帧,而提出的 MTIM 模型获取了高质量的过渡区域,实现了运动过程的完美呈现。

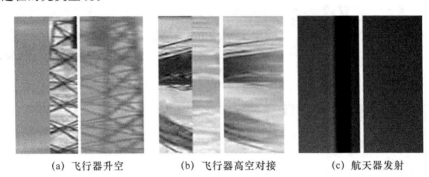

| (a) 飞行器升空 | (b) 飞行器高空对接 | (c) 航天器发射 |

图 11-16　运动过程跨尺度展示图的过渡区域细节

　　图 11-17 展示了采用直接融合法和提出的运动过程跨尺度展示算法对图 11-16(a)~图 11-16(e)运动过程展示图进行过渡区域客观指标评价,包括平均梯度指标、边缘强度指标和信息熵指标。从中可以看出,采用提出的算法得到的客观评价指标值一直高于对比方法。综上,提出的运动过程跨尺度展示算法能够很好地展示图像序列的运动过程。

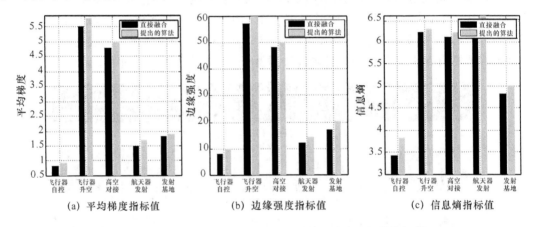

| (a) 平均梯度指标值 | (b) 边缘强度指标值 | (c) 信息熵指标值 |

图 11-17　运动过程跨尺度展示图的过渡区域客观评价指标值

　　综上所述,提出的运动图像跨尺度插值模型在跨尺度描述算法、基于高斯过程回归的插值算法、基于一致性敏感哈希的帧插值算法和感知驱动运动图像缩放等算法基础上很好地实现运动目标轨迹描述、关键帧跨尺度展示和运动过程展示,能高质量地完成运动目标的跨尺度展示。

11.2　跨尺度运动图像增强和超分辨率重建系统实现

11.2.1　引言

　　本章在基于尺度相关 SURE-LET 的跨尺度自适应去噪算法、基于时空显著性的跨尺度自适应增强算法、基于 Zernike 矩和非局部相似性的跨尺度超分辨率重建算法和基于光流估计和模糊配准机制的时空超分辨率重建算法的研究基础上,设计实现了跨尺度运动图像增强和超分辨率重建系统(DIERS),从而实现本书算法研究工作的有效验证。该系统可实现由于光照亮度变化、光学或运动模糊、下采样以及噪声干扰而降质的不同曝光尺度和不同时空尺度的运动图像的亮度补偿、视觉分辨率质量的提升以及运动目标细节清晰度的提升,从而可提供视觉质量更高的运动图像。

11.2.2　DIERS 系统总体架构

本章构建的跨尺度运动图像增强和超分辨率重建系统的框架结构可分为三个逻辑层次:数据存储层、逻辑层和用户层。其中,逻辑层是本系统的核心部分,主要包括增强和超分辨率重建等功能模块,各模块独立封装成组件,可以独立变化扩展。本系统是在 Matlab 2012a 和 Microsoft Visual Studio 2008＋OpenCV 平台下开发完成。系统的总体架构如图 11-18 所示。

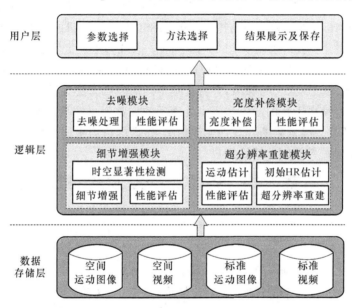

图 11-18　跨尺度运动图像增强和超分辨率重建系统(DIERS)总体架构

数据存储层:负责存储系统中增强和超分辨率重建处理的数据对象,主要包括视觉传感器所拍摄的运动图像和视频等。

逻辑层:整个系统的核心部分,实现对数据存储层中运动图像和视频数据的增强和超分辨率重建处理。该层次又包含如下几个功能模块:去噪模块、细节增强模块、亮度补偿模块和超分辨率重建模块。其中去噪模块采用本书提出的非下采样轮廓波变换域跨尺度自适应去噪算法实现运动图像的噪声滤除,并对去噪效果采用客观定量评价指标进行性能评估。细节增强模块采用本书提出的跨尺度自适应增强算法实现运动图像的细节增强,提升运动目标的细节清晰度,并对增强效果从客观定量评价指标方面进行性能评估。亮度补偿模块利用基于多源双向相似性的思想实现多曝光运动图像序列的亮度补偿,并对结果进行定量性能评估。超分辨率重建模块主要实现不同时空尺度的运动图像的运动估计和时空超分辨率重建功能。该模块利用本书提出的 MPOF 光流估计算法实现运动图像序列的运动估计,并基于超分辨率重建算法,实现不同时空尺度的运动图像序列的超分辨率重建,同时对重建效果从客观定量评价指标方面进行性能评估。

用户层：提供友好的用户接口界面，为用户展现系统增强和超分辨率重建后运动图像和视频的视觉效果及其客观指标评价结果，并对处理结果进行保存。此外，该层次还提供相关参数选择和方法选择接口，从而实现用户和系统的交互操作。

11.2.3　主要功能模块设计与实现

1. 去噪模块

去噪模块主要实现对不同噪声类别和不同噪声级别的噪声干扰的运动图像的噪声滤除，目的是实现去噪的同时更有效地保持图像边缘细节信息。

本模块的后台处理主要包括两个功能：去噪处理和性能评估。去噪功能通过对噪声干扰的图像进行噪声估计，并采用本书提出的 NCTSD 去噪算法进行噪声滤除。同时系统中还集成了其他四种比较算法，分别为小波域 SURE-LET 算法（WT_SURE-LET）、BiShrink 算法、BayesShrink 算法和中值滤波去噪算法（MFD）。性能评估功能实现对去噪效果从客观评价指标方面（峰值信噪比 PSNR 和平均结构相似度 MSSIM）进行定量的性能评估。

本模块的前台用户操作界面如图 11-19 所示。系统为用户提供了噪声设定和算法选择两个交互接口，用户可以自由添加高斯白噪声、泊松噪声以及泊松-高斯混合噪声等不同类别以及 10、20、30 等不同级别大小的噪声，并可选择不同的去噪算法对添加噪声的图像进行去噪处理。然后系统会将噪声干扰的图像和去噪处理后的视觉效果图展示给用户，可以实现对比浏览。此外，系统还将去噪效果的客观性能评估结果，即峰值信噪比和平均结构相似度两个定量客观指标统计结果在界面中反馈给用户。

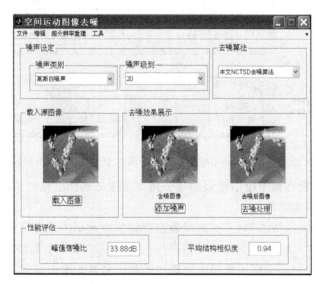

图 11-19　去噪功能模块操作界面

2. 细节增强模块

细节增强模块主要实现对拍摄的细节模糊的运动图像的细节增强，目的是在实现运动目标的细节清晰度提升的同时有效抑制噪声。

本模块的后台处理主要包括三个功能：时空显著性检测、细节增强处理和性能评估。时空显著性检测功能采用本书提出的 GC-STD 算法实现运动图像序列中时空显著性运动目标区域的检测和提取。细节增强功能采用本书提出的 ST-CAE 细节增强算法进行增强处理。同时系统中还集成了其他两种对比算法，可供用户选择，分别为自适应反锐化掩膜锐化增强算法（AUMS）和局部 Laplacian 滤波细节增强算法（LLDE）。性能评估功能对细节增强效果从边缘能量、平均梯度和信息熵三个客观指标方面实现定量的性能评估。

本模块的前台用户操作界面如图 11-20 所示。系统为用户提供了源图像载入和算法选择两个交互接口，用户可以选择不同的细节增强算法对细节模糊的图像进行增强处理。系统会将检测出的运动图像中的时空显著性区域检测结果以及细节增强处理后的视觉效果图展示给用户。同时系统还将增强效果的性能评估结果，即边缘能量、平均梯度和信息熵三个客观指标值反馈给用户。

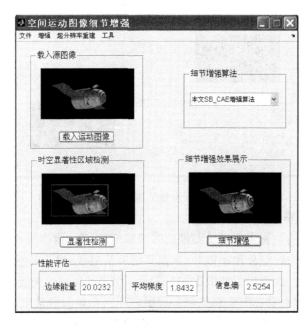

图 11-20 细节增强功能模块操作界面

3. 亮度补偿模块

亮度补偿模块主要实现对拍摄的不同曝光尺度的运动图像的亮度补偿，目的是恢复出因曝光不足或曝光过度而丢失的细节信息，从而降低影响超分辨率重建过程中非局部模糊配准精度的因素，进一步提升重建质量。

本模块的后台处理主要包括两个功能：亮度补偿和性能评估。亮度补偿功能利用基于多源双向相似性的亮度补偿算法实现亮度补偿功能。此外系统中还集成了另外两种对比算法供用户选择，分别为曝光融合（MEFM）和色调映射（TMP）算法。性能评估功能对补偿效果从信息熵和清晰度两个客观指标方面实现定量的性能评估。

本模块的前台用户操作界面如图 11-21 所示。用户可以通过交互界面载入原始运动图像序列，并可预览图像。用户可以在界面中设定处理结果的保存位置，可以选择当前路径或者任意指定其他存储路径。待用户选择某种亮度补偿算法后，系统会在后台完成亮度补偿处理，并将处理结果存储至用户选择的保存路径。待系统处理完毕，用户可以在前台操作界面查看处理效果，单击列表中的各个图像可以预览其视觉效果。同时系统会将亮度补偿效果的性能评估结果，即信息熵和清晰度两个客观指标值反馈给用户。

图 11-21　亮度补偿功能模块操作界面

4.超分辨率重建模块

超分辨率重建模块主要实现运动图像的时间和空间超分辨率重建,目的是实现不同时空尺度的运动图像序列的时空分辨率提升,丰富其细节信息量,提升其视觉分辨率质量。

本模块的前台用户操作界面如图 11-22 所示。用户可以通过交互界面载入原始运动图像序列,并可预览图像和查看各图像相关信息。用户可以在界面中设定处理结果的保存位置,可以选择当前路径或者任意指定其他存储路径。用户选择某种运动估计算法后,系统会在后台响应该操作。然后用户选择某种初始高分辨率估计算法,由系统在后台操作完成。最后由用户选择某种重建算法和重建倍率参数后,系统会在后台完成超分辨率重建处理后将结果存储至用户选择的保存路径。待系统处理完毕,用户可以在前台操作界面查看处理效果,单击列表中的各个图像可以预览其视觉效果。同时系统会将重建效果的性能评估结果,即 PSNR、MSSIM 和 RMSE 三个客观指标值反馈给用户。

本模块的后台处理主要包括四个功能:运动估计、初始高分辨率(HR)估计、超分辨率重建、性能评估。运动估计功能利用本书提出的 MPOF 光流运动估计算法在时空域对运动图像序列进行运动分析,获取运动目标的运动向量。通过获取的运动向量对运动序列进行时空运动补偿,可获取时间超分辨率重建的初始帧插估计。初始高分辨率估计功能用于获取超分辨率重建的初始估计,本系统中集成了迭代曲率插值和 Bicubic 插值两种初始估计算法供用户选择。超分辨率重建功能利用本书提出的超分辨率重建算法并根据用户选择的重建倍率参数进行超分辨率重建操作,同时系统还集成了另外两种对比算法,分别为 3-D 非局部均值滤波重建算法(NL-SR)和最新的基于 Zernike 矩的重建算法(ZM-SR)算法。性能评估功能对重建效果从峰值信噪比(PSNR)、平均结构相似度(MSSIM)和均方根误差(RMSE)三个客观指标方面实现定量的性能评估。

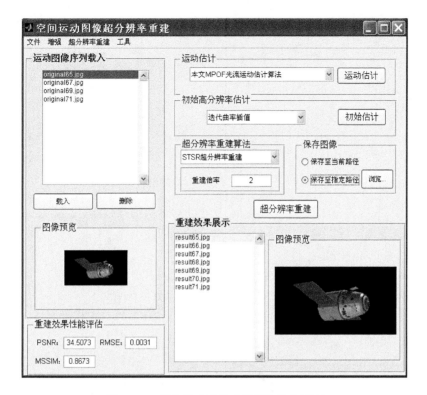

图 11-22　超分辨率重建功能模块操作界面

11.3　本章小结

　　本章在运动图像序列的跨尺度描述(SITD)算法和细微运动放大(SIMM)算法、基于高斯过程回归的插值(EGPR)算法和基于视觉显著性检测的图像插值(SEGPR)算法、基于一致性敏感哈希的帧插值(CSFI)算法和区域导向运动图像序列插值(RGSI)算法、基于分区插值的感知驱动运动图像缩放(IPDR)算法基础上,实现了运动图像跨尺度插值模型 MTIM。MTIM模型的创新点如下:提出了运动目标轨迹描述算法,刻画在不同描述尺度下的空间目标运动轨迹;提出了关键帧跨尺度展示算法,实现在不同时间尺度下的关键帧的完整显示;提出了运动过程跨尺度算法,高质量地展示不同尺度下的运动图像。

　　本章综合本书提出的 NCTSD、ST-CAE、ST-ASR 和 STSR 算法研究成果,设计并实现了跨尺度运动图像增强和超分辨率重建系统(DIERS)。DIERS 系统主要包含数据存储层、逻辑层和用户层三个逻辑层次。其中系统的核心逻辑层主要包含去噪、细节增强、亮度补偿和超分辨率重建四个功能模块,分别实现了运动图像的噪声滤除、运动目标的细节清晰度提升、不同曝光尺度的运动图像亮度补偿和不同时空尺度的运动图像时空超分辨率重建的功能。